Hannelore Dittmar-Ilgen

**Warum platzen Seifenblasen?**
Physik für Neugierige

W0176883

Hannelore Dittmar-Ilgen

# Warum platzen Seifenblasen?

Physik für Neugierige

S. Hirzel Verlag Stuttgart · Leipzig 2002

Dr. Hannelore Dittmar-Ilgen im Internet:
http://homepages.tu-darmstadt.de/~ilgen/privat/hanne/Hanframe.htm

2. Auflage 2002
Ein Markenzeichen kann warenrechtlich geschützt sein, auch wenn ein Hinweis auf etwa
bestehende Schutzrechte fehlt.

**Die Deutsche Bibliothek – CIP Einheitsaufnahme**

**Dittmar-Ilgen, Hannelore:**
Warum platzen Seifenblasen? : Physik für Neugierige / Hannelore
Dittmar-Ilgen. – Stuttgart ; Leipzig : Hirzel, 2002
  ISBN 3-7776-1149-2

© 2002 S. Hirzel Verlag
Birkenwaldstraße 44, 70191 Stuttgart
Printed in Germany
Einbandgestaltung: de'blik, Berlin
Druck: Gulde Druck GmbH, Tübingen

*Dieses Buch ist meinen Kindern*
*Adrian, Julian und Carola gewidmet in der Hoffnung,*
*dass sie einmal genauso viel Freude an den*
*Naturwissenschaften haben werden wie ich.*

# Faszination und Neugier

Was treibt Menschen dazu, sich immer wieder mit physikalischen Themen zu beschäftigen? Ist es die Faszination, zu erkunden, was hinter den Dingen des Alltags steckt? Oder die Neugier, herauszufinden, welche spannenden Prinzipien die Natur entwickelt hat? Oder der Drang, Türen zu Unbekanntem aufzustoßen? Physik begleitet und umgibt uns ständig in unserem täglichen Leben. Wenn wir verstehen wollen, wie die Dinge funktionieren, müssen wir jedoch ein zweites Mal hinsehen und uns eingehender damit auseinander setzen. Vorkenntnisse sind dabei kaum erforderlich, Physik kann auch sehr unterhaltsam sein!

Mein Buch enthält 15 ausgewählte Beiträge aus den verschiedensten Bereichen der Physik. Dabei behandelt jeder Beitrag ein unabhängiges Thema. Er spannt einen Bogen von der historischen Erforschung des Themas zum physikalischen Hintergrund und zu den Anwendungen im Alltag. Verblüffende Experimente laden den Leser ein, eigene Erfahrungen zu sammeln. Außerdem zeigen Blicke über den Tellerrand immer wieder, dass die Themen auch in anderen Bereichen der Naturwissenschaften und der Technik eine wichtige Rolle spielen. Jeder Leser ist eingeladen, selbst weiterzuforschen – und seinen Alltag neu zu entdecken.

Dieses Buch konnte natürlich nur entstehen durch die tatkräftige Mithilfe und Unterstützung anderer Menschen. So danke ich an dieser Stelle meinem Mann Hans-Joachim für die vielen physikalischen Diskussionen und das kritische Lesen der einzelnen Kapitel. Auch bei der Literaturrecherche hat er mir wertvolle Hilfe geleistet. Meiner Schwester Petra danke ich für viele Hinweise beim Lesen des Manuskriptes. Unserem langjährigen Freund der Familie, Herrn Dr. Winfried Rindermann, danke ich für Hinweise aus der Sicht eines Chemikers sowie einige wirklich gelungene Fotos, die in diesem Buch Verwendung fanden. Nicht zuletzt bedanke ich mich bei Frau Dr. Meder für ihre liebevolle Betreuung beim Entstehen des Buches sowie dem S. Hirzel Verlag, der das Erscheinen des Buches ermöglichte.

Hannelore Dittmar-Ilgen                    Egelsbach, im Januar 2002

# Inhalt

# Ungewöhnlichem auf der Spur

## Saugknöpfe: immer unter Druck

Haben Sie nicht auch schon darüber gestaunt, wie mühelos Fliegen mit ihren Saugfüßen an Glasscheiben hoch- und runtermarschieren und sogar kopfüber an der Zimmerdecke der Schwerkraft trotzen? Mir geht es jedenfalls immer wieder so. Die Natur hat sie nämlich schon vor uns Menschen erfunden: Saugnäpfe oder Saugknöpfe. Von uns Menschen werden sie meistens in Küche oder Bad zum Aufhängen diverser Utensilien benutzt.

### Was hält den Saugknopf an der Wand?

Doch wie funktioniert solch ein Saugknopf, das heißt, was hält ihn an der Wand fest? „Der Unterdruck" oder „ein Vakuum" ist eine einfache, aber ungenaue Antwort. Für das Haften des Saugknopfes ist ein möglichst großer Druckunterschied zwischen „innen" und „außen" verantwortlich. Erst das Vorhandensein unseres äußeren Luftdrucks ermöglicht es nämlich, dass sich ein Saugknopf an Fliesen oder anderen glatten Flächen festsaugen kann. Beim Anpressen wird so viel Luft wie möglich nach außen gedrückt. Lassen wir den Knopf los, gibt er sanft nach, lässt aber keine Luft mehr zurück in seinen Innenraum. Dadurch entsteht dort ein Unterdruck gegenüber dem Luftdruck im Außenraum.

Damit der Saugknopf fest haftet, sollte der Druck unter dem Saugnapf natürlich möglichst klein sein, ein „Nichts" sozusagen, idealerweise ein Vakuum, denn die Differenz zwischen dem inneren verbliebenen Druck und dem Druck der Außenluft bestimmt die Haftung des Knopfes. Unebene Oberflächen halten keine Saugknöpfe, weil Luft nachströmen kann; die angestrebte Druckdifferenz würde sich sofort ausgleichen. Auch der Mann im Mond hat das Nachsehen. Durch die äußerst geringe Atmosphäre hält kein Luftdruck seinen Haken fest.

Ein handelsüblicher Saugknopf hat einen Durchmesser von knapp 5 cm. Wenn man den Wert des Luftdrucks berücksichtigt, kann man die im Idealfall erreichbare Haftkraft sogar berechnen, sie beträgt immerhin fast 160 N (Newton). Physiker messen Kräfte heute in der Einheit Newton, früher wurde das Kilopond als Einheit benutzt. Ein Gegenstand mit der Masse 1 kg wird von der Erde mit einer Kraft von knapp 10 N (genau: 9,81 N) angezogen. Die oben berechnete Kraft durch die Außenluft entspricht also einem Gewicht von knapp 16 kg auf den Saugknopf. Man könnte einen mittleren Koffer daran hängen; aber natürlich nur im Idealfall.

Die tägliche Erfahrung lehrt uns allerdings, dass man einen Saugknopf mit solch einem großen Gewicht nicht belasten kann. Der äußeren Kraft des Luftdrucks wirkt ja noch die Kraft der verbleibenden inneren Luft entgegen, die umso größer ist, je mehr Luft nach dem Anpressen verbleibt. Unsere Rechnung gilt ja für die Erzeugung eines idealen Vakuums im Saugknopf. Diese innere Gegenkraft sollte bei einem guten Saugknopf möglichst klein sein. Betrachtet man einen Saugknopf genau, dann erkennt man, dass die innere Fläche des Saugknopfes sogar etwas kleiner als die Fläche außen gestaltet ist. Dadurch wird die innere Gegenkraft verringert.

Bedingt durch Alterserscheinungen des Kunststoff- oder Gummimaterials sowie kleinere Lufteinschlüsse in der Manschette kann die Belastbarkeit des Knopfes schnell in die Knie gehen, das heißt er wird undicht. Hier kann ein hauchdünner Wasserfilm beim Anpressen enorme Dienste in Bezug auf Dichtigkeit leisten, besonders wenn die Oberfläche nicht so glatt wie gewünscht ist.

### Versunkene Schuhe und schwere Holzbrettchen

Unser Luftdruck übt also enorme Kräfte aus, wir haben es am Saugknopf gesehen. Der Alltag bietet noch mehr Beispiele dafür. Versinkt man mit seinem Schuh z. B. im tiefen Matsch, so hat man nicht selten Mühe, den Schuh wieder herauszubekommen, vielleicht zieht man auch den Fuß ohne Schuh heraus. Der Schuh wird nämlich beim Einsinken (fast) völlig dicht vom Schlamm umschlossen. Will man den Schuh anheben, so ist die Abdichtung durch den Matsch so gut, dass keine Luft unter die Sohle gelangen kann. Der Schuh wird vom äußeren Luftdruck festgehalten. Gelingt es uns dennoch, nach einiger Kraftaufwendung, den Schuh herauszuziehen, so hören wir ein lautes „Plobb", das das Eindringen äußerer Luft anzeigt. Wasser umschließt einen Schuh auch völlig dicht, aber die Wasserteilchen sind sehr gut beweglich. Laufen mit Gummistiefeln im Wasser fällt also schwer, aber das Wasser gibt beim Hochziehen des Stiefels besser nach als der zähe Matsch.

Um ein Gefühl für diese enormen Kräfte unseres Luftdrucks zu bekommen, können Sie folgendes Experiment durchführen – aber Vorsicht, man verschätzt sich bei der aufzuwendenden Kraft beträchtlich. Sie nehmen ein einfaches

Holzbrettchen von etwa 20 x 20 cm, bohren in der Mitte zwei Löcher hinein und befestigen einen Bindfaden am Brettchen, den Sie mit einem runden Holzstab festhalten, sonst besteht Verletzungsgefahr am Bindfaden. Das Brettchen wird auf den Boden gelegt und am Griff hochgezogen. Auch wenn Sie ruckartig reißen, bereitet das keinerlei Schwierigkeiten. Nun breiten Sie einen Zeitungsbogen über dem Brettchen plan auf dem Boden aus und reißen ein kleines Loch hinein, um die Schnur hindurchzuführen. Probieren Sie jetzt einmal, das Brettchen ruckartig hochzureißen. Wenn Sie Pech haben, bleiben Brett und Zeitung liegen und die Schnur reißt. Auf jeden Fall werden Sie über den Kraftaufwand staunen. Die Zeitung verhindert nämlich zunächst den Druckausgleich, also dass Luft unter das Brettchen strömt. Beim Ziehen „arbeiten" Sie gegen die Kraft des Luftdrucks, die in unserem Fall etwa 4000 N beträgt. Sie müssten also ein Gewicht von 400 kg heben. Aber die Zeitung gibt vorher nach.

### Der „horror vacui": Lässt die Natur ein Vakuum zu?

Unter dem Saugknopf sollte idealerweise ein Vakuum, ein „Nichts" sein. Doch existiert so etwas überhaupt? Diese Frage hängt sehr eng mit der Frage nach dem Wesen von Luft zusammen und durchzieht mehr als 2500 Jahre menschliche Denkgeschichte. Existiert Raum nur mit den Körpern zusammen, spannen diese ihn auf? Oder existiert Raum an sich, unabhängig von Zeit und Materie? Schon die griechischen Naturphilosophen wie *Leukipp* und sein Schüler *Demokrit* teilten die Welt in Atome und leeren Raum ein, in dem sich diese Partikel bewegen konnten. *Aristoteles* lehnte die Existenz des Leeren ab, bei ihm war die Welt etwas durch und durch Ausgefülltes. Seine Sicht wurde fast 2000 Jahre lang zum unanfechtbaren Paradigma.

Noch bis vor gut 300 Jahren galt die Existenz eines Vakuums, geschweige seine Herstellbarkeit, aus philosophischen und theologischen Gründen als unmöglich. Jede vernünftige Naturbeschreibung sollte daher ohne den leeren Raum, das Vakuum, auskommen. Zeigt doch die Natur selbst, dass sie, wo immer sich ein leerer Raum bildet, dafür sorgt, dass er wieder gefüllt wird. Die Natur scheint sich vor dem leeren Raum zu fürchten, man sprach vom „horror vacui", der Angst der Natur vor dem Vakuum. Der horror vacui galt als wissenschaftliches, vor allem aber als göttliches Prinzip. Wer auf diesem Gebiet forschte, konnte schnell unliebsamen Kontakt mit der kirchlichen Inquisition bekommen, er riskierte sein Leben.

Dennoch beschäftigte sich schon *Johannes Kepler* 1603 mit den grundlegenden Problemen, nämlich was Luft sei und ob es in der Natur tatsächlich kein Vakuum geben könne. Getreu der aristotelischen Aufteilung der Elemente in Materie, Feuer und Wasser konnte Luft entweder der Materie zugerechnet werden, dann müsste sie aber auf die Erde fallen. Oder Luft war Feuer, dann müsste sie in die Bereiche des Feuers aufsteigen, die die Erde umgeben. Anhand seiner Sternbeobachtungen und den von ihm entwickelten mathematischen Beziehungen zwischen der atmosphärischen Lichtbrechung und der Höhe des Sterns über dem Horizont kam *Kepler* zu dem Schluss: Luft ist Materie, denn sie bricht das Licht genauso wie andere Materie. Durch Vergleich mit der Lichtbrechung in Wasser bestimmte er sogar einen Wert für die Dichte der Luft. Damit konnte er die Höhe der Atmosphäre auf 4 km abschätzen, ein relativ guter Wert unter der Annahme höhenunabhängiger gleicher Dichte. Allein die Idee *Keplers* muss schon als revolutionär angesehen werden, nämlich dass Luft ein schwerer und mit Gewicht behafteter Körper ist. Wieso wir Menschen von dieser schweren Last nichts merken, diese sich aufdrängende Frage konnte er allerdings nicht beantworten.

Auch *Galileo Galilei* machte sich schon 1613 Gedanken über die Dichte der Luft und das Vakuum. Er näherte sich der Sache sogar theoretisch, als ihm das Problem einer Saugpumpe vorgelegt wurde, die bei 18 Ellen (heute etwa 10 m) ihre Funktion einstellte. Da die Natur „eine Abscheu vor dem Vakuum" hatte, folgte das Wasser in einer senkrechten Röhre einem aufwärts gezogenen Kolben, wurde also hochgesaugt. Doch schon die Florentiner Pumpenbauer des 16. Jahrhunderts wussten, dass dies nicht unbeschränkt möglich ist. „Die Wassersäule reißt bei dieser Höhe unter ihrem eigenen Gewicht ab", stellte *Galilei* messerscharf fest, „es entsteht für kurze Zeit ein luftleerer Raum, den die Natur sofort wieder auffüllt. Es gibt also so etwas wie ein natürliches Vakuum, aber die Natur hält es so klein wie möglich." Aber warum trat der Effekt bei Wasser erst bei 10 m auf? Wie groß war die Angst der Natur vor dem Vakuum also?

Er ermunterte, nach der Inquisition in seine Villa interniert, seinen Schüler *Vincenzo Viviani*, den Saugpumpenversuch einmal mit Quecksilber, also einer schwereren, genauer: dichteren, Flüssigkeit zu probieren. Um 1640 diktierte der inzwischen blind gewordene *Galilei* seinem Schüler sogar Versuchsanweisungen, in denen anstelle von Wasser Öl oder Quecksilber benutzt werden sollte, sodass „der Bruch bei geringerer oder größerer Höhe gemäß der größeren bzw. kleineren Dichte (in Bezug auf Wasser) erfolgen sollte". Das in Florenz aufbewahrte Buch trägt jedenfalls *Vivianis* Handschrift. Aber der vorgeschlagene Versuch gelang erst *Evangelista Torricelli*, der 1641, also ein Jahr vor *Galileis* Tod, diesen besuchte und ebenfalls sein Schüler wurde. Man muss die Vorsicht der damaligen Physiker bei solchen Versuchen und Überlegungen im geschichtlichen Kontext verstehen. Das Schicksal *Galileis* hatte viele Forscher verschüchtert – die Existenz eines Vakuum widersprach nun einmal der kirchlichen Naturphilosophie. Auch *Torricelli* war mit der Interpretation und Veröffentlichung seiner Versuche vorsichtig.

### Torricellis Weg zum Vakuum

Im Jahr 1643 füllte *Torricelli* ein langes, auf einer Seite zugeschmolzenes Glasrohr randvoll mit Quecksilber. Als er es mit dem offenen Ende nach unten in eine mit dem gleichen Metall gefüllte Schale stellte, sackte die silbrige Säule ein Stück weit ab (Abb. 1). Doch egal, wie lang er das Rohr auch wählte, das flüssige Metall nahm immer eine Höhe von 760 mm ein – den Wert, den wir heute als Luftdruck von 760 mm Quecksilbersäule bezeichnen. Doch was sollte sich oberhalb der Säule befinden? Es konnte sich dabei nur um einen luftleeren Raum handeln, das erste experimentell erzeugte Vakuum. Genau genommen befindet sich in der Torricelli'schen Röhre oberhalb des Quecksilbers kein absolut leerer Raum,

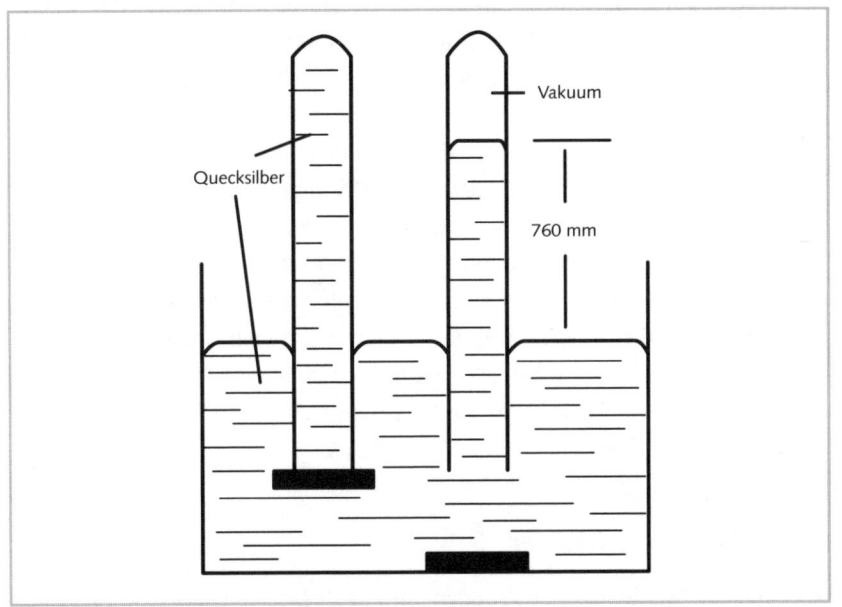

Vakuum

Quecksilber

760 mm

**Abb. 1**   Torricellis Quecksilberversuch

sondern Quecksilberdampf. Dessen Druck ist bei Normaltemperatur aber über 600 000-mal geringer als der normale Luftdruck; in der Glasröhre befindet sich also ein „sehr gut leerer Raum". Modern formuliert könnte man daher den „horror vacui" als eine Tendenz der Natur beschreiben, Luftdruckunterschiede zu vermeiden bzw. zu beseitigen.

*Torricelli* war sicher, dass eine Kraft von außen wirkte, aber von Druck ist in seinen Beschreibungen noch nicht die Rede. In einem Brief aus dem Jahr 1644 an den Wissenschaftler *Ostilio Ricci* schrieb er, dass nicht eine Wirkung des Vakuums oder eines extrem dünnen Stoffes das Quecksilber in der beobachteten Höhe festhält, sondern eine Wirkung von außen, nämlich die Luft, die mit ihrem Gewicht auf die Oberfläche des Quecksilbers im Untersatz drücke und damit dem Quecksilber im Innern der Röhre das Gleichgewicht halte. Der Naturforscher erkannte, dass wir am Boden eines Luftmeeres leben, allein das Luftgewicht hält das Quecksilber im Glasrohr.

Der Nachweis der Abhängigkeit der Quecksilbersäule vom äußeren Luftdruck gelang aber erst *Blaise Pascal* im Jahr 1646 in seinem berühmten Versuch am Puy de Dôme (1465 m) im französischen Zentralmassiv. Auf die Höhe des Berges gebracht, ist die Länge der Quecksilbersäule kleiner, der Raum oben in der Röhre also größer geworden. „Scheut die Natur das Vakuum auf den Bergen weniger als in den Tälern? Und bei feuchtem Wetter mehr als bei trockenem?", spöttelte darüber *Pascal*. Nach diesem Versuch stand der Quecksilberapparatur als Luftdruckmesser, das heißt als Barometer, nichts mehr im Wege, denn *Pascal* führte sein Experiment auch in Paris durch. Er stieg mit dem Barometer auf einen Kirchturm und etliche hohe Häuser. Seine Überlegungen waren richtig, wenn auch die Differenzen nur noch wenige Millimeter betrugen.

Nach *Torricelli* ist eine (wenn auch veraltete) Maßeinheit des Drucks, nämlich das Torr benannt: 760 mm Quecksilbersäule entsprechen einem (Normal-) Luftdruck von 760 Torr. Heute wird Druck als internationale Einheit in Pascal gemessen. Ein Pascal Druck herrscht, wenn eine Kraft von einem Newton auf einen Quadratmeter Fläche wirkt. Die Abkürzungen für diese Druckeinheit lauten Pa für Pascal sowie kPa für Kilopascal = 1000 Pa.

### Die Magdeburger Halbkugeln

Als indirekter Wegbereiter des Saugknopfes kann *Otto von Guericke*, ein Zeitgenosse *Pascals*, gelten, den das Problem des leeren Raumes trotz seines Bürgermeisteramtes in Magdeburg nicht losließ. Begonnen hatte alles mit der provokativen Behauptung, er könne die Existenz eines Vakuums experimentell nachweisen. Provokativ war diese Aussage deshalb, weil die Nichtexistenz des Vakuums damals noch als wissenschaftliche Tatsache gehandelt wurde, als unverrückbares Dogma, auch wenn andere Wissenschaftler schon gegenteilige Schriften veröffentlicht hatten. Genau in diese Zeit der Ungewissheit, des Umbruchs der wissenschaftlichen Denkweise, der Hinwendung zum Experiment und dessen Deutung fällt der Halbkugelversuch von *Guericke*. Denn auch er demonstrierte mit seinen fast evakuierten Halbkugeln im Jahr 1654, dass „Luft Gewicht besitzt und sich selbst drückt, wie sie auf alles drückt".

Doch wie immer in der Geschichte der Naturwissenschaften wird solch ein Experiment nicht über Nacht erdacht, es gibt immer Vorüberlegungen und langwierige Vorversuche. So auch bei *Guericke*. Er war fasziniert von der neuen Planetenastronomie *Keplers* und stellte sich die Frage, wie viele andere seiner Zeit, was wohl der ungeheure Raum zwischen den Planeten enthalte: „Was bleibt also zurück, wenn die Materie aus einem Raum entfernt wird?" Angeregt von den Gedanken *Galileis*, den Experimenten *Torricellis* und *Pascals*, beschäftigte er sich mit den Eigenschaften der Luft, der Erforschung des Luftdruckes und der Erzeugung eines Vakuums. Er wollte einen leeren Raum im größeren Maßstab schaffen. Deshalb füllte er ein abgedichtetes Fass mit Wasser, nahm eine Feuerwehrspritze und versuchte, in Umkehrung des Spritzenprinzips, mit dieser das Wasser aus dem Fass herauszuholen (Abb. 2). In der Tat blieb kaum etwas übrig, denn das Fass wurde in kleine Splitter zusammengedrückt... ein erster Hinweis darauf, dass eine Kraft von außen wirkt, wenn aus einem geschlossenen Raum etwas entfernt wird.[1]

Im Laufe der Zeit verbesserte *Guericke* seine Vorrichtungen. Nach der Entdeckung der Porigkeit des Holzes entschloss er sich, für die nächsten Experimente Kupfergefäße zu benutzen und aus diesen auch nicht mehr Wasser, sondern Luft herauszupumpen. Er verbesserte seine Pumpe und erfand 1650 bei seinen Experimenten als Nebenprodukt die Luftpumpe. Er verwendete diese entgegen ihrer heutigen Bestimmung, der Druckerzeugung, zum Evakuieren. So gelangte er

---

[1] In seinem 1672 erschienenen Werk „Neue, so genannte Magdeburger Versuche über den leeren Raum" schreibt *Guericke* unter anderem eine längere Abhandlung daraus über die Versuche: Bei naturwissenschaftlichen Fragen hat es gar keinen Wert, schön reden und gut disputieren zu können. Man braucht keine gekünstelten Hypothesen, wo man Tatsachen reden lassen kann. – Welch moderne Auffassung!

**Abb. 2**   Otto von Guerickes Pumpversuche (zeitgenössische Darstellung)

schließlich zu seinem berühmten Experiment, bei dem zwei kupferne Halbkugeln mit einem Lederring als Dichtung mit Luftpumpen in einer halben Stunde so weit wie möglich evakuiert wurden. Die beiden Kugeln hafteten unter der Kraft des Luftdrucks so gut, dass zehn starke Pferde sie nicht auseinander ziehen konnten.

**Abb. 3**   Historischer Versuch mit den Magdeburger Halbkugeln

Historischen Berichten zufolge soll der Schauversuch von *Guericke* die damalige Bevölkerung innerlich sehr aufgewühlt haben. Man kann nur vermuten, dass die enormen Kräfte „der unfasslichen Luft" Angst und Schrecken einjagten; *Guericke* hatte den horror vacui bezwungen. Um das in den meisten Köpfen seiner Zeitgenossen spukende Gespenst des horror vacui zu vertreiben, musste sich *Guericke* zur Demonstration seiner Thesen eben möglichst überzeugende, also spektakuläre Beweise einfallen lassen. So hat *Otto von Guericke* durch seine Auftritte auch Werbung für die experimentelle Forschung gemacht und dabei den Werdegang der Physik ganz entscheidend mitbeeinflusst. Das historische Experiment wurde 1963 in einem eindrucksvollen Versuch in Magdeburg wiederholt (Abb. 3). Die Original-Kugelschalen werden im Deutschen Museum in München aufbewahrt.

Man kann ein Gespür für die enormen Kräfte aus dem *Guericke*-Experiment mithilfe von zwei Saugnäpfen bekommen. Dazu presst man die beiden Saugnäpfe, eventuell mit etwas Wasser als Dichtmittel, gut aneinander. Wie viel Kraft ist zur Trennung nötig? Können Sie die Saugknöpfe überhaupt noch trennen? Auch eine Konservierungsmethode steht im Zusammenhang mit der Idee der Magdeburger Halbkugeln, das Verschließen von Einmachgläsern, um z. B. Obst oder Gemüse einzukochen. Man benötigt ein Einmachglas, einen passenden Gummiring und einen Deckel. Zuerst in das Glas ein brennendes Stück Papier werfen, den angefeuchteten Gummiring auflegen und mit dem Deckel abschließen. Das brennende Papier erlischt nach einer kurzen Weile, die erwärmte Luft dehnt sich aus und entweicht teilweise über den lose aufgelegten Deckel. Den Deckel dann während des Abkühlungsprozesses beschweren, z. B. mit einem Stein. Im Glasinnern entsteht ein luftverdünnter Raum und der äußere Luftdruck presst nun den Deckel auf den Glasrand, das Saugknopf-Prinzip. Besser ist natürlich die Demonstration mit zwei Gläsern, indem man zwei gleiche Trinkgläser mit einem feuchten Stück Zeitungs- oder Löschpapier dazwischen abdichtet. Wichtig ist die gleich große Öffnung der beiden Gläser.

*Guerickes* Luftpumpen, eine technische Meisterleistung des 17. Jahrhunderts, waren die Wegbereiter für eine Unzahl praktischer Anwendungen des Vakuums, von den Glühlampen, Leuchtstoffröhren und Thermoskannen bis zu den Bildröhren unserer Fernsehgeräte. Die zunehmende Verbesserung der Technik erlaubte dabei eine immer bessere Annäherung an das „Nichts", doch ein völlig leerer Raum bleibt unerreichbar. Mit Spezialapparaturen lässt sich heute der Druck auf $10^{-12}$ Pa ($10^{-17}$ bar) herabsetzen, aber es befinden sich noch immer etwa 300 Gasmoleküle pro Kubikzentimeter im Probevolumen.

Auch ein Staubsauger erzeugt an seiner Düse einen Unterdruck. Der normale Luftdruck presst die Luft samt Staub in die Düse hinein. Ein Trick beruht auf diesem Saugprinzip: Legt man auf den Tisch eine Reihe von Streichhölzern nebeneinander hin, so kann man diese in die dazugehörige Schachtel befördern, ohne sie mit einem Körperteil, geschweige denn mit den Händen, berühren zu müssen. Dazu nimmt man die Hülse der Streichholzschachtel hochkant und gut abschließend zwischen die Lippen, bringt sie dicht über die Hölzchen und holt tief Luft. Schon schweben die Hölzchen wie angeklebt an der Hülse und können in die bereitstehende Schachtel transportiert werden. Denn durch das Luftholen erzeugt man in der Hülse einen luftverdünnten Raum. Alles andere ist Sache des allgegenwärtigen Luftdrucks.

### Das Geheimnis des aufsteigenden Wassers

In diesem Zusammenhang fällt mir noch ein Versuch ein, den Sie wahrscheinlich aus der Schule kennen. Hoffentlich ist Ihnen auch die richtige Erklärung bzw. Deutung dazu geliefert worden. Es handelt sich um das Geheimnis des aufsteigenden Wassers. Man stellt eine brennende Kerze in ein flaches Schälchen mit Wasser und stülpt ein Glas über die Kerze, sodass der Rand des Glases im Wasser steht (Abb. 4). Die Flamme hat nach einigen Sekunden den Sauerstoff im Glas aufgebraucht und verlischt. Dann steigt der Wasserspiegel im Glas sprunghaft an.

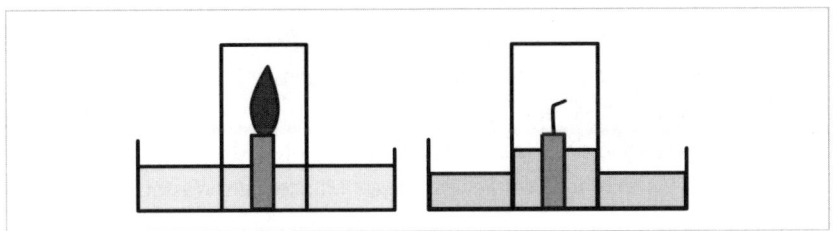

**Abb. 4**  Das Geheimnis des aufsteigenden Wassers

Meist wird der Versuch so erklärt, man könne am aufsteigenden Wasser erkennen, dass der Sauerstoff durch die brennende Kerze aufgebraucht worden sei. Auch ich erinnere mich lebhaft an diesen Versuch in einer meiner ersten Chemiestunden als Schülerin und an diese Erklärung. Schon damals ist mir aufgefallen, dass das Wasser aber erst nach Verlöschen der Kerze aufsteigt, und das relativ schnell. Zwar verbraucht die Flamme den Sauerstoff, erzeugt bei der Verbrennung jedoch ein fast gleich großes Volumen an Verbrennungsgasen, u. a. Kohlendioxid und Wasserdampf. Würde die gegebene Erklärung zutreffen, dann müsste das Wasser ja schon während der Verbrennung langsam und stetig bis zu seinem Maximalwert ansteigen. Dies passiert jedoch erst, sogar mit Verzögerung, nach dem Erlöschen der Flamme, dann aber in einem rasanten Tempo und dazu noch in einer unerwarteten Menge. Genaue Beobachter werden allerdings feststellen, dass auch während des Brennens der Kerze bis zu ihrem Verlöschen das Wasser etwas ansteigt, aber dies ist wirklich nur ein geringer Effekt und nicht mit dem beobachteten schnellen Endanstieg zu vergleichen. Hier macht sich tatsächlich der Volumenunterschied zwischen Sauerstoff und Verbrennungsgasen bemerkbar.

Was geschieht jedoch nach dem Verlöschen der Flamme aus Sauerstoffmangel? Stülpt man ein Glas über eine brennende Kerze, so fängt man dabei heiße Kerzenluft ein. Nachdem die Kerze ausgegangen ist, kühlt sich diese schnell ab und erzeugt dabei einen Unterdruck im Glas. Der äußere Luftdruck treibt das Wasser, seinem Drang zum Druckausgleich folgend, in das Glas hinein. Das Geheimnis ist also nicht der „verschwundene Sauerstoff", sondern der „horror vacui" in moderner Fassung. Man kann dies überprüfen, indem man keine brennende Kerze, sondern ein mit sehr heißem Wasser ausgespültes Glas (Vorsicht, das Glas kann zerspringen!) in die Wasserschale stülpt. Mit dem Glas wird gleichzeitig warme Luft eingefangen, die sich dann rasch abkühlt und das Wasser steigen lässt. Ein schöner Beweis, auch wenn der Effekt wegen der niedrigeren Temperatur der Luft nicht ganz so großartig ausfällt. Übrigens: 1 l Luft dehnt sich bei einer Erwärmung von 20 °C auf 100 °C auf 1,3 l aus, ein Effekt von 30 %, den man dann am Hochsteigen des Wassers wieder beobachten kann. Mit dem gleichen Kerzentrick lassen sich auch trockenen Fingers Münzen aus Wasserschälchen holen. Heiße Gläser sind ein guter Ersatz in Versuchen, die eine Vakuumpumpe benötigen, auch wenn der erzeugbare Unterdruck natürlich nicht sehr groß ist.

### Leben im Luftmeer

Die Versuche von *Torricelli*, *Pascal* und *Guericke* zeigten, dass wir „am Grund eines riesigen Luftmeeres leben". Auf jedem auch noch so kleinen Fleckchen Erdoberfläche steht eine viele Kilometer hohe Luftsäule, deren Masse von der Erde angezogen wird. So wiegt 1 m³ Luft schon über 1 kg, genau 1290 g. Die Luft in den unteren Schichten wird von der darüber liegenden Luft zusammengepresst, sie steht unter dem uns bekannten Luftdruck. Doch warum spüren wir von all diesen tonnenschweren Belastungen nichts? Wie können wir mit diesem schweren, auf uns lastenden Druck überhaupt leben?

Der Luftdruck wirkt ja nicht nur von oben auf unseren Kopf und unsere Schultern, sondern von allen Seiten, also z. B. auch auf Bauch, Beine, sogar auf die Innenseite unserer Handflächen. Die Allseitigkeit des Luftdrucks kann man mit einem Glas Wasser zeigen. Man befüllt es randvoll mit Wasser, legt eine stabile Postkarte plan darauf und dreht es vorsichtig um. Das Wasser fließt nicht ab, sondern wird vom Luftdruck, diesmal von unten her, im Glas gehalten. Rein theoretisch wäre die Postkarte noch nicht einmal nötig, sie sorgt nur für die Stabilisierung der Wasseroberfläche, die sich in einem labilen Gleichgewicht befindet. Interessanter wird es mit einer plan aufgelegten Frischhaltefolie. Wasser tropft vom Rand her ab und die Folie wird unter Einwirkung des äußeren Luftdruckes in das Glas hineingewölbt.

An die Situation des uns allumgebenden Luftdrucks haben sich unsere Sinne gewöhnt, die uns vorgaukeln, die Luft sei ja fast nichts. Die Prinzipien der Evolution haben uns an ein Leben in solchen Umweltbedingungen, also am Grund des Luftmeeres, angepasst. Die Knochen, das Gewebe und vor allem die Lunge sind auf den herrschenden Luftdruck genauestens abgestimmt. Die gleiche Kraft, die von außen auf unseren Körper wirkt, liegt auch im Inneren vor: Wir haben Luft eingeatmet.

Wie fein diese Druckabstimmung zwischen innen und außen ist, spüren wir als unangenehmes Druckgefühl im Ohr, z. B. bei Start und Landung im Flugzeug, bei einer rasanten Bergfahrt oder beim Tauchen ohne Hilfsmittel, also bei schnellen Änderungen des äußeren Drucks, manchmal sogar schon im Aufzug. Das unangenehme Gefühl im Ohr entsteht nämlich, weil sich das Trommelfell durch den Druckunterschied leicht nach außen oder innen gewölbt hat. Durch Schlucken oder Kaugummikauen kann durch die Ohrtrompete oder eustachische Röhre genannte Verbindung zwischen Mittelohr und Rachenraum ein Druckausgleich zwischen innen und außen stattfinden. Die Mündung der Ohrtrompete im Rachenraum ist allerdings normalerweise verschlossen. Nur beim Schlucken oder Gähnen öffnet sie sich und lässt einen Druckausgleich zu.

Astronauten benötigen bei ihren Arbeiten im fast luftleeren Weltraum spezielle Druckanzüge, die einen minimal zum Überleben nötigen Luftdruck von knapp der Hälfte unseres Normaldrucks aufrechterhalten. Unser normaler Luftdruck sorgt nämlich auch dafür, dass die Körperflüssigkeiten flüssig und die Gase in ihnen gelöst bleiben. In einer Höhe von 19 000 m wird selbst unser irdischer Luftdruck für diese Aufgabe zu gering. Dann beginnt der Stickstoff in Blut und Gewebe zu sieden, Wasserdampf füllt die Lungen und der Sauerstoffanteil in der Luft ist sowieso viel zu gering, um ein Atmen ohne zusätzliche Sauerstoffversorgung zu ermöglichen. Bei einem noch geringeren Luftdruck, z. B. im fernen Weltraum, droht die explosive Dekompression. Die Körperflüssigkeiten verdampfen in kürzester Zeit und der Körper dehnt sich unvorstellbar aus.

Schon mit einer einfachen Vakuumpumpe kann man diese unserer Alltagsvorstellung so fernen Vorgänge simulieren und ihre Wirkung zeigen. In jeder Flüssigkeit ist nämlich etwas Luft gelöst, denn unser normaler Luftdruck drückt ja auch auf die Oberfläche des Wassers. Dabei wird vom Wasser Luft aufgenommen. Stellt man nun ein normales Glas mit Wasser unter die Glocke einer Vakuumpumpe und startet den Evakuiervorgang, so beginnt das Wasser zu sprudeln, als ob es kochen würde. Aus dem Wasser steigen bei vermindertem Atmosphärendruck Luftblasen auf. Doch bei einem Druck von etwa 2,6 kPa (20 Torr), falls Sie an Ihrer Vakuumpumpe ein Manometer haben, passiert etwas sehr Interessantes. Das Wasser fängt in seinem Inneren an zu sieden, Dampfblasen steigen auf. Bei diesem geringen Druck liegt der Siedepunkt des Wassers nämlich bei Zimmertemperatur.

Natürlich lassen sich mit einer Vakuumpumpe auch noch andere Spielereien veranstalten. Lasch aufgeblasene, aber verschlossene Luftballons werden beim Evakuieren prall gefüllt. Negerküsse nehmen gigantische Formen an und schrumpelige Äpfel oder Tomaten werden wieder schön glatt. Selbst abgestandenes Bier schäumt wieder herrlich auf. Bringt man in der Glasglocke der Vakuumpumpe auf eine senkrecht stehende Glasscheibe einen Saugknopf auf, so zeigt sich beim Abpumpen der Luft, dass er bei vermindertem Luftdruck schnell den Halt verliert. Dies ist natürlich auch ein Beweis dafür, dass unser Atmosphärendruck den Saugknopf an seine Unterlage presst. Vieles in unserem täglichen Leben ist also auf das Vorhandensein des (kaum spürbaren) Luftdrucks angewiesen.

Umgekehrt sind Tiefseefische an den dort herrschenden enormen Wasserdruck optimal angepasst. Ihnen droht knapp unter der Wasseroberfläche ein ähnliches Schicksal wie uns Menschen im Weltraum. Dies zeigte sich, als Forscher Tiefseefische zu Experimentierzwecken an die Oberfläche holten. Entsprechend müssen wir Menschen beim Tauchen in größere Tiefen Vorsorge in puncto Druck treffen. Der Druck in unserer Lunge muss mithilfe von Pressluft dem Wasserdruck in der Tiefe angepasst werden, sonst ist Atmen nicht möglich. Die unter diesem Druck vermehrt in Gewebe und Körperflüssigkeit gepressten Gase müssen in einem komplizierten Auftauchplan wieder „entsorgt" werden, sonst droht uns die Druckunterschiedskrankheit, ein lebensgefährlicher Tauchfehler (mehr darüber im Kapitel „Tauchen").

### Ein Zaubertrick mit physikalischem Hintergrund

Wasser, das der Schwerkraft trotzt, begegnet uns vielfach im Alltag. Röhrchen und kleine Arzneimittelflaschen mit engem Hals geben ihre Flüssigkeit nicht ohne weiteres frei. Nur Umdrehen und Schütteln bzw. Klopfen auf den Flaschenboden führen zum Ziel. Die Oberflächenspannung ist schuld, sie bildet ein genügend starkes „Häutchen" und stabilisiert die Situation. Es kann keine Luft eindringen, die Flüssigkeit kann gegen den äußeren Luftdruck nicht austropfen. Auch Pipetten für chemische Zwecke funktionieren nach diesem Prinzip. Solange man mit dem Daumen oder einem anderen Finger die obere Öffnung verschließt, können Flüssigkeiten gefahrlos transportiert werden; beim Freimachen der Öffnung tropft der Inhalt der Pipette aus.

Auf diesem Prinzip basiert eine Vorführung, die mir unter dem Namen „indisches Zauberwasser" bekannt ist und bei der eine Flasche „niemals leer wird". Dazu muss eine undurchsichtige Plastikflasche mit nicht zu weitem Hals als innerer Heber präpariert werden. Zuerst wird in der Nähe des Flaschenhalses ein sehr kleines Loch in die Flasche gestochen, das beim Ausschenken mit dem Daumen gut erreichbar ist. Die Flasche mit gefärbtem Wasser (wegen des Show-Effekts) befüllen. Dann schneidet man ein Stück Plastikschlauch oder passendes Rohr zurecht, das etwa 1 cm kürzer als die Flaschenhöhe sein muss. Diesen Schlauch in die Flasche stecken und mit Plastikkleber wasserdicht am oberen Rand festkleben, sodass neben dem Rohr kein Wasser ausfließen kann. Am besten stimmt man Flaschenhalsdurchmesser und Schlauch in ihrer Weite passend ab. Dies ist das schwierigste Problem bei der Vorbereitung.

Am besten eignet sich das indische Zauberwasser, wenn es während eines längeren Programms oder einer vielleicht ermüdenden Vorführung immer mal wieder eingesetzt wird, ein running gag. Man hält das Loch neben dem Flaschenhals zu und gießt das Wasser, das sich im Schlauch befindet, aus, bis nichts mehr kommt. Auf den Kopf stellen beweist: Die Flasche ist leer! Aufpassen, dass dabei das Loch gut zugehalten wird. Nun wird die Flasche achtlos beiseite gestellt, für das Publikum ist sie ja sowieso leer. Das Luftloch ist jetzt geöffnet, der Luftdruck drückt wieder Wasser im Schlauch nach oben. Schon wenig später kann aus der „leeren" Flasche, bei jetzt abgedecktem Loch, wieder Wasser ausfließen. Probieren Sie vorher aus, wie oft die Vorführung sicher klappt.

Bei einem Trick, der ebenfalls das Wechselspiel der Druckunterschiede beleuchtet, aber einfacher durchzuführen ist, muss ein Luftballon, der in einer Flasche hängt, aufgeblasen werden. Doch sobald sich der Ballon durch Blasen mit etwas Luft gefüllt hat, stößt er an die Innenwand des Flaschenhalses und dichtet die Flasche dadurch ab. Beim Weiterblasen kann die in der Flasche befindliche Luft nicht entweichen, der Ballon bläht sich höchstens außerhalb der Flasche auf. Wie kann man sich behelfen? Man schiebt neben den Ballon einen Strohhalm in die Flasche, der für den nötigen Druckausgleich sorgt. Nun kann der Ballon sich ungehindert ausdehnen.

### Natürliche Saugknöpfe

Doch nun zurück zu den Saugnäpfen und zu ihren Vorbildern in der Natur: Nicht nur Fliegen bewegen sich auf Saugfüßchen vorwärts, auch Seesterne tun dies. Fische wie z. B. die Saugschmerle trotzen beim Festhalten dem beachtlichen Wasserdruck schnell fließender Bäche. Kopffüßer wie die Kraken hantieren mit saugnapfbewehrten Armen, die einem Zug von mehreren Kilogramm standhalten. Die verblüffende Kraft erwächst auch hier aus den Druckunterschieden zwischen innen und außen. Die Kopffüßer sind die Vakuum-Meister im Tierreich. Der verbleibende Wasserdruck im Inneren eines Saugknopfes kann bis zu einer Grenze sinken, bei der sich Dampfblasen bilden. Auch die vergleichsweise simplen Saugnäpfe konnten also perfektioniert und universalisiert werden.

Noch erstaunlicher ist aber Folgendes: Geckos kleben mit ihren Füßen so fest am Untergrund, etwa Baumstämmen, Wänden oder Decken, dass sie an einem Zeh sogar kopfüber baumeln können. Trotzdem lösen sich ihre Fußsohlen bei jedem Schritt mühelos. Wie ist das möglich? Wie amerikanische Forscher jetzt festgestellt haben, ist dies mit dem Saugnapfprinzip allein nicht machbar, hier spielt zusätzlich die Anziehungskraft elektrischer Ladungen eine Rolle. Jeder Fuß des Geckos ist mit etwa einer halben Million feiner Härchen bedeckt, die an ihren Spitzen in bis zu tausend winzige Polster aufgespalten sind. Nähern sich die Tiere damit einer Fläche, wirken – kurz bevor diese berührt wird – schwache elektrische Anziehungskräfte auf die Härchen ein. Jedes Härchen wird, je nachdem, welche Ladung es abbekommt, entweder von den positiven oder den negativen Atomen der jeweiligen Fläche angezogen. Verändert sich indes der Anstellwinkel des Fußes zur Fläche, verschwindet diese Anziehung wieder und das Tier kann ihn mit minimalem Energieaufwand anheben. Der Gecko rollt seine Füße auf die Unterlage und zieht sie dann wieder ab. Könnte dieser Haftvorgang nicht auch für einen Roboter entwickelt werden, der z. B. Wände erklimmt? Immerhin könnten eine Million Geckohärchen ein kleines Kind tragen.

Die Natur hat aber noch mehr Spezialisten mit Saugnäpfen. So spazieren die Larven der Netzflügelmücken im reißenden Wasser über die glitschigsten Steine, ohne weggespült zu werden. Sie saugen sich einfach mit einer Reihe von sechs Saugnäpfen an der Unterseite ihres Körpers, also nicht an den Füßen, an ihrer Unterlage fest. Diese Saugnäpfe sind besonders hoch entwickelt, sie enthalten nämlich eine Art Vakuumpumpe zur Erzeugung eines ganz besonders guten Unterdrucks. Nach dem Aufsetzen ziehen die Muskeln des Saugnapfes eine Art Kolben nach oben und die ringförmige Haftscheibe klebt unverrückbar an der Unterlage.

Erst Videoaufnahmen konnten klären, wie sich die Larve fortbewegt. Dies ist nur möglich, indem wellenartig von vorne nach hinten ein Saugnapf nach dem anderen weitergesetzt wird. Natürlich sind bei dieser Bewegungsart keine atemberaubenden Geschwindigkeiten möglich, nur 5 cm in der Minute, ein dem Algenabgrasen durchaus angepasstes Tempo. Wissenschaftler stellten sich die Frage, warum die Natur solche Mühen unternimmt, obwohl in ruhigerem Wasser ein angenehmeres Leben möglich wäre. Aber: Durch ihre Spezialisierung auf extrem starke Strömungen sichern sich die Larven vor Räubern und auch vor Nahrungskonkurrenten eine ökologische Nische. Wie schnell wäre eine solche Larve bei ruhigerem Wasser von einer Wasseramsel weggepickt! Deshalb wandern die Larven auf ihrem Stein immer der stärksten Strömung entgegen, zur Not lassen sie sich auch in lebhafteres Wasser treiben.

### Neue Anwendungen mit Bodenhaftung

Und noch immer ist das Anwendungsspektrum des kleinen Saugknopfes nicht ausgeschöpft. Vielleicht kennen Sie das Projekt des deutschen Cargolifters, eine Art Zeppelin-Abkömmling zum Transport schwerer Lasten in unwegsame Gebiete. Seine britische Konkurrenz heißt Skycat, ebenfalls so ein Luftschiffkoloss. Wie Sie bereits aus alten Filmaufnahmen des Zeppelins wissen, war es ein schwieriges Problem, diese Luftfahrzeuge am Boden zu halten; bis zu 160 Mann mussten die Fangseile halten. Beim Cargolifter soll dieses Problem durch das Aufnehmen und Abpumpen von Ballastwasser gelöst werden, ein umständliches Unterfangen, zumal mehr als 150 t Wasser nötig wären. Deshalb denkt man bei der britischen Firma darüber nach, ob sich das Luftschiff mithilfe zweier Luftkissen, die wie Kufen unter dem Rumpf angebracht sind, einfach am Landeplatz festsaugen kann. Damit jedoch eine Haftung auf jeder Art Boden möglich wird, ist eine enorme Saugkraft erforderlich. Allerdings könnte man das Luftschiff dann schnell und einfach wie eine Autofähre beladen.

## Luftballons: ein interessanter Zisch

Luftballons sind nicht nur für Spielereien geeignet, mit ihnen lassen sich auch interessante Experimente durchführen und Einblicke in viele physikalische Sachverhalte gewinnen. Außerdem werden die gewonnenen Prinzipien in den unterschiedlichsten technischen Anwendungen eingesetzt.

### Nichts als Gummi, so ein Luftballon

Doch befassen wir uns zunächst mit dem Material, aus dem Luftballons hergestellt werden. Gummi wird aus Natur- oder Synthetikkautschuk hergestellt. Das Ausgangsmaterial ist in feinsten Tröpfchen in der Milch des Kautschukbaumes, der in tropischen Breiten angebaut wird, enthalten. Kautschuk ist seit der Entdeckung Amerikas bekannt; schon die Azteken spielten mit einer Art Gummiball, und die Maya fertigten aus Gummi Schuhe an. Der durch mechanische und chemische Behandlung aus dem Baumsaft gewonnene Rohkautschuk wird schließlich unter Wärmebehandlung mit Schwefel vulkanisiert. Dadurch erhält der Gummi seine Elastizität.

Natürlicher Kautschuk besteht aus kettenförmig miteinander verbundenen Makromolekülen, die aus vielen gleichen Untereinheiten, den so genannten Monomeren, zusammengesetzt sind. Erst die Vulkanisation, also der Einbau der Schwefelatome in Form von Brückenbindungen, sorgt dafür, dass sich diese linienförmigen Moleküle stark vernetzen und miteinander verknäulen. Gummi ist umso härter, je höher sein Vernetzungsgrad, also sein Schwefelgehalt ist. Übrigens: Der erste luftgefüllte Reifen aus Gummi, der allerdings nur eine geringe Haltbarkeit aufwies, wurde 1845 hergestellt.

### Das elastische Verhalten von Gummi

Zieht man nun an Gummi, am besten benutzt man dazu ein Gummiband, so wird er lang und dünn. Wenn man ihn loslässt, kehrt er in seine ursprüngliche kurze Form zurück. Dies ist möglich, da bei den Gummimolekülen durch das Ziehen die Winkel und die Lage der einzelnen verknäulten kettenförmigen Moleküle gestreckt und auseinander gezogen werden. Dabei entsteht ein Zug nach innen, denn die Moleküle wollen aus der aufgezwungenen gestreckten Form ausbrechen, wieder einknicken und sich verwickeln. Lässt die äußere Kraft nach, dann lagern sich die Moleküle wieder in ihre ursprüngliche Form zurück. Man nennt dieses Verhalten „elastisch".

Gummi ist allerdings kein ideal elastisches Material. Schon beim Aufblasen eines Luftballons kann man feststellen, dass dieser nach Ablassen der Luft nicht vollständig in seine ursprüngliche Form zurückkehrt, sondern etwas gedehnt verbleibt. Auch Gummibänder zeigen, unabhängig von Veränderungen durch häufigen Gebrauch oder Brüchigkeit durch starke Lichteinstrahlung, bei großer Krafteinwirkung plastisches Verhalten, nur ist es hier nicht immer so deutlich wie beim Luftballon. Bei kleinen Verformungen nimmt Gummi in der Regel jedoch wieder seine ursprüngliche Gestalt an bzw. die Abweichungen sind zunächst einmal vernachlässigbar.

Gummi ist zwar bedingt elastisch, aber sein Verhalten beim Dehnen folgt nicht so ohne weiteres einfachen Kraftgesetzen. Dehnt man z. B. Stahlfedern, indem Gewichte angehängt werden, so erhält man bei doppelter Kraft auch doppelte Verlängerung. In der Physik wird dieses Verhalten Hooke'sches Gesetz genannt. Bei Gummi ergibt sich ein anderes Bild. Spannt man ein Gummiband durch Anhängen von Gewichten, so zeigt sich, dass Kraft und Verlängerung nicht im gesamten Bereich dem einfachen Kraftgesetz folgen. Sogar die ursprüngliche Länge wird nicht mehr angenommen. Das lineare Kraftgesetz ist für Gummi daher nur eine grobe Näherung, was das Material für Kraftmesser untauglich macht.

Und eine weitere interessante Eigenheit weist Gummi auf. Es zieht sich mit steigender Temperatur zusammen. Die verwickelten Moleküle wirken bei ihren durch die Wärme verursachten Bewegungen auch in die Seitenrichtungen. Dadurch wird ein Gummiband kürzer. Es umschnürt ein Päckchen in der Sonne stärker als im Kühlschrank. Diesen Effekt kann man ausnutzen, um einen kleinen Motor zu bauen. Man versieht einen Metallring mit Speichen aus Gummibändern und steckt ihn auf eine Achse. Bestrahlt man das Rad an einer Stelle mit einer Glühbirne, beginnt es sich zu drehen. Durch die Erwärmung ziehen sich die Gummibänder nämlich an dieser Stelle zusammen und verschieben den Mittelpunkt des Rades. Eine Drehbewegung kommt zustande.

### Einen Luftballon aufblasen

Jeder, der schon einmal einen Luftballon aufgeblasen hat, weiß, dass man am Anfang recht kräftig pusten muss. Oft schaffen kleinere Kinder dieses „Anblasen" nicht und benötigen die Hilfe eines Erwachsenen. Mit zunehmendem Volumen des Ballons geht es dann aber leichter. Damit dieser Effekt verständlich wird, hier zunächst eine Erläuterung der Druckverhältnisse im Inneren von Seifenblasen, die ihre Entstehung ja auch einem Aufblasvorgang verdanken. Seifenblasen zeichnen sich durch eine konstante Oberflächenspannung aus, sodass der Widerstand der Seifenhaut gegen weiteres Dehnen der Oberfläche gleich bleibt, egal wie groß die Blase schon ist. Es lässt sich zeigen (vgl. Kapitel „Seifenblasen"), dass der Innendruck der Blase dann nur von der Oberflächenkrümmung abhängt: In großen Blasen herrscht ein kleinerer Druck als in kleinen Blasen.

Beim Luftballon ist die Sache komplizierter. Die Gummihaut ist elastisch. Je mehr sie gedehnt wird, desto größer wird ihr Widerstand gegen weitere Dehnung, das heißt man muss mehr Kraft zur Vergrößerung der Oberfläche aufwenden. Die vernetzten Kettenmoleküle versuchen nämlich, sich wieder zu ihrer ursprünglichen Größe zusammenzuziehen. Man hat es hier mit zwei gegeneinander arbeitenden Effekten zu tun. Beim Aufblasen lässt die abnehmende Krümmung, wie bei der Seifenblase, den Innendruck sinken. Andererseits erfordert die zunehmende Dehnung der Gummihaut einen höheren Innendruck. Der weitere Kraftaufwand beim Blasen hängt also davon ab, welche der beiden Tendenzen bei einem bestimmten Volumen des Luftballons überwiegt.

Um sich einen Überblick über die Verhältnisse beim Aufblasen zu machen, kann man zunächst annehmen, der Gummi zeige das elastische Verhalten einer Stahlfeder und die Kraft folge dem einfachen Hooke'schen Kraftgesetz. Zusammen mit dem gegenläufigen Krümmungseffekt lässt sich damit der Druck in einem kugelförmigen Ballon in Abhängigkeit vom Radius berechnen (Abb. 5).

Folgen Sie beim Aufblasen eines Ballons gedanklich dem Diagramm. Mit ihrem ersten Atemstoß wird aus dem schlaffen Gummigebilde zunächst ein Ballon mit Radius R. Dabei wird die Gummihaut noch nicht gedehnt. Beim weiteren Blasen nehmen Größe und Innendruck des Ballons zu, das Verhalten des Ballons wird fast ausschließlich durch den Dehnungswiderstand des Gummis bestimmt. Man muss den Druck der Atemstöße immer mehr verstärken, damit der Ballon wächst und schließlich beim kritischen Radius (etwa dem doppelten Radius des ursprünglichen Ballons) ein Maximum der Kurve erreicht wird. Hat man diesen Punkt einmal überwunden, werden mit jedem weiteren Atemstoß Zustände kleineren Innendrucks erreicht. Das Aufblasen wird daher leichter und man ist erstaunt, wie rasch der Ballon an Volumen gewinnt; der Luftballon verhält sich in diesem Bereich wie eine Seifenblase. Dies geht so lange, bis die Oberfläche des

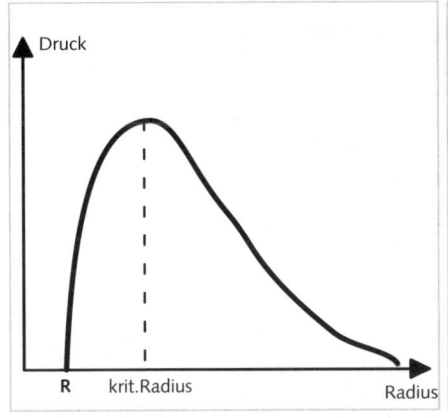

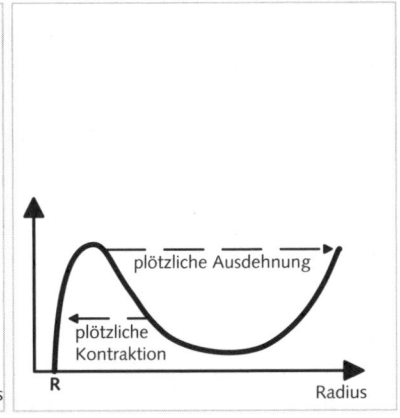

**Abb. 5** Höhe des Drucks beim Aufblasen eines kugelförmigen Ballons (Feder-Modell)

**Abb. 6** Höhe des Drucks beim Aufblasen eines Luftballons (verbessertes Modell)

Ballons nicht mehr gekrümmt ist, ein theoretischer Grenzzustand. Doch vorher platzt der Ballon.

Verfeinert man die Modellrechnungen und berücksichtigt die nichtlineare Elastizität des Gummis, erhält man einen weiteren Druckanstieg bei größeren Radien (Abb. 6). Der Widerstand bei einer stark gedehnten Gummihaut nimmt demnach schneller zu als die Krümmung sinkt. Diesen Effekt kennen wir: Ist der Ballon, kurz vor dem Platzen, stark gespannt, pustet und pustet man praktisch ohne merkliche Vergrößerung. Auch die beiden eingezeichneten Effekte „plötzliche Ausdehnung" und „plötzliche Kontraktion" kann man beobachten. Ist das anfängliche Problem des Anblasens überwunden, geht die Volumenzunahme fast plötzlich. Lässt man hingegen einen aufgeblasenen Luftballon los und durchs Zimmer schießen, kann man einen Zustand beobachten, bei dem der Ballon die restliche Luft sozusagen auf einmal ausstößt und dann schlaff zu Boden sinkt.

Nach solchen Mühen mit dem Aufblasen könnte man denken, dass ein Luftballon einen gewaltigen Überdruck gegenüber dem umgebenden Luftdruck beherbergen müsste. Aber die Realität ist anders. Messungen zeigen, dass der Überdruck recht klein ist – gerade so viel Luftdruckunterschied, wie man bei einer kleinen Wanderung auf einen Hügel erfährt. In einer Folge der Fernsehsendung „Knoff-hoff-Show" ließ sich die Assistentin in einen riesigen Ballon einschließen, dieser wurde aufgepumpt und dann zum Platzen gebracht. Würde im Ballon tatsächlich so ein riesiger Druck herrschen, wäre das „Ballonleben" durch den

*Ungewöhnlichem auf der Spur*

*Luftballons: ein interessanter Zisch*

großen Druck auf das Ohr sicher nicht sehr angenehm und beim Platzen sollte das Trommelfell erheblich leiden. Es gibt zwar einen lauten Knall, wenn der Ballon platzt, der Druckabfall ist jedoch keineswegs dramatisch, man spürt innen nur einen kleinen Windhauch. Das Anblasen des Luftballons erfordert also einen am Anfang großen Kraftaufwand gegen die Elastizität des Materials. Der Überdruck des gesamten Ballons ist allerdings nur klein. Er genügt, um die Luftballonhülle gegen den äußeren Luftdruck zu stützen.

Die Überlegungen lassen sich auch auf das Aufblasen länglicher oder anders geformter Luftballons übertragen. Auch hier fällt das Anblasen zunächst schwer und wird dann leichter. Doch im Gegensatz zum kugelförmigen Ballon beginnt die Schwellung zunächst nur an einer Stelle, meist in der Nähe der Öffnung. Die entstandene Beule verlängert sich dann nach und nach beim Aufblasen zum Ballonende hin. Der Ballon schwillt dabei in einem kleinen Bereich zunächst kugelförmig an und durchfährt alle Stadien eines normalen runden Ballons. Nach Überschreiten des Höchstdruckes nimmt der Innendruck zunächst ab, doch bei starker Dehnung der Gummihaut steigt er irgendwann wieder an, sodass es günstiger ist, wenn sich die Beule verlängert. Wegen der hohen Spannung der Haut kann sie nicht weiter wachsen. Der Rest des Ballons befindet sich noch im „schwierigen Anfangszustand". Nur ein kleiner Übergangsbereich um die Beule herum hat eine nach innen gewölbte Gummihaut, was die Ausdehnung der Oberfläche bei Luftzufuhr fördert.

Spezialisten blasen längliche Ballons geschickt auf, indem sie im vorderen Teil des Ballons die Beulenbildung durch Umschließen mit der Hand verhindern und das Anschwellen des Ballons von hinten erzwingen. Mit diesem Trick müssen auch Hasenohren bzw. Teufelshörnchen an Ballons aufgeblasen werden, sonst ist der Kopf bereits dick und rund und es verbleiben nur schwach geblasene „Öhrchen".

### Verbundene Ballons

Was passiert, wenn man zwei aufgeblasene Ballons verbindet? Fressen die Großen die Kleinen auf? Es kommt darauf an. Der Endzustand der beiden Ballons ist nämlich davon abhängig, in welchem Bereich unseres Aufblasdiagramms (Abb. 6) sich die beiden Ballons vor der Verbindung befinden. Stets wird der Ballon mit dem größeren Innendruck den Ballon mit kleinerem Innendruck aufblasen, und zwar so lange, bis in beiden Ballons der Druck gleich groß ist. Dabei kann es vorkommen, dass die beiden Ballons am Ende sogar unterschiedliches Volumen bei gleichem inneren Druck haben. Ein Blick in das Diagramm zeigt, dass unterschiedliche Größen bei gleichem Innendruck angenommen werden können, abhängig vom Ausgangszustand der beiden Ballons. Es ist also durchaus möglich, dass der größere Ballon den kleineren aufbläst, und zwar dann, wenn sich beide Ballons im vorderen Bereich des Diagramms befinden. Es stimmt also nicht, was in diversen Literaturstellen immer wieder zu lesen ist. Weder verhalten sich zwei verbundene Ballons immer (!) wie Seifenblasen, noch bläst der größere Ballon immer (!) den kleineren auf. Das Problem ist, abhängig von den Anfangszuständen der beiden Ballons, wesentlich komplizierter.

### Ballons in Kurven und Strömungen

Luftballons können Bewegungsformen zeigen, die paradox aussehen und dem gesunden Menschenverstand zu widersprechen scheinen. Begibt man sich etwa mit einem Luftballon in ein Auto, so schwebt dieser beim Anfahren nach vorn, beim Bremsen nach hinten und in der Kurve drängt es ihn nach innen, im Gegensatz zu seinen anderen Mitfahrern. Bei abrupten Änderungen unserer Fahrt zieht es den Luftballon nämlich stets in Gebiete mit verringertem Druck, das heißt leichtem Unterdruck gegenüber der Umgebung. In einer Kurve werden, ähnlich wie in einer Zentrifuge, die Luftteilchen durch die Zentrifugalkraft nach außen befördert. In der Kurvenmitte entsteht dadurch ein, wenn auch geringer, Unterdruck, in den der Ballon hineingezogen wird. Das Gleiche gilt für das Anfahren und Bremsen, nur ist hier die Massenträgheit für den Druckunterschied verantwortlich.

Selbst in den hochsteigenden Gebläsestrahl eines Föhns drängen sich Luftballons hinein, statt weggeblasen zu werden (Abb. 7). Diese unerwartete Bewegung ist eine Folge der Kontinuitätsgleichung, die Druck und Geschwindigkeit in Strömungen miteinander in Beziehung setzt. In dieser Gleichung drücken sich die Eigenschaften strömender Masseteilchen aus. Der Durchfluss an Masseteilchen ist an allen Stellen konstant, sodass die Strömung nicht abreißt. Qualitativ lässt sich das Gesetz so formulieren: In Gebieten mit erhöhter Strömungsgeschwindigkeit ist der (statische) Druck eines Gases oder einer Flüssigkeit kleiner als in der Umgebung. An Engstellen muss also die Strömung schneller werden, dafür nimmt der Druck ab. Bei Flüssen ist dieser Sachverhalt bestens bekannt.

Man beschreibt Strömungen durch Strömungslinien (Abb. 7), die in die gleiche Richtung laufen wie die Strömung selbst. Man kann diese (gedachten)

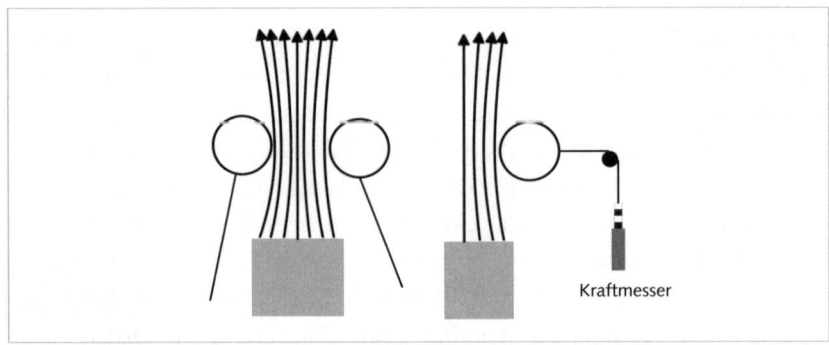

**Abb. 7**  Ballons in Luftströmungen
Links: Sog in den Unterdruckbereich; rechts: Messprinzip für Unterdruck

Linien veranschaulichen, indem man bei Flüssigkeiten farbige Schwebeteilchen in die Strömung wirft. Dort bewegen sie sich entlang der Strömungslinien fort. Trifft die Strömung auf ein Hindernis, so werden die Strömungslinien zusammengedrängt. An der Stelle, wo sich die beiden Ballons in der Luftströmung befinden, tritt aber gerade durch die Ballons selbst eine Verengung auf. Die Strömung muss sich also auf einem eingeengten Raum zusammendrängen, die Geschwindigkeit der Luftteilchen steigt. Nach der Kontinuitätsgleichung entsteht dort ein verminderter Druck, in den die beiden Ballons noch mehr hineingezogen werden. Dies geschieht so lange, bis sie zusammenstoßen, durch ihre Elastizität wieder auseinander driften und das Spiel von neuem beginnt. Dieser Effekt kann genutzt werden, um Druckmessgeräte in verengten Luft- oder Flüssigkeitsströmungen zu bauen. Eine prinzipielle (mechanische) Möglichkeit ist in Abb. 7 rechts gezeigt.

### Ein Raketenauto

Auch das Antriebsprinzip von Raketen lässt sich mit einem Luftballon simulieren: aufblasen und loslassen. Von der ausgestoßenen Luft angetrieben, saust der Ballon durchs Zimmer. Das diesem Vorgang zugrunde liegende Gesetz wurde von dem englischen Physiker und Mathematiker *Isaac Newton* als „actio" gleich „reactio" (Gesetz von Kraft und Gegenkraft) gefunden. Oft wird es Rückstoßprinzip genannt: Wenn aus dem Ballon die Luft ausströmt, fliegt dieser stets in die entgegengesetzte Richtung davon. Im Inneren eines geschlossenen Ballons steht die Luft nach dem Einblasen unter leichtem Überdruck gegen die Außenluft.

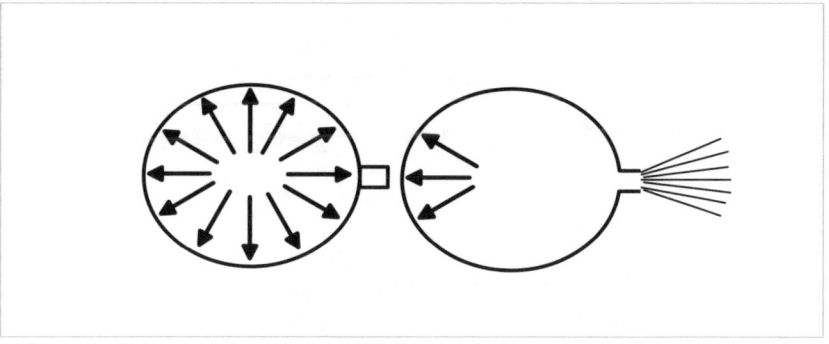

**Abb. 8**  Veranschaulichung des Rückstoßprinzips
Links: Ballon geschlossen; rechts: Luft tritt aus

Dadurch wirkt auf jede Stelle der Hülle nach allen Richtungen eine Kraft (Abb. 8 links). Öffnet man den Ballon, fehlt an einem Stück der Hülle diese Kraft, sodass die genau an der gegenüberliegenden Stelle vorhandene Kraft den Ballon in Bewegung setzt, also der ausfließenden Luft genau entgegengesetzt (Abb. 8 rechts). Es ergibt sich jedoch, wie vermutet, keine geradlinige Bewegung des Ballons. Er nimmt durch kleine Luftturbulenzen an der Austrittsöffnung bedingt einen häufigen Richtungswechsel vor.

Das Rückstoßprinzip nutzte in den 20er-Jahren des letzten Jahrhunderts auch *Max Valier* zum Bau von raketengetriebenen Autos und Schienenfahrzeugen. *Valier* war ursprünglich Astronom und wurde vom Automobilfabrikant *Fritz von Opel* in seinen erfinderischen Vorhaben unterstützt. Als Treibstoff diente eine Mischung aus Alkohol und flüssigem Sauerstoff. Beim Zünden der Treibsätze im hinteren Bereich des Wagens schossen meterlange Flammen aus den Rohren und mit Donnergetöse schoss der Wagen davon. Mit seinem Gefährt erreichte er auf einem gefrorenen See eine Geschwindigkeit von fast 400 km/h. Mit dem RAK 2 erreichte *Fritz von Opel* auf dem Berliner Avus mehr fliegend als fahrend eine Höchstgeschwindigkeit von 238 km/h. Doch genauso schnell wie sie begonnen hatten, endeten auch die Raketenversuche, denn während eines Experiments explodierte eine Raketenröhre und *Valier* erlitt tödliche Verletzungen. Daraufhin wurde diese lebensgefährliche Forschungsrichtung für erdgebundene Fahrzeuge eingestellt. Im Deutschen Museum in München steht noch ein solches Einmann-Raketenauto, das nicht viel größer als eine Seifenkiste ist und mit Seenot-Feststoff-Raketen angetrieben wurde.

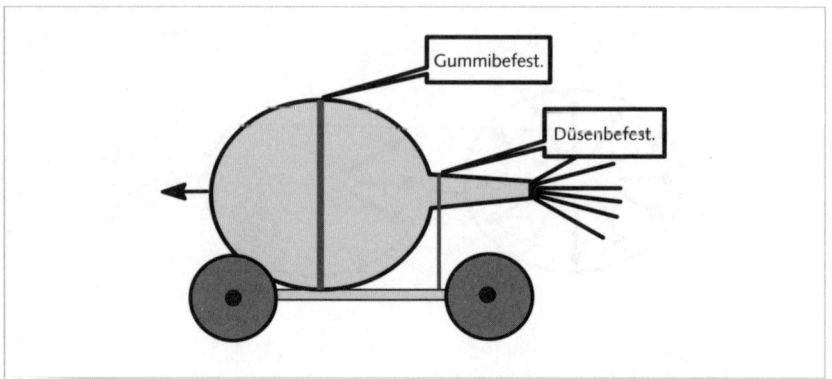

**Abb. 9**  Bau eines Raketenautos

Mit dem Bau eines Autos und einem Luftballon als Raketenantrieb kann man die Versuche des Erfinders *Valier* nachempfinden und ein Gefühl für die Effektivität des Rückstoßprinzips bekommen (Abb. 9). Wichtig ist, dass das ganze Fahrgestell, auf dem der Luftballon dann (vielleicht zusätzlich mit einem Gummiring befestigt) angebracht werden kann, leicht ist. Dies lässt sich mit Pappe realisieren. Als Achsen für die Räder wählt man Stricknadeln, das Abgleiten verhindert man durch kleine Korkstückchen. Die Düse kann aus einem konisch zulaufenden Papierzylinder hergestellt werden und wird an den Luftballon geklebt. Um einen geraden Fahrkurs unseres Raketenautos zu erreichen und den Luftballon zu fixieren, befestigen wir die Düse am Bodenteil des Fahrzeugs mit einem Papphalter. Bläst man nun den Ballon auf und lässt los, zischt der Wagen mit einer erstaunlichen Geschwindigkeit davon.

### Zaubertrick und Partygag

Mit einer Stecknadel in einen Ballon zu stechen, ohne dass dieser platzt, gelingt nur nach guter Vorbereitung. Ein Trick ohne Knalleffekt. Blasen Sie einen Luftballon gut auf, verknoten ihn und bringen auf der Gegenseite (Stelle merken) ein etwa 2 cm langes Stück durchsichtiges Klebeband an. Gut glatt streichen, sodass es für die Zuschauer nicht zu sehen ist. Nun sticht man an genau dieser Stelle mit einer Nadel hinein. Der erwartete Knall bleibt aus, es passiert nichts! Das Klebeband verhindert, dass sich in dem gedehnten Gummi ein Riss bildet, der sich sofort mit großer Geschwindigkeit ausbreitet und die ganze Luft schneller, als wir es mit unseren Augen sehen können, mit einem Knall entweichen lässt. Ich habe den Trick schon oft gezeigt, vielleicht probieren Sie ihn aber sicherheitshalber vorher erst einmal aus und halten bei der Vorführung mehrere präparierte Ballons bereit.

Zum Schluss „kleben" Sie dann alle Luftballons an die Zimmerdecke. Dazu werden die Ballons eine Weile an einem Wolltuch gerieben und dann an die Decke gehalten. Durch die Reibung werden die Ballons elektrisch aufgeladen; sie nehmen aus dem Tuch Elektronen auf und sind negativ geladen. Die Ladung lässt sich sogar nachweisen, indem man die Luftballons über ein Elektrometer hält. Durch Influenz erhält man einen Ausschlag. Passen Sie auf, dass dabei weder Sie noch der Luftballon das Elektrometer berühren, sonst fließt die Ladung ab. Die Luftballons bleiben an der Decke, bis sich die Ladungen nach und nach in der Umgebungsluft ausgleichen. Dies kann in trockenen Räumen Stunden dauern; bei hoher Luftfeuchtigkeit geht die Ladung allerdings schnell verloren und die Ballons sinken gemächlich zu Boden.

## Tauchen: (k)ein Problem

Die Welt unter Wasser zu erkunden, das hat die Menschen schon immer gereizt und fasziniert. Beim Tauchen begibt sich der Mensch in eine Umgebung, in der er sich nur kurze Zeit oder mit entsprechenden technischen Hilfsmitteln ausgestattet aufhalten kann. Besonders die begrenzten Möglichkeiten des menschlichen Tauchens haben zu einer Fülle kurioser, aber auch ernsthafter und interessanter Erfindungen geführt. Will man tiefer hinunter oder länger unter Wasser bleiben, sieht man sich stets mit zwei Grundproblemen des Tauchens konfrontiert, nämlich dem Luftmangel und dem Schweredruck des Wassers, der proportional mit der Tiefe anwächst.

### Tauchen „ohne"

Ohne Hilfsmittel und ohne besonderes Training können Menschen nur etwa eine knappe Minute bis zu 5 m tief tauchen. Dies wird auch Apnoe-Tauchen genannt, ein Wort aus dem Griechischen, das „ohne Atmung" bedeutet. Geübte Perlentaucher schaffen es, bis zu 4 Minuten unter Wasser zu bleiben und erreichen Tiefen von über 30 m. Dabei leidet der Organismus beträchtlich, denn beim Tauchen ist der menschliche Körper stark veränderten Umweltbedingungen ausgesetzt. Perlentaucher werden nicht alt. In 10 m Tiefe herrscht bereits ein zusätzlicher Druck von $10\,N/cm^2 = 100\,kPa$ (1 bar); dieser Wasserdruck nimmt auf jeweils 10 m wiederum je um die gleiche Größe zu. Auch schon in geringen Tiefen macht sich dieser Schweredruck bemerkbar, nämlich als unangenehmer Druck auf das Trommelfell im Ohr. Bei einem Tauchvorgang von 4 m wirkt auf seine Fläche von $0,5\,cm^2$ immerhin eine Kraft von 2 N. Dies entspricht einem Gefühl, als hätte man das 200-g-Stück einer Waage auf dem kleinen inneren Teil seines Ohres liegen. Keine angenehme Vorstellung. Um Verletzungen zu vermeiden, lernen Taucher in ihrer Ausbildung, durch eine bestimmte Schluck-/Atemtechnik Luft in die Verbindungsröhre zwischen Rachen und Ohren zu bringen; dadurch wird der Wölbung des Trommelfells nach innen entgegengearbeitet.

Außerdem sollte man die Luft beim Auftauchen möglichst gleichmäßig ausatmen, bei Tiefen von weniger als 5 m sogar völlig ablassen. U-Boot-Besatzungen werden für diesen Notfall sogar trainiert. Man verhindert damit, dass sich durch den abnehmenden Wasserdruck die Luft in der Lunge ausdehnt (Lungenüberdruck). Zunächst kommt es zu einer Überdehnung der Lungenbläschen mit

Kreislaufstörungen und Schwindelanfällen. Schließlich können die Bläschen platzen, was zu einem Lungenriss führt. Weil sie das Ausatmen vergessen haben, sollen schon Anfänger beim Üben im Schwimmbecken ums Leben gekommen sein. Besonders verhängnisvoll wird dieser Fehler, wenn man mit einem Druckluftgerät taucht und in einer Notsituation das Abatmen beim Auftauchen vergisst.

### Ein Schnorchel gegen den Luftmangel

Zunächst könnte man denken, der Mangel an Luft beim Tauchen ließe sich doch relativ leicht beheben. Man müsste dem Taucher nur einen genügend langen Schnorchel mitgeben, mit dem er sich bei Bedarf Luft von der Wasseroberfläche holen kann. Aber genau das ist nicht nur lebensgefährlich, sondern ab einer gewissen Tiefe gar nicht mehr möglich. Auch der berühmte Erfinder *Leonardo da Vinci* irrte sich in dieser Hinsicht, als er im 16. Jahrhundert eine Tauchkonstruktion mit Luftschlauch entwarf. Gut, dass diese Idee *da Vincis* nie verwirklicht wurde, denn den Tauchtest hätte niemand überlebt. Um sich die Gefährlichkeit solcher Vorhaben klar zu machen, muss man bedenken, dass der menschliche Körper selbst zum größten Teil aus Wasser besteht. Da Flüssigkeiten sich selbst unter hohem Druck, wie er in der Tiefe herrscht, so gut wie gar nicht zusammenpressen lassen, bleibt unser Körper beim Tauchen gut in Form, selbst in großen Tiefen, wie man an Tauchern immer wieder feststellen kann. Unsere Lunge dagegen enthält Gas, nämlich die eingeatmete Luft, und Gase lassen sich bekanntlich unter Druck stark zusammenpressen. Die Lunge wird daher vom äußeren Wasserdruck zusammengepresst.

    Beim Apnoe-Tauchen macht sich dieser Umstand als starke Schmerzen auf die Brust bemerkbar, weil die Elastizität des Brustkorbs sehr beansprucht wird. Ab einer Tiefe von 1 m ist der Wasserdruck schon so groß, dass man mit einem Schnorchel gegen diese äußere Kraft gar nicht mehr einatmen kann. Aber noch ein anderes Problem macht große Sorgen. Der von unserem Körper benötigte Sauerstoff wird von der Lunge aus mit dem Blut in den ganzen Körper transportiert. Deshalb muss das Blutsystem mit den Lungen in Verbindung stehen. Taucht man nun mit einem superlangen Schnorchel, dann herrscht in der Lunge derselbe Druck wie oben in der Außenluft. Aber durch den Tauchgang wirkt auf unseren Körper, also auch auf das Blutsystem in der Lunge, ein gewaltiger Wasserdruck. Durch diesen Druckunterschied wird Blut in die Lungen gepresst; es kann sogar so weit kommen, dass es dann aus Mund und Nase quillt. Dieses Phänomen heißt Druckunterschiedskrankheit.

Sehr eindrucksvoll lässt sich diese Gefahr in einem Experiment demonstrieren. Das Versuchsobjekt ist eine Zitrone oder Orange, die angeschnitten und mit der Schnittfläche auf ein mit der Außenluft durch einen Schnorchel verbundenes Glas gesetzt wird (Abb. 10). Die Frucht dient als Ersatz für unseren Körper, das leere Glas ist die Lunge mit Schnorchel, ein sehr anschauliches Blut-Lungen-Modell. Setzt man die Zitrone nun zusätzlichem Druck aus (z. B. dem Druck aus der Wasserleitung), so presst der Wasserdruck den Saft aus der Zitrone ins Glas. Im realen Leben blutet dann die Lunge aus. Deshalb darf der Schnorchel zum Tauchen niemals länger als 35 cm sein. Bei einer Verlängerung auf 60 cm entsteht in der Lunge ein relativer Unterdruck von 8 kPa (0,08 bar), da sich die Lunge ja noch weitere 20 cm tiefer befindet. Schon bei diesem relativ kleinen Wert wird vermehrt Blut angesammelt, die im Brustraum gelegenen Blutgefäße sowie das Herz werden erweitert. Dies kann zu einer Überlastung des Herzens und evtl. zum Herztod führen.

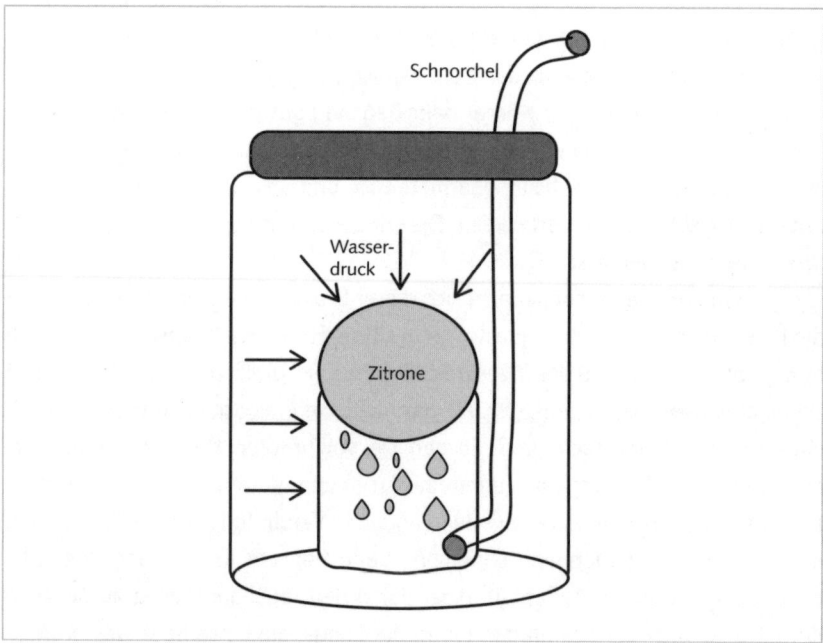

**Abb. 10** Demonstration: Ausbluten in die Lunge

## Druckluft für Taucher

Doch wie kann man das Problem des Druckunterschiedes zwischen Lunge und Restkörper für größere Tiefen beheben? Man muss „einfach" den Druckunterschied ausgleichen, das heißt der Innendruck der Lunge muss genauso groß sein wie der Wasserdruck von außen. Der deutsche Ingenieur *Karl-Heinrich Klingert* erzeugte z. B. im 18. Jahrhundert die Druckluft für einen Tauchversuch mit einer Luftpumpe. Erste Versuche mit kompletten Tauchanzügen wurden 1819 von dem Werkzeugmacher *August Sieber* durchgeführt. Er konstruierte seinen Taucheranzug aus wasserdichtem Segeltuch und einem schweren aufschraubbaren Metallhelm. Von einem mit dem Taucher verbundenen Schiff wurde durch einen Schlauch Luft in Helm und Anzug gepumpt, und zwar gerade so viel, dass sie den der Tauchtiefe entsprechenden Wasserdruck ausglich. Die Konstruktion war zwar nicht wasserdicht, aber der erhöhte Luftdruck sorgte dafür, dass das Wasser unterhalb des Kinns des Tauchers blieb. Es war für den Taucher sicherlich kein angenehmes Gefühl, einen so hohen Wasserstand im Helm zu haben.

Doch schon 1829 stellte *Sieber* einen Taucheranzug aus gummiertem Kunststoff vor, der den Taucher vollständig einhüllte und luftdicht war. 1837 wurde der Anzug durch ein Ventil zum Ausatmen erweitert. So konnte der Taucher die verbrauchte Luft ablassen und eigenständig den Druck im Helm regulieren. Aber die Taucher spürten jeden Pumpenhub als schmerzhaften Stoß auf ihre Atmungsorgane. Die entscheidenden Nachteile des Systems sind schnell klar: Es ließen sich keine großen Tiefen erreichen und der Taucher stand immer in Abhängigkeit vom Schiff, das heißt seine Reichweite und Manövrierfähigkeit waren eingeschränkt. Trotzdem werden ähnliche Taucheranzüge auch heute noch für Arbeiten unter Wasser, z. B. kürzlich bei den Berliner Baustellen oder für Reparaturen (Ölleitungen, Bohrinseln) benutzt.

Die Idee eines schlauchlosen, also unabhängigen Tauchers wurde bereits von *Jules Verne* in seinem Roman „20 000 Meilen unter dem Meer" vorweggenommen, jedoch war er seiner Zeit nicht so weit voraus, wie man vielleicht annehmen könnte. Sein Buch erschien 1870, aber bereits 1865 hatten die französischen Ingenieure *Benoît Rouquayrol* und *Auguste Denayrouze* ein Regulatortauchgerät entwickelt. 1867 stellten sie es auf der Weltausstellung in Paris vor. Schon bald fand dieses neue Gerät eine weite Verbreitung. So erprobten französische Schwammtaucher das Gerät in der Ägäis. Sie hatten einen umwerfenden Erfolg: Ihre Ernte lag mit Abstand über der herkömmlicher Schwammtaucher.

Die zur Atmung benötigte Luft wird in ein oder zwei Pressluftflaschen (normale Luftzusammensetzung, Nenndruck von 200 bar in Deutschland) zum Tauchvorgang mitgenommen. Diese komprimierte Luft kann natürlich nicht unmittelbar eingeatmet werden. Der Flaschendruck muss daher über ein Ventilsystem auf den jeweiligen Umgebungsdruck reduziert werden. Da der Atemluftbedarf sowohl von der Wassertiefe (höherer Druck) als auch von der körperlichen Anstrengung abhängt (beispielsweise 25 l/min an der Wasseroberfläche, aber 75 l/min in 20 m Tiefe), sind diese Geräte seit etwa 50 Jahren mit einem Lungenautomaten ausgestattet. Dieser wird auch Aqualunge genannt und wurde während des Zweiten Weltkrieges von *Jacques Cousteau* entwickelt.

Dabei wird die Luftzufuhr aus der Pressluftflasche von der Lunge des Tauchers und deren Bedarf gesteuert, sodass ihm in jeder Tiefe die benötigte Luftmenge zur Verfügung steht. Mit Pressluftgeräten lassen sich Tauchtiefen bis ca. 90 m verwirklichen, obwohl Tauchvereine immer wieder vor größeren Tiefen als 30–40 m warnen. Und dafür gibt es Gründe genug, wie die nächsten Abschnitte zeigen.

### Eine weitere Gefahr: die Taucherkrankheit

Auch mit diesen geschickten technischen Erleichterungen lassen sich nicht alle Gefahren des Tieftauchens lösen. Ein weiteres Problem ist die Taucherkrankheit, auch Caissonkrankheit, Druckfallkrankheit oder Dekompressionskrankheit genannt, der schon etliche Taucher zum Opfer gefallen sind. Man war sich in früheren Jahren über die Ursache nicht im Klaren, denn sie tritt ausgerechnet dann auf, wenn sich der Taucher schon in Sicherheit wähnt, nämlich beim Auftauchen.

Mit dem Druckanstieg beim Tauchen erhöht sich nämlich auch die Gaslöslichkeit in den Körperflüssigkeiten und Gewebeteilen. Bei hohem Druck enthält das Blut des Tauchers mehr Stickstoff als normal, da dieser keine Verbindung eingeht, sondern nur physikalisch gelöst wird. Von diesem erhöhten Gasgehalt merkt der Taucher zunächst nichts. Wenn er nun schnell auftaucht, verringert sich der Druck und der resorbierte Stickstoff perlt aus. Es bilden sich Bläschen, vor allem im Blut. Dieses Phänomen kennen Sie vom Öffnen einer Mineralwasserflasche. Das unter Druck hineingepresste Kohlendioxid wird plötzlich dem viel niedrigeren Luftdruck ausgesetzt und perlt aus. Die Gasausscheidung im menschlichen Körper wird allerdings durch die Zähflüssigkeit des Blutes gehemmt.

Beim Taucher behindern die manchmal nur mikroskopisch kleinen Bläschen die Blut- und Nervenbahnen und können auch die Adern verstopfen. Es kommt zu Störungen im Zentralnervensystem, Schmerzen und Lähmungen, die sogar zum Tod führen können. Maßgebend für den erhöhten Gasgehalt und damit natürlich für den Grad der Gasausscheidung sind das Druckgefälle, abhängig von der Tauchtiefe, und die Zeit der veränderten Druckeinwirkung, also die Tauchzeit. Deshalb müssen sich Taucher, die längere Zeit dem Druck in großen Tiefen ausgesetzt waren, erst wieder an den geringeren Luftdruck gewöhnen, das heißt ein ganz langsames Ausgasen des gelösten Stickstoffes ermöglichen.

### Das Auftauchen, auch „Austauchen" genannt

Die Tiefengrenze, aus der nach beliebig langem Aufenthalt sofort ohne Pausen und ohne gesundheitliche Folgen aufgetaucht werden kann, beträgt 8–9 m und ist ein Erfahrungswert. Aber auch wenn diese kritische Grenze überschritten wird, gibt es für die verschiedenen Tauchtiefen noch Zeitgrenzen (man nennt sie Nullzeit), innerhalb derer ein sofortiges Auftauchen mit einer moderaten Auftauchgeschwindigkeit von 10 m pro Minute gefahrlos möglich ist. Taucher nennen diesen Vorgang des Auftauchens kurioserweise „Austauchen". Diese Nullzeiten können aus Tauchtabellen entnommen werden. Darüber hinaus muss der Taucher beim Auftauchen Pausen nach einem genau bestimmten Austauchplan einlegen. Dabei können die ersten Teilstrecken auf dem Weg nach oben relativ schnell zurückgelegt werden, die späteren jedoch langsamer, um dem Gewebe Zeit zu lassen, den Stickstoff abzugeben. Die längsten Pausen liegen also kurz vor der Wasseroberfläche, ausgerechnet da, wo sich ein Taucher schon oben und in Sicherheit wähnt.

Tauchcomputer, die alle relevanten Daten des Tauchvorgangs speichern und das Austauchen errechnen, nehmen heute dem Taucher das Ausarbeiten eines Auftauchplanes ab. Eine andere Möglichkeit besteht im Einstieg in eine Dekompressionskammer, eine Art Tauchkugel, die unter entsprechendem Druck steht und an die Meeresoberfläche gezogen wird. Der Druckausgleich in der Kammer geschieht dann über einen längeren Zeitraum hinweg. Das kann z.B. bei Pipelinetauchern, die länger in sehr großen Tiefen gearbeitet haben, mehrere Tage dauern. Daher sind die Kugeln als Wohnkammern ausgerüstet.

Ein ganz ähnliches Problem wie die Taucherkrankheit haben auch Astronauten, die zu Arbeiten ihr Raumschiff verlassen oder wie 1969 auf dem Mond herummarschieren. Denn im Vakuum des Weltraums oder in der sehr dünnen Atmosphäre des Mondes brauchen Astronauten nicht nur Sauerstoff, sondern auch einen künstlichen Luftdruck. Dieser sorgt dafür, dass die Körperflüssigkeiten im Vakuum nicht einfach verdampfen und die darin gelösten Gase (vor allem Stickstoff, s. o.) im Körper bleiben, damit dieser seine gewohnte Form beibehält. Eine explosive Dekompression wäre sonst die Folge. Der künstliche Luftdruck muss mindestens 48,3 kPa (483 mbar) betragen. Dies entspricht etwa dem Druck in einer Höhe von 19 km Höhe über der Erde. Schon ab etwa 13 km ist der partielle Druck des Sauerstoffs zu gering, um noch genügend Sauerstoff in die Lungen zu pressen. Eine zusätzliche Sauerstoffversorgung ist nötig.

### Ein gefährlicher Rausch in der Tiefe

Eine weitere Gefahr beim Tauchen geht vom so genannten Tiefenrausch aus, der ab ca. 50 m Tiefe auftritt – bei manchen Tauchern auch schon eher. Es ist ein rauschartiger Zustand, ähnlich dem Alkoholrausch, der zum Verlust der Urteilsfähigkeit, zu Leichtsinn, Nachlassen der Aufmerksamkeit und auch Schläfrigkeit führen kann. Dabei handelt es sich um eine Vergiftung, die durch den Stickstoffanteil der Atemluft entsteht. Bei höherem Druck wird mehr als in unserem täglichen Leben davon im Blut gespeichert. Dabei werden die Umschaltstellen der Erregungsübertragung von Nerven, die Synapsen, blockiert. Man kann diesen Tiefenrausch vermeiden, indem man eine Tiefengrenze von 30–40 m nicht überschreitet bzw. bereits bei ersten Anzeichen eine individuelle Grenze einhält. Für das Tauchen in größeren Tiefen (bis zu 150 m) wird der Stickstoffanteil in der Atemflasche durch ein anderes Gas, z. B. das teurere Helium oder auch Wasserstoff, ersetzt. Der Gefahr der Taucherkrankheit ist man dadurch allerdings nicht vollständig entronnen, denn auch Helium wird im Blut und Gewebe gelöst.

### Tauchende Tiere

Luft atmende Tiere haben beim Tauchgang die gleichen Probleme wie Menschen: Sauerstoffversorgung und Druckunterschied. Wie haben sie sie gelöst? Offensichtlich sind hier im Laufe der Evolution bemerkenswerte Anpassungen entwickelt worden. Robben etwa atmen vor dem Tauchen tief aus und behalten auf diese Weise nur wenig des gefährlichen Stickstoffs in den Lungen. In einer Tiefe von 30 m fallen ihre Lungenbläschen zusammen, die Restluft wird in das Bronchialsystem abgeleitet. So vermeidet die Robbe die Caissonkrankheit und kann selbst aus 600 m Tiefe schnell wieder auftauchen. Aber wie versorgt sie ihren Körper mit Sauerstoff und Energie? Als Erstes reduziert sie ihren Herzschlag, dann schaltet sie ihren Stoffwechsel auf anaerobe, das heißt vom Sauerstoff unabhängige Energiegewinnung um. Die Sauerstoffreserve im Blut wird nur noch zur Versorgung von Gehirn und Herz benutzt, im Fall der Robbe Organe mit vergleichsweise geringem Bedarf. So können Robben länger als eine Stunde unter Wasser verbleiben.

Mit 2 t Walöl „an Bord" ist der Pottwal ein ausgezeichneter Taucher. Das Öl verändert seine kristalline Struktur und damit Dichte und Auftrieb des Tieres relativ schnell. So kann sich der Pottwal rasch an verschiedene Tauchtiefen anpassen. Hat er z. B. einen Tintenfisch als Beutetier gepackt, steigt er besonders schnell empor. Der Wal übersteht dank seines Ölsystems diesen plötzlichen Druckabfall, der Tintenfisch nicht.

### Eine Erfindung der Natur: die Taucherglocke

Noch eine weitere Möglichkeit des Tauchens kann der Mensch der Natur abschauen – und er hat es vielleicht sogar getan: das „unter Wasser gehen" mit Taucherglocken. Diese hat zweifelsohne die Natur erfunden. Die Wasserspinne ist zwar auf Luftatmung angewiesen, lebt aber im Wasser. Dazu hat sie sich aus einem feinen, wasserdichten Gespinst eine Taucherglocke produziert, die mit Fäden an Pflanzenteilen befestigt wird. Diese Glocke wird nun zum Wohnen und Schlafen mit kleinen Luftbläschen gefüllt, die die Spinne an feinen Härchen am Hinterleib hinabtransportiert. In der Taucherglocke entwickeln sich auch die Jungen.

Die Grundidee zu Taucherglocken für die menschliche Verwendung hatte augenscheinlich schon *Aristoteles*. Er beschreibt Tauchapparate mit über den Kopf gestülpten Töpfen. Seine Idee beruhte wohl auf der Beobachtung, dass in Töpfen, Gläsern und ähnlichen Gerätschaften Luft eingeschlossen wird, wenn man sie kopfüber ins Wasser stülpt. Ob er selbst dazu Versuche machte, bleibt ungeklärt. Erste Vorführungen mit Taucherglocken sind aus dem 15. Jahrhundert bekannt. Sie galten in jener Zeit jedoch als Zauberei ohne jeglichen Nutzen und wurden nicht ernst genommen.

Erst rund 200 Jahre später wurde die Idee erneut aufgenommen. Triebfeder für die Suche nach Tauchmöglichkeiten war der Wunsch, die Schätze versunkener Schiffe zu heben. 1717 erfand der britische Astronom *Edmond Halley* eine Taucherglocke, die nichts weiter als eine Holzkammer ohne Boden war. Gewichte hielten die Glocke auf dem Meeresgrund fest, ein tiefer liegendes Fass versorgte den Taucher durch Schläuche mit Luft. Moderne Taucherglocken, auch Senkkästen genannt, sehen aus wie große Stahltanks. Sie sind sogar mit einer eigenen Anlage zur Versorgung mit Sauerstoff und Helium ausgestattet. Der höhere Druck unter Wasser wird erst langsam nach dem Auftauchen in einer eigenen Luftschleuse an Deck des Mutterschiffes ausgeglichen. Verwendung finden diese Glocken bei Bauarbeiten am Meeresgrund, an Bohrinseln und Brücken. Es lassen sich Tiefen von weit über 100 m erreichen.

### Eine Erfindung der Neuzeit: Tauchboote

Mit der Konstruktion von Tauchbooten, dickwandigen, kugelförmigen Stahlschiffen, erlebte dann die Tiefseeforschung im letzten Jahrhundert einen enormen Aufschwung. Tauchboote für militärische Zwecke werden Unterseeboote genannt; davon später mehr. So erreichten 1930 die amerikanischen Forscher *William Charles Beebe* und *Otis Barton* mit ihrer Bathysphäre (bathys: griechisch für „tief") immerhin eine Tiefe von 435 m, später sogar über 900 m. Da die Bathysphäre jedoch an einem Seil mit dem Mutterschiff in Verbindung stand, war die weitergehende Idee der Bau eines autarken, selbst manövrierfähigen Tiefseebootes, das 1954 zum Einsatz kam: der Bathyscaph. Er bestand aus einer Druckkugel und einem mit Erdöl befüllten Schwimmkörper. Damit konnte eine Tiefe von 4000 m realisiert werden. *Jacques Piccard* erreichte im Marianengraben 1960 mit der Trieste, dem zweiten Bathyscaph, eine Rekordtiefe von 11 034 m.

Tauchboote sind mit Unterwasserscheinwerfern, Kameras, Fernsehanlage und Greifer zum Sammeln von Bodenproben ausgerüstet. Sie werden auch zur Erkundung von Schiffswracks eingesetzt. Um sich über die enormen Materialanforderungen an die Stahlaußenwände dieser Tauchboote eine Vorstellung zu machen, berechne man einmal die Kraft, die in 11 000 m Tiefe auf jedem Quadratzentimeter dieser Kugeln lastet. Sie beträgt nämlich etwa 10 000 N, was einem Auflagegewicht von etwas mehr als einer Tonne entspricht. Eine unvorstellbar große Kraft auf so einem kleinen Stückchen Fläche.

Nun zu den Unterseebooten. Im Gegensatz zu den Tauchbooten sind hiermit Marineschiffe gemeint, die hauptsächlich für den militärischen Unterwassereinsatz bestimmt sind. Sie tragen als Waffensysteme Raketen und Torpedos an

Bord. Moderne U-Boote bestehen aus einem wasserdichten länglichen Rumpf, in dem sich eine innere Kammer, die Druckkammer, befindet. Wie bei den Tauchbooten muss sie dem enormen Druck, der in großen Meerestiefen herrscht, widerstehen. Die Druckkammer enthält alles, was gegen den Wasserdruck geschützt werden muss, nämlich die Menschen, die das Boot bedienen, und deren Lebenserhaltungssysteme. Wichtig ist hier eine Lufterneuerungsanlage, denn nur im Überwasserbetrieb kann die verbrauchte Luft ständig von außen her erneuert werden. Bei kleinen Tiefen ist dies noch mit einem Schnorchel möglich, bei Tieftauchfahrten wird die Luft durch Filter gereinigt und mit Sauerstoff angereichert. Er wird in Flaschen mitgeführt bzw. durch Elektrolyse aus dem Meerwasser gewonnen.

Im Rumpfrest sind die Ballasttanks untergebracht, in die zum Tauchen eine bestimmte Menge an Wasser eingelassen wird. Ein Unterseeboot taucht nämlich, indem es Wasser aufnimmt und damit seine Masse, also die Gewichtskraft, vergrößert. Solange diese Tanks leer sind, verdrängt das Unterseeboot mehr Wasser als es selbst wiegt. Es schwimmt dann an der Oberfläche. Damit das Unterseeboot stabil in einer bestimmten Tauchtiefe schwebt, muss Gleichgewicht bestehen zwischen seiner Gewichtskraft und dem Auftrieb in dieser Tiefe. Zum Wiederauftauchen wird das Wasser dann mit Druckluft aus den Tanks gepumpt. Auf den Rumpf ist noch ein Turm aufgesetzt, der Einstiegsluke, Sehrohr (Periskop), Radarmast und Schnorchel enthält. Zusätzlich sind am Rumpf zur Erhöhung der Manövrierfähigkeit Tiefen- und Seitenruder angebracht.

Als Erfinder des Unterseebootes gilt der amerikanische Ingenieur *David Bushnell*. 1776 konstruierte er die hölzerne, eiförmige „Turtle", ein Einmannfahrzeug, das von einem handgekurbelten Propeller angetrieben wurde. Zum Tauchen konnten bereits Tanks geflutet werden, zum Auftauchen mussten sie dann mit einer Handpumpe wieder leer gepumpt werden. Bleigewichte hielten das Boot aufrecht. Da ihm jedoch eine Unterwasser-Sauerstoffversorgung fehlte, konnte es nur etwa eine halbe Stunde unter Wasser bleiben.

Nach einem ähnlichen Prinzip baute der Amerikaner *Horace Hunley* einen eisernen Kessel zu einem U-Boot um. Dieses war erstmals in der Lage, ein gepanzertes Kriegsschiff zu versenken. Ende des 19. Jahrhunderts wurden die Unterseeboote dann mit dem kurz zuvor erfundenen Elektromotor als Antrieb ausgerüstet. Durch die Abhängigkeit von Batterien waren jedoch weder Geschwindigkeit noch Reichweite sehr groß. Abhilfe schaffte *John Holland*, indem er im Jahr 1900 den Doppelantrieb einführte. Für die Überwasserfahrt verwendete er einen Verbrennungsmotor und zum Tauchen einen Elektromotor, wobei dessen Reichweite durch bessere Batterien und höheren Wirkungsgrad noch gesteigert werden konnte. Mithilfe des Schnorchels, der im 2. Weltkrieg entwickelt wurde, waren sogar Fahrten knapp unter der Wasseroberfläche möglich. An dem Problem der nur eingeschränkten Tauchzeiten änderte dies allerdings nichts. Manche bezeichneten die Boote deshalb scherzhaft als Überwasserschiffe mit der Fähigkeit zum Tauchen.

Da sich Boote und Schiffe über Wasser gut orten ließen, war es für die militärischen Unterseeboote dringend erforderlich, lange Strecken unter Wasser fahren zu können und einen außenluftunabhängigen Antrieb zu besitzen. Dieses Problem wurde erst 1954 durch den Einbau eines Kernreaktors als Antrieb für ein Unterseeboot gelöst. Das erste atombetriebene Unterseeboot war die amerikanische Nautilus. In den ersten zwei Jahren legte sie 100 000 km zurück, ohne ihren Brennstoff erneuern zu müssen. Sie war für Aufenthalte bis zu 60 Tagen unter Wasser eingerichtet und dementsprechend mit Lebensmitteln, Wasser und Sauerstoff ausgerüstet. Eine dicke Schutzwand musste die Besatzung allerdings vor der Radioaktivität schützen.

Anfang August 1958 unternahm die Nautilus die erste Unterquerung des Nordpols und wurde damit weltberühmt. Das Boot befindet sich heute in einem Museum in Groton, Connecticut, USA.


## „Tauchende" Fische

Unterseeboote und Fische haben eine interessante Gemeinsamkeit. Sie können unter Wasser schweben, steigen und sinken. Wichtig ist bei beiden der Zustand des Schwebens, der nur einen geringen Kraftaufwand benötigt. Er wird erreicht, wenn zwischen Gewichtskraft des Fisches (bzw. U-Bootes) und der Auftriebskraft im Wasser Gleichgewicht herrscht. Dieses wird in der Natur allerdings in anderer Form als beim technischen Unterseeboot realisiert. Da die Gewichtskraft bei Fischen nicht durch Zutanken von Wasser wie beim U-Boot verändert werden kann, variieren Fische ihr Körpervolumen und damit natürlich ihre Auftriebskraft. Dazu besitzen sie eine Schwimmblase, die mit Luft gefüllt ist. Über den Blutkreislauf lässt sich diese Blase befüllen (Druckerhöhung) bzw. entleeren (Druckabnahme durch Resorption). Hat für eine bestimmte Tiefe die Schwimmblase die richtig dimensionierte Füllung, so schwebt der Fisch – ein perfekter hydrostatischer Apparat der Natur. Steigt ein Fisch aus der Tiefe nach oben, wird Gas aus der Schwimmblase abgegeben. So kann er sich dem abnehmenden Schweredruck anpassen.

Dieser Vorgang ist allerdings bei den meisten Fischen recht langsam; Ausnahmen sind Kabeljau und Hering, die über einen Kanal zum Darm bzw. Mund verfügen. Ein rasch aus großer Tiefe heraufgeholter Fisch überlebt den enormen Druckunterschied im Allgemeinen nicht. Dabei dehnt sich nämlich die Schwimmblase stark aus, der große Innendruck presst Schwimmblase und Eingeweide zum Mund heraus. Fische, die keine Schwimmblase besitzen, wie Haie und Thunfische, können nicht bewegungslos im Wasser schweben. Sie müssen ständig mit ihren Flossen eine Kraft erzeugen, damit sie nicht nach unten sinken. Gleichzeitig gehören diese Fische zu den schnellsten Schwimmern und besten Jägern. Fische, deren Lebensraum am Grunde von Seen und Flüssen ist, wie z. B. Plattfische, haben keine oder nur eine zurückgebildete Schwimmblase. Ihr Gewicht sorgt dafür, dass sie zum Grund sinken.

In einem Experiment lässt sich die Funktion einer Schwimmblase demonstrieren (Abb. 11). Man benötigt dazu einen Trinkhalm mit Gelenk, der auf beiden Seiten des Gelenks etwa auf gleiche Länge abgeschnitten wird. Am besten befestigt man dieses U-Rohr nun umgekehrt z. B. mit Büroklammern an etwas Knetmasse. Oder man bastelt sich zusätzlich einen Tintenfisch aus Folie. Die Knetmasse muss so lange variiert werden, bis unser „Fisch" in einer Schüssel mit Wasser gerade noch an der Oberfläche schwimmt. Nun eine Plastikflasche (wichtig zum Druckausüben) mit Wasser füllen, vielleicht noch mit blauer Folie hinterkleben, das U-Rohr hineingeben und den flexiblen Deckel zuschrauben. Erhöht man nun durch Drücken auf Deckel und Flasche den Wasserdruck, wird die Luft in unserem Trinkhalm zusammengepresst und unser Fisch sinkt.

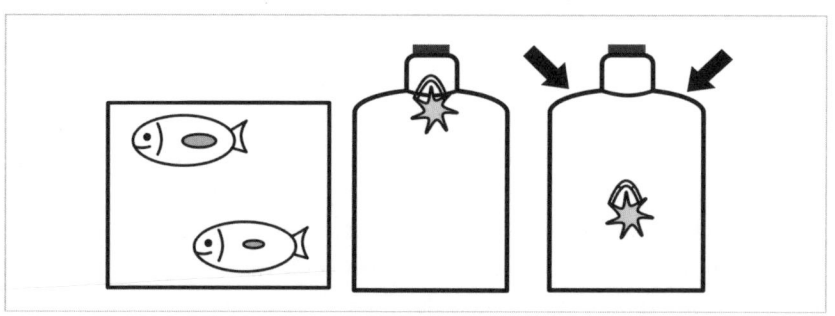

**Abb. 11** Versuch zur Wirkung der Schwimmblase bei Fischen (Erklärung im Text)

## Knick in der Optik beim Tauchen

Zum Schluss noch ein Aspekt des Tauchens, der in den Bereich der Optik führt. Wie Sie bei Tauchversuchen im Schwimmbad wahrscheinlich selbst schon festgestellt haben, ist das menschliche Auge für das Sehen unter Wasser nicht geschaffen. Unterwasserdistanzen sind gar nicht leicht zu schätzen. Ein 4 m entfernter Gegenstand erscheint so, als ob er nur 3 m entfernt wäre. Er wirkt auch um ein Drittel größer, sodass unter Wasser gesichtete Riesenfische an der Oberfläche um ein Viertel zusammenschrumpfen – vielleicht ein Grund für so manche Übertreibung.

Die Ursache hierfür liegt darin, dass unser Auge für den Übergang der Lichtstrahlen aus der Luft, und nicht aus dem Wasser, geschaffen ist. Der Brechungsindex von Wasser, bezogen auf Luft, ist nämlich dem des Auges fast gleich, sodass fast keine Lichtbrechung an der Oberfläche unserer Augenlinse stattfindet. Das Auge kann daher auf der Netzhaut kein scharfes Bild konstruieren, es ist einfach viel zu kurz dafür. Wir sind mit unseren Augen unter Wasser weitsichtig. Unser Auge hat natürlich keinen einheitlichen Brechungsindex, denn es besteht aus diversen Teilen mit unterschiedlichen Aufgaben im optischen Sehprozess. Die Brechzahlen der einzelnen Komponenten variieren allerdings nur wenig, sodass das Auge als wassergefüllte Kugel mit Linse davor ein sehr gutes Modell darstellt. Als Hilfsmittel zum Sehen unter Wasser bietet sich eine Taucherbrille an. Die Luftschicht vor den Augen ermöglicht die normale Lichtbrechung, wodurch das normale, scharfe Sehen unter Wasser erreicht wird. Die Verzerrung von Größe und Entfernung der Gegenstände bleibt jedoch erhalten.

Auch mit den Farben haben Taucher Probleme. Das Sonnenlicht wird durch Streuung und Absorption im Wasser mit zunehmender Tiefe immer mehr abgeschwächt. Die Absorption wirkt sich jedoch nicht auf alle Farben gleichmäßig aus. Blau wird vom Wasser am wenigsten abgeschwächt, sodass die Farben Rot und Orange vom Auge schon in relativ geringer Tiefe nicht mehr wahrgenommen werden. Dadurch erscheinen alle Gegenstände bläulicher.

Damit Fische und andere im Wasser lebende Tiere ihre Umgebung deutlich erkennen, besitzen diese statt einer flachen Augenlinse wie wir Menschen eine Kugellinse, die eine stärkere Lichtbrechung ermöglicht. Einige Tiere haben speziell ausgebildete Muskelpartien, die ein stärkeres Krümmen der Augenlinse ermöglichen, wie z.B. der Kormoran, der auch unter Wasser jagt. Entsprechend sind die Augen von im Wasser lebenden Tieren in Luft kurzsichtig, wenn nicht Muskeln für den Ausgleich sorgen. Solche Probleme kennt ein im Brackwasser lebender Fisch, der Anableps, auch Vierauge genannt, als einziges Tier nicht. Dieser Fisch kann durch die Ausbildung einer unterschiedlichen unteren und oberen Augenhälfte sowohl unter als auch über Wasser hervorragend angepasst sehen; das muss er auch, denn er ernährt sich von Insekten auf der Wasseroberfläche. Sein Auge enthält zwei Netzhäute und eine eiförmige Linse mit unterschiedlich gekrümmten Glaskörpern, er hat also ein zweigeteiltes Auge. Um die verminderte Brechung in Wasser auszugleichen, ist die Unterwasserlinse stärker gekrümmt.

### Eine Erfindung, die alle Tauchprobleme löst?

Schenkt man allerdings dem „Erfinder" *Daedalus*, einer Figur aus dem Buch „Zittergas und Schräges Wasser" von *David Jones*, Glauben, dann können wir alle in diesem Artikel beschriebenen Probleme des Tauchens ganz leicht lösen. Wir müssen nur die von ihm vorgestellte Aqua-Kombination bauen. Inspiriert durch Wasser abweisende Stoffe, die einerseits undurchdringlich für Wassertropfen sind, aber für Luft durchlässig bleiben, besteht die Kombination aus einem vielschichtigen Silikonfasergewebe. Damit Luft hineingelangen kann, verbinden viele kleine Röhren im Gewebe den zusätzlichen Helm mit allen Stellen der Oberfläche, die dann als Membran wie bei Kiemen wirkt. Gelöster Sauerstoff wird dem Wasser entnommen, Kohlendioxid ans Wasser abgegeben. Wie ein Frosch wird der Taucher mit seiner Oberfläche atmen. Dabei kann er bis zu 10 m tief tauchen, denn erst dann werden die Wasser abweisenden Fasern durchdrungen. Rechnungen zeigen, dass für den menschlichen Sauerstoffbedarf die Fläche eines Tauchanzugs ausreicht. Nur Verschmutzung und gelöste Stoffe im Wasser machen dem Taucher Probleme, da sie die Oberflächenspannung des Wassers reduzieren (siehe auch Kapitel „Oberflächenspannung"). Nun denn, viel Spaß beim Ausprobieren!

## Eis: ein ungewöhnlicher Stoff

Wasser gehört zu den erstaunlichsten Substanzen, die es auf der Erde gibt. Wir bemerken es jedoch meistens nicht. Dies liegt wahrscheinlich daran, dass Wasser mit unserem Leben so eng verwoben ist und wir daher mit seinen merkwürdigen Eigenschaften schon so vertraut sind, dass sie uns gar nicht mehr weiter auffallen. Auch der gefrorene Zustand des Wassers, nämlich das Eis, hat schon viele außergewöhnliche Eigenschaften.

### Eis schwimmt

Eiswürfel schwimmen im Getränk, Eisberge ragen über das Meerwasser hinaus, das ist doch nichts Absonderliches. Oder doch? Als fester Stoff, der aus Wasser entstanden ist, kann Eis doch nicht leichter als das Wasser selbst sein? Lassen Sie sich überraschen. Füllen Sie zwei gleiche Behälter mit Wasser bzw. mit flüssigem Wachs, das aus Kerzen oder Stearinblöcken geschmolzen wurde. Legt man auf das Wachs jetzt vorsichtig ein Stück restliche Kerze, so sinkt dieses in seiner Schmelze nach unten. Man muss nur aufpassen, dass man nicht aus Versehen Kerzen benutzt, deren Wachs mit Luft durchsetzt ist. Solches Material findet man häufig als billige Geschenk- oder Figurenkerzen. Auch von anderen Materialien ist bekannt, dass sie in ihrer eigenen Schmelze sinken, z. B. von Eisen. Nun legt man auf das Wasser einen Eiswürfel. Er schwimmt, genau so, wie es uns vertraut ist.

Die „Leichtigkeit" von Eis lässt sich demonstrieren. Dazu füllt man ein Glas zu einem Drittel mit Wasser und schichtet vorsichtig etwa die gleiche Menge Pflanzenöl (Dichte etwa $0,85\,g/cm^3$) darüber. Einen Eiswürfel zugeben, und schon sinkt er im Öl nach unten, schwimmt aber auf dem Wasser (Abb. 12). Dieses eindrucksvolle Experiment ergibt sogar einen ungefähren Wert für die Dichte von Eis, es liegt zwischen den Werten von Wasser und Öl. Wasser bildet also eine Ausnahme; gefrierendes Wasser verringert seine Dichte, nämlich von etwa $1\,g/cm^3$ für Wasser auf einen Wert von $0,91\,g/cm^3$ für Eis. Deshalb schwimmt der Eiswürfel, etwa 11 % seines Volumens liegen dabei über dem Wasser.

Füllt man zwei kleine Schälchen aus Aluminium, z. B. von Teelichtern, mit Wasser bzw. flüssigem Wachs und stellt beide vorsichtig in den Gefrierschrank, dann erkennt man das gefrorene Wasser beim späteren Herausholen schon am herausragenden Eisstöpsel. Die Oberfläche des Wachses erscheint dagegen eingefallen. Beim Übergang vom flüssigen in den festen Zustand vergrößert sich

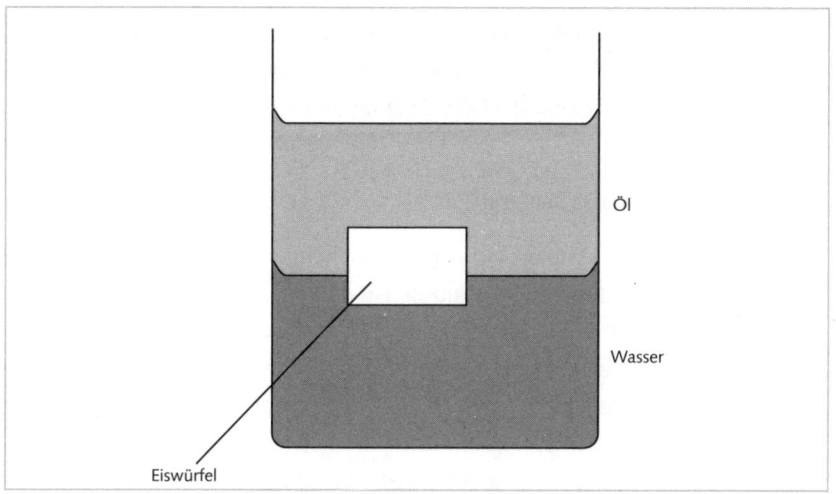

Öl

Wasser

Eiswürfel

**Abb. 12** Schichtung Öl – Wasser mit Eiswürfel

seine Dichte, das heißt das Volumen verkleinert sich. Fast alle Stoffe zeigen ein Verhalten wie Wachs, Wasser macht auch hier eine Ausnahme, mit weit reichenden Konsequenzen in der Natur und für unser Leben.

Wasser widersetzt sich der normalen Regel der Natur, nach der jede Substanz in festem Zustand, bei gleicher Masse, ein kleineres Volumen einnimmt als im flüssigen Zustand. Auf dieser Grundlage basieren zahlreiche Schauexperimente, bei denen Glasgegenstände und sogar ganze Flaschen mithilfe der Eisbildung gesprengt werden. Schon mancher Sekt, der „mal eben" zum Kühlen in den Gefrierschrank kam, konnte nur als Eis inmitten von Scherben geborgen werden. Will man eine „Sprengung" vorführen, ist es für einen guten Effekt wichtig, schmale Gläser zu benutzen, z.B. Tablettenröhrchen aus Glas oder hohe schmale Fläschchen, und diese dann luftdicht unter Wasser zu verschließen, evtl. sogar den Verschluss festzubinden oder mit Draht zu sichern. Einpacken in einen Plastikbeutel oder ein Tuch ist wegen der Splitter zu empfehlen.

Aber ist Wasser eigentlich die einzige Substanz, die sich beim Übergang in den festen Zustand volumenvergrößernd verhält? Nein, es gibt auch noch andere Stoffe, aber sie sind höchst selten und nicht so bekannt. Außerdem hat ihr anomales Verhalten nicht so weit reichende Konsequenzen, wie dies bei Wasser der Fall ist. So dehnen sich beispielsweise Blei-Zinn-Antimon-Legierungen aus und füllen beim Erstarren alle Ecken und Risse einer Form. Solche Legierungen fanden als Material für Drucktypen Verwendung. Dasselbe gilt für Legierungen mit Silber, die z. B. bei Tischgeschirr benutzt werden. Auch Silizium und Germanium, zwei Halbleiterelemente, dehnen sich beim Erkalten aus.

### Wieso gefriert Wasser so seltsam?

„Anomalie des Wassers" nennt man die Abweichung des Wassers vom normalen physikalischen Verhalten der Substanzen. Die Volumenvergrößerung bei der Eisbildung ist ein Aspekt dieser Anomalie, es gibt aber noch weitere. Wasser unterscheidet sich in fast allen physikalischen Eigenschaften von anderen Flüssigkeiten, z. B. auch in seinem Siedepunkt. Je leichter die Moleküle in einer Flüssigkeit sind, umso einfacher sollte es sein, ihnen die notwendige Energie zuzuführen, damit sie aus der Flüssigkeit entweichen, also verdampfen können. Bei den meisten Flüssigkeiten bestätigt sich dieser Zusammenhang. Ausnahme: Wasser. Man erhielte nach dieser Regel nämlich als Siedepunkt des Wassers einen Wert von −93 °C, und der Gefrierpunkt läge nur wenige Grade darunter.

Ebenso erwartet man aufgrund des Zusammenhangs zwischen Temperatur und Bewegung der Teilchen, dass die Flüssigkeit sich bei Temperaturzunahme ausdehnt. Dies ist bei den meisten Flüssigkeiten der Fall. Ausnahme: Wasser. Es hat die erstaunliche Eigenschaft, bei Temperaturerhöhung zwischen dem Schmelzpunkt von 0 °C und 4 °C zu schrumpfen. Erst jenseits dieses Dichtemaximums bei 4 °C dehnt es sich wieder aus. Welche komplizierten molekularen Prozesse führen zu solchen erstaunlichen Anomalien bzw. laufen in diesem Temperaturbereich um die Eisbildung herum ab?

### Einblick in die Struktur des Wassermoleküls

Dazu wenden wir uns noch einmal der Volumenvergrößerung beim Gefrieren von Wasser zu. Wenn eine Flüssigkeit in den festen Zustand übergeht, werden normalerweise die darin enthaltenen Flüssigkeitsteilchen dichter zusammengepackt und in eine regelmäßige Anordnung überführt. *James Trefil* vergleicht dies in seinem Buch „Physik in der Berghütte" sehr treffend mit dem Packen eines Koffers. Wirft man seine Sachen kreuz und quer in einen Koffer (wie bei einer Flüssigkeit), so benötigt man mehr Raum für sie, als wenn man sie fein säuberlich gefaltet verstaut (wie bei einem Festkörper). Gefriert also die Flüssigkeit, so packt sich der Koffer sozusagen selbst ordentlich. Die Atome beanspruchen weniger

Raum. Ausnahme: Wasser. Diese Anomalie des Wasser schien allerdings so wenig beeindruckend zu sein, dass sie das Interesse der Wissenschaft viele Jahrhunderte nicht zu wecken vermochte. Erst gegen Ende des 18. Jahrhunderts wiesen Chemiker nach, dass es sich bei Wasser nicht, wie bis dahin geglaubt, um ein Element handelt, sondern um die Verbindung zweier Substanzen, nämlich Sauerstoff und Wasserstoff, die das uns bekannte Wassermolekül $H_2O$ bilden.

Umso erstaunlicher mutet es an, dass erst gegen Ende des 19. Jahrhunderts das Wasser weiteren wissenschaftlichen Analysen unterzogen wurde. Aufgrund der Gefrierpunktanomalie entwickelte *Wilhelm Röntgen* das Modell, Wasser enthalte oberhalb des Gefrierpunkts mikroskopische Regionen, in denen die Moleküle noch die Kristallstruktur beibehalten, in der sie im eisförmigen Zustand angeordnet waren. Wasser wäre also eine Mischung von eisartigen und normalen Molekülen. Wenn man dieses Wasser erwärmt, so schmilzt stets das verbliebene Eis, wobei das Volumen schrumpft. Dieser Vorgang hält so lange an, bis alle verbliebenen Regionen geschmolzen sind. Dies entspricht dem Zustand größter Dichte bei 4 °C. Danach verursacht weitere Wärmezufuhr die Ausdehnung des Wassers. Dieses Modell stieß jedoch auf nur geringes Interesse. Es dauerte für die Erforschung des Wassers ungeheuer lange, bis detailliertere Modelle zur Wasserstruktur entwickelt wurden. Immerhin beschäftigten sich die Physiker erst wieder in den 50er- und 60er-Jahren des letzten Jahrhunderts mit dieser Frage. *James Trefil* stellte fest, dass es verblüffend ist, wie lange eine ernsthafte Beschäftigung mit den Eigenschaften des Wassers auf sich warten ließ.[2]

Die anomalen Eigenschaften von Wasser haben ihren Ursprung allerdings tatsächlich im $H_2O$-Molekül, das eine ungewöhnliche Form aufweist. Die beiden Wasserstoffmoleküle sind jeweils an das Sauerstoffmolekül gebunden und bilden untereinander einen Winkel von 105°. Dabei halten sich die beiden Elektronen des Wasserstoffs bevorzugt in Sauerstoffnähe auf, wodurch das Molekül eine elektrische Polarität erhält, nämlich positiv auf Seiten der beiden Wasserstoffkerne und negativ in der Umgebung des Sauerstoffs (Abb. 13).

---

[2] *Franks*, ein renommierter Wasserexperte, fuhr mit dem Zug zu seinem Labor zurück. Mit ihm im Abteil reiste auch ein Student. Sie kamen ins Gespräch, und als *Franks* erzählte, er befasse sich mit der Erforschung des Wassers, sah der Student ihn an, „als wäre er ein Schlafwandler". Und er informierte ihn sehr herablassend darüber, dass Wasser einfach $H_2O$ sei, und alles, was man darüber wissen müsse, sei auf einer halben Seite in einem Standardlehrbuch der Chemie zu finden. Seine eindeutige Botschaft besagte, *Franks* würde sein Leben mit Wasser vergeuden. Als höflicher Gentleman enthielt sich *Franks* jeden Kommentars. (Anekdote aus dem Buch „Physik in der Berghütte" von *James Trefil*)

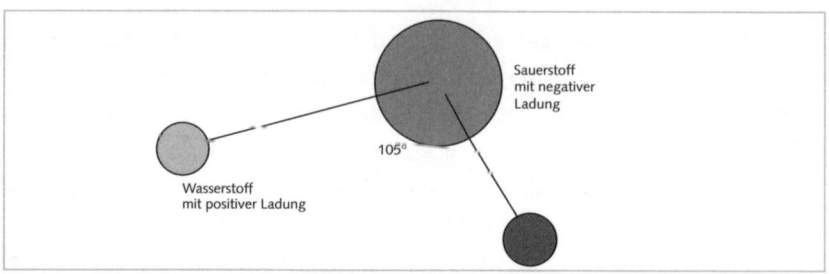

**Abb. 13** Dipolcharakter des Wassermoleküls

Wenn viele Moleküle im flüssigen oder festen Zustand des Wassers zusammenkommen, werden sie aufgrund abstoßender und anziehender Kräfte ihrer Ladungsverteilung dazu neigen, einen orientierenden Einfluss aufeinander auszuüben. Sie nehmen bestimmte Anordnungen untereinander ein und verteilen sich nicht etwa willkürlich, wie dies bei ungeladenen Teilchen der Fall ist. Dabei dürfen sich die einzelnen Moleküle natürlich nicht überlappen. Die Bindung zwischen dem negativen Sauerstoffteil und dem positiven Wasserstoffteil wird Wasserstoff-Brückenbindung genannt. Sie gilt heute als Ursache für die Anomalität des Wassers. Ihre Bindungsenergie ist sehr viel kleiner als die der kovalenten $H_2O$-Bindung. Das gewinkelte Wassermolekül ist die Ursache dafür, dass sich die einzelnen Moleküle über die Wasserstoffbrücken zu Flächen- und Raumstrukturen zusammenfügen.

### Die Struktur von Wasser als Flüssigkeit

Das normale Bild einer Flüssigkeit, in der sich die Moleküle willkürlich gegeneinander bewegen, gilt also nicht für Wasser. Die elektrischen Kräfte im Wasser können zwar bei Temperaturen über 0 °C die Molekularbewegung nicht unter Kontrolle halten, aber sie sind vorhanden. Ein großer Teil der Moleküle neigt dazu, sich als räumliches Netzwerk zusammenzuschließen, manchmal nur wenige Moleküle, aber auch 20 oder 30 als zufällige Anordnung. Diese bricht schnell wieder auseinander, um sich in anderer Form wieder neu zu bilden. Es lagern sich ständig neue Moleküle an, andere reißen sich wieder davon los, die Lebensdauer der Wasserstoffbrücken liegt im Bereich von Nanosekunden (Milliardstel Sekunden). Dabei sind nur wenige der Wassermoleküle „Singles", sodass Wasser nur zu einem geringen Teil wirklich aus $H_2O$-Molekülen besteht.

Am stabilsten und deshalb am häufigsten anzutreffen sind Sechserringe (hexagonale Struktur). Es ergibt sich das Bild einer Nahordnung von Molekülen, die in ständiger Veränderung begriffen ist. Mit zunehmender Temperatur wird die Größe dieses Nahordnungsbereiches immer kleiner. Die Anzahl der Bereiche nimmt zu. Mit abnehmender Temperatur lagern sich diese Gebilde zu immer größeren Clustern zusammen und beanspruchen mehr Platz als sich regellos bewegende Moleküle. An den Clusterrändern können die Moleküle zu einer dichteren Packung zusammentreten, denn an deren Oberfläche liegt eine gewisse Zahl von freien Wasserstoffkernen (Abb. 14). Während im Wasser von etwa 0 °C im Mittel einige hundert Moleküle über Wasserstoffbrücken verbunden sind, sind es bei 100 °C nur noch 20–40. Wasser ist in der Tat durch eine einzigartige Struktur ausgezeichnet, die es ihm ermöglicht, als Lösungsmittel für polare organische Moleküle wie z. B. Alkohole oder Zucker als auch für Salze zu dienen und dabei eine große Rolle für die chemischen Vorgänge in belebten Systemen zu spielen.

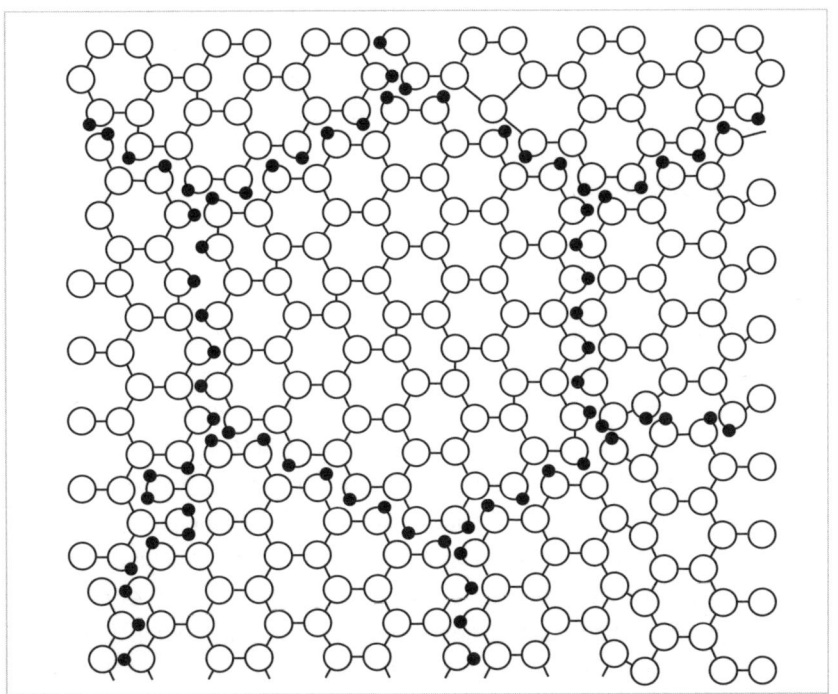

**Abb. 14** „Supermomentaufnahme": ebenes Wassermodell
(Striche = H-Brücken; Punkte = freie Wasserstoffkerne am Clusterrand)

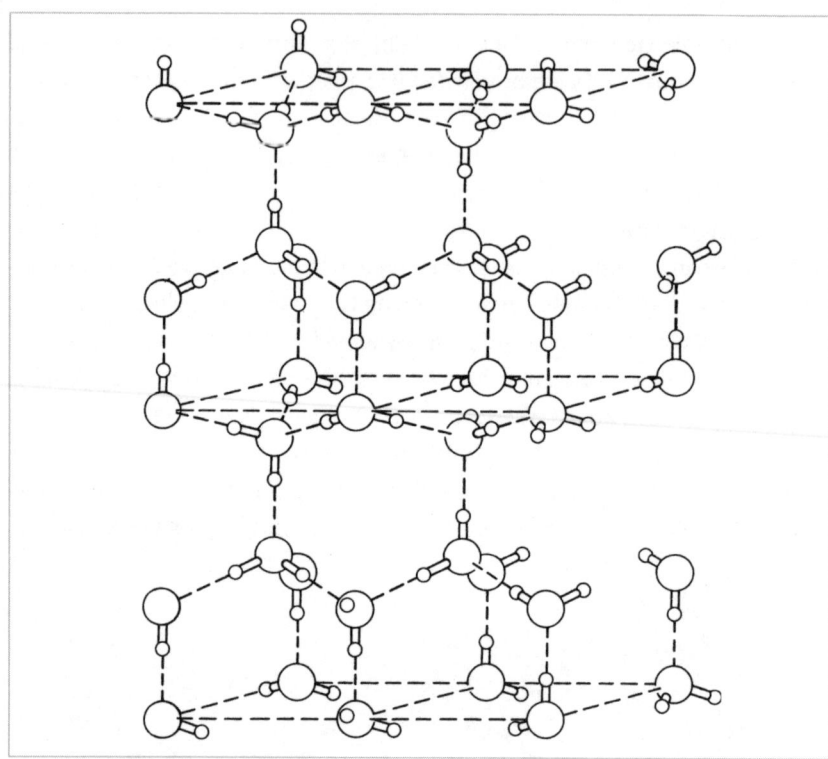

**Abb. 15** Eiskristallbildung

### Eis entsteht

Bei der Abkühlung von Wasser wird die bereits vorhandene Nahordnung, nämlich die Clusterstruktur, weiter ausgebaut. Indem sich die Ordnung der Molekülpositionen durchsetzt, vergrößern sich die Bereiche und richten sich untereinander aus. Die Bildung der Bereiche nimmt bei weniger als 4 °C sogar so zu, dass die normale Kältekontraktion überkompensiert wird und sich das Wasser wieder ausdehnt. Dies erklärt das Dichtemaximum bei 4 °C. Am Gefrierpunkt schließlich ordnen sich alle Moleküle regelmäßig in einer hexagonalen Struktur an; einzelne Lagen sind miteinander durch Tetraeder verbunden (Abb. 15). Dies erklärt die starke Volumenzunahme beim Übergang vom flüssigen in den festen Zustand unter natürlichen Druck- und Temperaturbedingungen.

Der Kristallaufbau zeigt schon anschaulich, dass Eis eine viel geringere Dichte als Wasser besitzen muss. In den Sechsecken befindet sich nämlich noch viel freier Raum. Das Kristallgitter des Eises kann man sich als weitmaschige, von Hohlräumen durchsetzte Wabenstruktur vorstellen. Um beim Vergleich des Kofferpackens zu bleiben: Die Moleküle sind im Eis gepackt wie Reiseutensilien, jedes einzeln in Papierlagen eingewickelt, damit sie im Koffer nicht aneinander stoßen. Braucht man jedoch viel zusätzliches Material, passen in unseren Koffer auch weniger Teile hinein.

Die hexagonale Struktur des Eises verlangt, dass jedes Molekül von viel leerem Raum umgeben ist. Umgekehrt löst sich die Struktur des Eises auch nicht völlig auf, wenn es schmilzt. Die Eisstruktur bricht nur partiell zusammen, es verbleiben die dynamischen Cluster. Das Wasser vergisst nicht, dass es einmal Eis gewesen ist. Wasser ist, zumindest in der Nähe seines Gefrierpunktes, weder eine feste noch eine wirklich flüssige Substanz. Die Wahrheit liegt irgendwo zwischen diesen beiden Möglichkeiten, je nach Temperatur versteht sich. Wie *Röntgen* also richtig vermutete, können die anomalen Eigenschaften des Wassers, allen voran Eisbildung und hoher Schmelzpunkt, durch diese beibehaltenen Eisstrukturen des Wassers erklärt werden. Doch als wirklich akzeptiertes und durchdachtes Wassermodell existiert es erst ca. 40 Jahre und ist auch weiterhin Gegenstand intensiver Forschung und Diskussion.

Wie konnten diese strukturellen Eigenschaften des Wassers nachgewiesen werden? *Röntgen* war mit seinen Modellvorstellungen zwar auf dem richtigen Weg, belegen konnte er seine Annahmen aber nicht. Erste Ansätze zum Clustermodell des Wassers lieferte die Infrarotspektroskopie. Die intensive Erforschung allgemeiner Kristall- und Molekülstrukturen wurde jedoch erst durch Analyse mit Röntgenstrahlen möglich. Allerdings lässt sich die Lage von Wasserstoffatomen in einem Gitter nicht mit Röntgen- oder Elektroneninterferenzen erfassen. Dazu sind thermische Neutronen erforderlich, z. B. aus einem Kernreaktor, die eine Wellenlänge in der Größenordnung der zu untersuchenden Struktur haben (etwa 1 Ångström $= 10^{-10}$ m). Dies ist auch heute noch ein aktuelles Forschungsgebiet der Festkörperphysik.

### Schneeflocken, Spiegel der Eisstruktur

Die hexagonale Anordnung der Wassermoleküle im Eis spiegelt sich auch in den sternförmigen Kristallen der Schneeflocken wider. Sogar Eisblumen, die sich direkt aus der Feuchtigkeit der Luft an kalten Fenstern niederschlagen, lassen die Kristallstruktur erahnen. Um die Struktur der Flocken zu erkunden,

**Abb. 16** Drei Eiskristallformen
Trotz der nahezu unerschöpflichen Formenvielfalt haben alle Schneeflocken eines gemeinsam: die sechsstrahlige Struktur.

braucht man neben winterlicher Witterung nichts weiter als ein dunkles Tuch oder Papier, das zuvor im Eisschrank gekühlt wurde, und eine Lupe zum Betrachten. Bei genauem Hinschauen erkennt man eine große Anzahl verschiedener Formen (Abb. 16). Die Variationsbreite unter den Schneeflocken ist so groß, dass es sogar ganze Bildbände mit fotografierten Schneekristallen gibt; kein Schneekristall gleicht einem anderen. Bei den meisten ist das Grundelement der sechszackige Stern, der schon von dem Astronom *Johannes Kepler* beobachtet und beschrieben wurde.

Diese Schneekristalle entstehen dadurch, dass Wasserdampfmoleküle in der Luft kondensieren. Bei niedriger Temperatur ist das Produkt dann kein Wassertropfen, sondern ein Eiskristall. Einzelne Kristalle schließen sich dann auf verschiedenste Weise zur fertigen Flocke zusammen. Welche Form entsteht und wie das im Einzelnen geschieht, hängt vom zeitlichen Verlauf der Temperatur ab. Die größten Schneeflocken fallen bei Temperaturen in der Nähe des Gefrierpunktes, denn bei sehr großer Kälte befindet sich nur wenig Wasserdampf in der Luft, sodass nicht sehr viele Eiskristalle produziert werden können.

Es gibt Naturwissenschaftler, die sich mit den Entstehungsbedingungen von Eiskristallen und Schneeflocken befassen und diese dann unter kontrollierten Bedingungen wachsen lassen. Schon in den 30er-Jahren des letzten Jahrhunderts entdeckte der japanische Physiker *Ukichiro Nakaya*, dass die Form von der Temperatur abhängt. Schwebt z. B. die Flocke durch eine sehr kalte Luftschicht, wächst der Kristall wie eine kleine Säule, in wärmeren Schichten bilden sich Plättchen. Doch bei ihrem Weg durch die Wolke wandern die Flocken durch viele verschiedene Temperaturschichtungen. Da nie zwei Schneeflöckchen den gleichen Weg einschlagen, macht der ständige Wechsel jeden Kristall zu einem Einzelstück.

Auch der amerikanische Physiker *Kenneth Libbrecht* beschäftigt sich seit Mitte der 90er-Jahre des letzten Jahrhunderts mit Schneeflocken und züchtet diese unter vorgegebenen Bedingungen, um deren phantastischen Formenreichtum sowie Wachstumsbedingungen für einzelne Typen zu enträtseln. Dazu lässt er in eiskalten, mit Wasserdampf gefüllten Kammern kleine Kristalle in der Luft oder auf Eisnadeln wachsen; Schneefall im Labor. Zunächst wächst der Kristall zu einem regelmäßigen Sechseck heran, ab einer Größe von 0,01 mm sprießen dann auf jedem Eck die Seitenarme heraus. Dabei zeigt sich, dass selbst kleine Temperaturänderungen starke Einflüsse auf die Gestalt des entstehenden Sterns ausüben. Allerdings sprießen die Arme völlig unabhängig voneinander. Sie bilden nur deshalb in etwa die gleichen Strukturen aus, weil sich alle Teile des Kristalls bei denselben Temperaturverhältnissen entwickeln.

Gute Beobachter werden schon festgestellt haben, dass reale Schneekristalle, im Gegensatz zu Grafiken, nie ganz genau gleiche Seitenarme haben, jedoch ist die Ähnlichkeit verblüffend. Bei der Untersuchung der Entstehungsbedingungen der Basisformen zeigte sich, dass bei verschiedenen Temperaturen die Oberfläche des Eises anders ausgebildet ist, sodass, je nach vorhandenen Wasserdampfmolekülen, diese unterschiedlich in den wachsenden Kristall eingekleidet werden. Aber wie immer an vorderster Forschungsfront: Diese Prozesse sind noch nicht gut verstanden und bilden die Grundlage für weitere Untersuchungen.

## Eis ist nicht gleich Eis

Wenn wir von Eis sprechen, müssen wir eigentlich präziser sein. Das uns bekannte Eis unter normalem Luftdruck wird Eis Ih (gesprochen: Eis eins h; h steht für hexagonale Struktur) genannt. Liegen tiefe Temperaturen und extreme Drucke vor, gibt es nämlich noch weitere Formen von Eis. Bei Temperaturen unter −130 °C entsteht z. B. eine Variante zu unserem üblichen Eis, das kubische Eis Ic (c für cubic) mit einer Kristallstruktur, die dem des Diamanten ähnelt. Bis heute sind zwölf weitere Kristallformen erzeugbar sowie zwei amorphe Formen, also Eis ohne Kristallstruktur, das vermutlich nur im Weltall vorkommt. Es kann im Labor dadurch erzeugt werden, dass man Wasserdampf auf ein Substrat bei sehr tiefen Temperaturen aufbringt. Die Struktur derart unter Druck gekühlten Eises lässt sich mit Synchrotronstrahlung erforschen, und zwar im Rahmen von Experimenten über den Bau der Materie, ein Bereich der Grundlagenforschung. Unser natürliches Eis auf der Erde ist stets hexagonal und die einzige Eisform, die auf Wasser schwimmt.

## Eis kühlt

Wieso kühlt eigentlich ein Eiswürfel unser Getränk im Sommer so prima? Hoffentlich halten Sie diese Frage nicht für einfallslos, denn es liegt nicht etwa daran, dass der Würfel kalt ist. Dieser Effekt ist nämlich nur minimal, man könnte genauso gut kaltes Wasser zum Kühlen benutzen. Aber unsere Erfahrung zeigt: Wer an einem drückend heißen Sommertag nach einer Erfrischung lechzt, ist mit einem Getränk mit Eiswürfeln gut beraten, denn schon eine relativ geringe Menge Eis hat eine beträchtliche Kühlwirkung.

Die Frage kann mit einem Experiment beantwortet werden. Mischt man Wasser von 20 °C mit der gleichen Menge Wasser von 40 °C, so hat die Mischung eine Temperatur von 30 °C. Das versteht sich fast von selbst. Für den Eisversuch benötigen Sie eine Thermosflasche oder ein Dewar-Gefäß, Wasser, Eiswürfel und natürlich ein Thermometer. Nun füllen Sie in die Thermosflasche 100 ml (100 g) Wasser und messen die genaue Temperatur. Dann zerkleinert man einige Eiswürfel, damit der Schmelzvorgang schneller geht. Dies geht am besten in einem Tuch oder einem festen Plastikbeutel mit einem Gummihammer. Die Menge muss zunächst nicht gemessen werden, das erledigt man nach dem Versuch. Nun die möglichst trockenen (Vorsicht: Verfälschung der Messung durch Eiswasser) Eisstückchen in die Flasche dazufüllen, schütteln, verschließen und ... warten, bis das letzte Eisstückchen geschmolzen ist. Dann die Temperatur des gekühlten Getränkes messen und mit einem Messzylinder das Gesamtvolumen bestimmen. So lässt sich leicht die Masse des zugegebenen Eises festlegen. Erstaunt, wie gut so ein bisschen Eis kühlt? Als typischen Wert kann man für 100 ml Wasser mit 20 °C und 20 g Eis eine Mischungstemperatur von knapp 5 °C messen. Mischt man dagegen 100 ml Wasser mit der gleichen Menge Eiswasser von 0 °C, lässt sich nur eine Temperatur von knapp 17 °C erreichen. Der Vorgang des Schmelzens hat also der Umgebung, in unserem Fall dem Getränk, ziemlich große Wärmemengen entzogen: eine Abkühlung von 20 °C auf immerhin knapp 5 °C.

Schmelzen hat also eine negative Energiebilanz, das heißt, Eis muss seiner Umgebung eine bestimmte Energie entziehen können, damit der Schmelzvorgang überhaupt vonstatten geht. In der Literatur wird diese Energie häufig Schmelzwärme genannt. Vom ursprünglich ungekühlten Getränk wird Energie abgezogen und für zwei Prozesse genutzt: Zum einen werden 20 g Eis geschmolzen und dann zusätzlich auf knapp 5 °C erwärmt. Der Literaturwert für die Schmelzenergie beträgt E = 336 kJ für 1 kg Eis (Einheit: Kilojoule; früher wurde die Energie in Kilokalorien gemessen, der angegebene Wert entspricht knapp 80 kcal). Man benötigt also etwas mehr als 300 kJ an Energie, um 1 kg Eis von 0 °C in 1 kg Wasser von 0 °C zu überführen. Das Diagramm unten verdeutlicht noch einmal diesen Prozess. Anzumerken ist noch, dass während dieses Prozesses die Temperatur konstant bei 0 °C bleibt, der Temperaturhaltepunkt des Schmelzvorganges, der auch zur Nullpunkt-Eichung eines Thermometers genutzt werden kann. Die Temperatur des Wasser-Eis-Gemisches steigt nicht eher, bis das letzte Eisstück geschmolzen ist, denn während dieses Prozesses wird die Energie komplett für den Aufbruch des Eisgitters, also eine Arbeitsleistung gegen die Molekularkräfte des Festkörpers, genutzt.

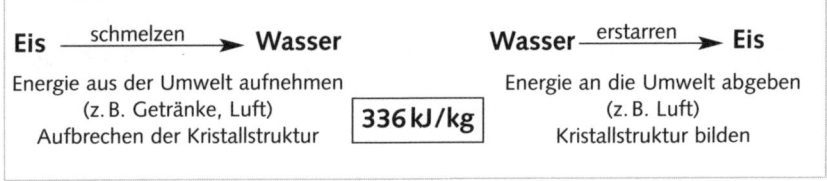

Die Kühlwirkung von Eis beruht also vor allem auf der sehr großen Schmelzenergie, die das Eis benötigt, um in den flüssigen Zustand überzugehen, und die beim Schmelzen dem Getränk entzogen wird. Bei allen Änderungen von Aggregatzuständen findet ein beträchtlicher Energieumsatz statt, der sich in der Abgabe oder Aufnahme von Wärme äußert. Aber auch hier bildet Wasser eine Ausnahme, denn von (fast) allen Stoffen hat Eis die größte Schmelzwärme, ein entscheidender Faktor für Wärmehaushalt und Klima auf unserer Erde, da hier gewaltige Mengen an Energie umgesetzt werden. Die große Schmelzwärme ist auch der Grund, warum Schnee und Eis auf hohen Bergen auch im Sommer nicht restlos schmilzt. Denn die Luft ist in größeren Höhen meist so kalt, dass ihr nicht in ausreichendem Maße die zum Schmelzen notwendige Energie entzogen werden kann. Sie bildet eben kein so gutes Reservoir wie unser Getränk. Im Winter macht sich die große Schmelzenergie z. B. in Form von kalten Füßen bemerkbar. Der Schnee entnimmt seine zum Schmelzen erforderliche Energie bei durchnässten Schuhen unseren Füßen, bei trockener Kälte bleiben die Füße länger warm. Diesen Vorgang hat sicher jeder von uns schon beobachtet.

Natürlich wird beim Umkehrvorgang, dem Erstarren von Wasser zu Eis, auch Energie umgesetzt. Die Erstarrungsenergie muss das Wasser z. B. an die umgebende Luft abgeben, damit es sich zu festem Eis zusammenschließen kann, ein Problem bei der Eisbildung (siehe auch: „Immer hat das Wasser Probleme mit dem Gefrieren"). Die Erstarrungsenergie ist bei allen Stoffen wertgleich mit der Schmelzenergie.

### Mit Druck geht alles besser

Eis schmilzt bei 0 °C, jedoch nur bei normalem Luftdruck. Lastet ein höherer Druck auf dem Eis, so sinkt der Schmelzpunkt, und zwar pro Atmosphäre Druckzunahme um 0,0075 °C. Auf den ersten Blick ist das ein winziger Wert, aber er hat ungeahnte Auswirkungen, wie folgender Versuch zeigt. Man legt einen Eisblock, um den man eine Schlinge aus dünnem Draht geschlungen hat, auf ein Gestell, sodass an den Draht noch ein mehrere Kilogramm schweres Gewicht gehängt werden kann. Durch die kleine Berührungsfläche des Drahtes entsteht ein sehr hoher Druck auf das Eis und es schmilzt an der Drahtstelle. Im Verlauf des Experimentes „arbeitet" sich das Gewicht durch das Eis durch. Es zerfällt jedoch nicht, wie erwartet, in zwei getrennte Stücke. Da nämlich über der Schlinge wieder normaler Luftdruck herrscht, gefriert das Wasser dort wieder.

Dieser Vorgang wird auch Regelation des Eises genannt, sich berührende Eisflächen gefrieren zusammen. Am Ende fällt das Gewicht mit Drahtschlinge zu Boden, das Eis bleibt unversehrt zurück. Angeblich ist der Versuch sogar schon mit Eiswürfeln und zwei Gabeln als Gewicht möglich. Probieren Sie es aus, die Variante ist natürlich nicht so spektakulär. Auch schwerere Dosen oder Gewichtsstücke sinken durch ihren eigenen Druck ins Eis ein, man muss nur darauf achten, dass die Versuchsgegenstände entsprechend gekühlt sind, sonst sinken sie durch Wärmewirkung im Eis ein. Das geschilderte Verhalten zeigen natürlich nur diejenigen Substanzen, die sich beim Erstarren ausdehnen. Alle anderen Stoffe – und das ist die Mehrzahl – erhöhen ihren Schmelzpunkt unter Druck. Wieder eine Besonderheit des Wassers.

Eigentlich sollte auch Schlittschuhlaufen so funktionieren. Jedenfalls galt lange Zeit die Erklärung, dass durch den Druck der schmalen Kufen auf das Eis dieses verflüssigt wird. Darauf gleitet der Läufer wie auf einer glitschigen Wasserspur. Bei Temperaturen unter minus 10 °C kann das Eis unter dem Druck nicht mehr schmelzen, das Eis wird „stumpf". Diese Erklärung, die auf *William Thomson, Lord Kelvin of Largs* im Jahr 1849 zurückgeht, klang so plausibel, dass Generationen von Physikern und Chemikern daran glaubten. Man findet sie auch in vielen Büchern, nicht nur in älteren Werken. Schmelzen unter Druck allein vermag jedoch die rutschige Oberfläche nicht zu erklären – außer bei Temperaturen nahe dem normalen Gefrierpunkt. Aber bei diesen Temperaturen gehen Sie besser nicht aufs Eis. Der Druck der Kufen senkt den Gefrierpunkt des Eises zwar, aber selbst die Absenkung um nur 1 °C benötigt einen gewaltigen Druck von über 100 atm. Auch die Reibungswärme zwischen Kufen und Eis kann den dünnen Wasserfilm nicht (allein) erzeugen. Wie funktioniert Schlittschuhlaufen also wirklich?

*Michael Faraday* hat sich vor 150 Jahren mit der Frage beschäftigt, ob die Eisoberfläche möglicherweise auch bei Minustemperaturen eine sehr dünne flüssige Haut besitzt. Während einer der traditionellen Friday Evening Lectures an der Royal Institution machte er den provozierenden Vorschlag, dass die Regelation von Eis, das heißt das Anfrieren zweier Eisteilchen bei Berührung, durch einen Flüssigkeitsfilm an der Eisoberfläche hervorgerufen wird. *Faraday* hat mit dieser Hypothese, die er damals nicht beweisen konnte, eine heftige Kontroverse angefacht, die unter dem Begriff „Oberflächenschmelzen von Eis" in die Literatur einging. Die Faraday'sche Hypothese ist von hoher Brisanz. Ein Flüssigkeitsfilm auf Eis unterhalb des Schmelzpunktes hätte gravierende Folgen für viele Abläufe in unserer Umwelt, angefangen vom Chlorhaushalt in der Atmosphäre über die Aufladung von Gewitterwolken bis hin zum Bodenfrost.

Das Problem konnte erst in den 80er-Jahren des letzten Jahrhunderts durch „Abtasten" der Eisoberfläche gelöst werden. Der experimentelle Nachweis einer flüssigen Schicht auf Eisoberflächen ist nämlich verzwickt. Gerade die Messungen bei Wasser gestalten sich enorm schwierig, weil der Flüssigkeitsfilm sehr empfindlich auf im Wasser gelöste Verunreinigungen reagiert. Dabei zeigte sich, dass gelöste Salze die Dicke der Flüssigkeitsschicht vergrößern, im Einklang mit unseren täglichen Erfahrungen. Am Hamburger Synchrotronstrahlungslabor HASYLAB gelang das Experiment. Dazu wurde die oberflächenempfindliche

Röntgenbeugung eingesetzt, wobei die Röntgenstrahlen einen streifenden Einfallswinkel von ca. 0,1° hatten. Das Experiment zeigte in der Tat, dass Eisoberflächen oberhalb von etwa -13 °C ihre kristalline Struktur verlieren und eine quasiflüssige Schicht ausbilden. Bei weiterer Annäherung an den eigentlichen Schmelzpunkt nimmt die Dicke der quasiflüssigen Schicht stetig zu. Eis ist also auch unter seinem Gefrierpunkt und bei normalem Luftdruck rutschig, auf dem Eis bildet sich stets eine dünne Wasserschicht.

Dieser halbflüssige Film entsteht auf Eis durch einen natürlichen Vorgang, der, in Anlehnung an *Faraday*, „Oberflächenschmelzen" genannt wird. Die mikroskopisch dünne Schicht behält gewisse strukturelle Eigenschaften des darunter liegenden Festkörpers, ist aber beweglich wie eine Flüssigkeit. Sie spielt eine zentrale Rolle beim Gefrieren und Schmelzen. Wie berichtet, vollzieht sich der Übergang von der Flüssigkeit zum Festkörper beim Wasser nur allmählich, es sind über dem Gefrierpunkt schon Tendenzen zum Festkörper festzustellen (Cluster), unter dem Gefrierpunkt sind aber auch noch Reste des flüssigen Zustandes vorzufinden. Doch Vorsicht: Dabei ist mit dem Begriff „Oberflächenschmelzen" nicht das normale Schmelzen des Eises gemeint, bei dem die Außenseite eine höhere Temperatur hat als das Innere, z. B. wie bei Butter in einer heißen Pfanne. Dieser Effekt tritt auch dann auf, wenn innen wie außen die gleiche (tiefe) Temperatur herrscht, auch noch bei -10°, -20° oder noch tieferen Temperaturen. Nur ist dann die Anzahl der beteiligten Moleküle geringer und die Flüssigkeitshaut entsprechend dünner, das Eis fühlt sich „stumpf" an, obwohl ein Gleiten auf dem Eis noch möglich ist. Erst bei -60 °C wird die Oberfläche extrem zähflüssig, dann bekommen Schlittschuhläufer echte Probleme. Eis wird also nicht plötzlich stumpf, seine Gleitfähigkeit reduziert sich allmählich. Mit der gleichen Methode konnte ebenfalls nachgewiesen werden, dass bei fast allen Festkörpern Oberflächenschmelzen auftritt.

Ein direkter Beweis für die spezielle rutschige Oberfläche von Eis ist die Feststellung, die jeder Barkeeper mit Verärgerung schon gemacht hat. Eiswürfel in einem Behälter frieren nach einiger Zeit aneinander fest. Die quasiflüssige Oberfläche der Würfel ermöglicht dies, denn es befinden sich Wassermoleküle zwischen zwei Eisflächen, es entstehen Verbindungen, die gefrieren. Das Zusammenballen von Schnee z. B. zu einem Schneeball kann ebenfalls als Oberflächeneffekt der dünnen Wasserschicht verstanden werden. Die locker sitzenden Wassermoleküle an der Oberfläche verbinden sich miteinander und „kleistern" die Eisteile zusammen.

Auch beim Wettergeschehen spielt die Oberflächenstruktur von Eis eine Rolle. Obwohl die Mechanismen für Aufladungen in Wolken noch nicht vollständig verstanden sind, erwies sich die Anwesenheit von Eiskristallen und speziell deren quasiflüssige Oberfläche als notwendig für den Ladungsprozess und die Bildung von Blitzen. Die flüssige Eisoberfläche scheint außerdem eine wichtige Rolle bei der Chemie unseres Erdklimas zu spielen, nämlich in Form von Eiswolken über der Südhalbkugel. Deren Kristalle fangen im arktischen Winter Chlorverbindungen ein und speichern sie bis zum Frühling. Bei intensiverer Sonneneinstrahlung werden diese dann massenhaft freigesetzt und zerstören die Ozonmoleküle. Dieser Speichervorgang ist nur durch die flüssige Oberfläche möglich; bei einer harten Oberfläche würden die Chlorverbindungen an den Eisteilchen einfach abprallen. Ein interessantes Forschungsergebnis.

### Eis und die Klimafolgen

So ein Eiswürfel schwimmt auf dem randvoll eingeschenkten, zu kühlenden Getränk; ca. 11 % seines Volumens befinden sich über der Flüssigkeitsoberfläche. Was passiert, wenn der Eiswürfel schmilzt? Dies ist gar nicht so einfach zu beantworten, wie die vielen falschen Antworten auch bedeutender Physiker zeigen. Die Wasserhöhe bleibt nämlich (fast) gleich, es fließt auch nichts über. Begründen lässt sich das am einfachsten mit dem Volumenanstieg bei der Eisbildung. Wenn Eis schmilzt, wird sein Volumen dann wieder etwa 11 % kleiner. Das ist aber genau der Anteil, der vorher über der Flüssigkeit stand. Aber das Problem hat nicht nur akademischen Wert, es ist auch für die Klimaforschung interessant. Kommt es zum weiteren, gefürchteten Temperaturanstieg auf unserer Erde, so werden große Mengen Eis schmelzen. Steigt nun der Meeresspiegel an oder nicht?

Hier muss zwischen schwimmendem Eis und Landeismassen unterschieden werden. Das schwimmende Eis z. B. der arktischen Platte hat beim Schmelzen keine Auswirkung auf die Höhe des Meeres, dieser Vorgang gleicht dem Schmelzen eines Eiswürfels in einem Getränk. Jedoch die Landeismassen z. B. in Grönland und in der Antarktis sowie die zahlreichen Gebirgsgletscher müssen mit einem auf dem Glasrand abgelegten Eiswürfel verglichen werden, dessen Schmelzwasser zusätzlich ins Glas fließt. Sollten diese Landeismassen irgendwann einmal komplett abschmelzen, dann stiege der Pegel der Weltmeere um katastrophale 80 m an. Immerhin rechnen Klimatologen mit einem Anstieg des Pegels um 30–40 cm in den nächsten 100 Jahren.

*Immer hat das Wasser Probleme mit dem Gefrieren*

Außer beim Kühlen von Getränken haben wir natürlich in unserer winterlichen Umgebung, also in der Natur, mit Eis zu tun. Doch das Wasser hat in der Praxis einige Probleme zu bewältigen, um überhaupt zu Eis zu erstarren. Gläserne Klarheit auf Pfützen, Seen und Teichen ist von den physikalischen Bedingungen der Eisbildung her eher ein seltener Glücksfall, denn dafür müssen mehrere Faktoren zusammentreffen.

Theoretisch sollte Wasser bei 0 °C gefrieren. Das jedoch geschieht nur selten, es bleibt unterkühlt, oft bis zu Temperaturen von mehreren Minusgraden. Normalerweise hätten wir es also nur äußerst selten mal mit Eis zu tun. Wasser bliebe eine stark unterkühlte Flüssigkeit, wenn es nicht die Fähigkeit hätte, Eiskristalle bevorzugt auf fremden Unterlagen wachsen zu lassen, also Wachstumskeime zu benutzen, die so genannte heterogene Nukleation im Gegensatz zur nur theoretisch realisierten homogenen Nukleation, bei der Kristallisationskeime im Wasser selbst entstehen. Solche Fremdkeime sind Staubkörnchen, Blütenpollen, chemische Verunreinigungen, aber auch andere Eiskristalle, die etwa aus der Luft als Schnee niederfallen.

Wasser hat beim Gefrieren aber noch ein anderes Problem, nämlich die Wärmeabgabe bei der Eisbildung. Ein wachsender Eiskristall hat immer eine positive Energiebilanz, die überschüssige Wärme muss abgeführt werden, wenn der Kristall nicht wieder schmelzen soll. In tief unterkühltem Wasser ist das alles kein Problem, die Wärmeenergie der Kristallbildung wird aufgezehrt. Aber in schwach unterkühltem Wasser muss die Energie ständig durch Wasseraustausch mit der Umgebung abtransportiert werden. So erwärmt z. B. ein bei –0,1 °C gefrierender Kristall immerhin das 725fache Volumen an Wasser wieder auf 0 °C.

Für den Wärmetransport ist eine turbulente Strömung gut oder die starke Brandung des Meeres am Strand. Zusätzlich vermehrt sich in schnell strömenden Gewässern auch die Zahl der Eiskeime. Man vermutet, dass durch die häufigen Kollisionen vorhandene Kristalle zerbrechen und dadurch neue Kristallisationskeime gebildet werden. Die Eisbildung setzt also nur verzögert ein, meist in Form einer Eiskristall-Suspension, es bilden sich lose im Wasser schwebende Eiskristalle. Im Laufe der Zeit vermehrt sich der Kristallinhalt, es entsteht Eisbrei, und das kann weit reichende Folgen für die Umwelt haben. Es kommt zu Verstopfungen bei den Zuflüssen von Kraftwerken, beim Ausbleiben des Wassers tritt Turbinenleerlauf auf. Aber auch Überschwemmungen durch Flüsse sind möglich, und zwar dann, wenn der Eisbrei zu größeren Schollen zusammenklebt, was zu Aufschwemmungen führt (Alpen). Deshalb werden an manchen Flüssen Schleusentore und -wände beheizt, um ein Ankleben der Suspension und anschließende Blockade der Schleuse zu verhindern. Der kontrollierte und gleichmäßige Kühlwasserzulauf zu Kernkraftwerken ist hier ebenfalls ein kritischer Punkt.

Der bedrohliche Eisbrei, die Suspension, ist also in Gewässern, die zu gefrieren beginnen, die Regel. Allein dann, wenn ein Gewässer ganz ruhig, die Temperatur tief genug ist und außerdem Kristallisationskeime, z. B. als Reif aus der Atmosphäre, langsam niedersinken, können diese Keime, ohne den Umweg über die Suspension zu Kristallen werden. Die überschüssige Wärme wird dabei durch die Luft oder das Wasser abgeführt. Man hat beobachtet, dass solche Eiskristalle in der Form wie Nadeln wachsen und so die gesamte Wasseroberfläche füllen. Es bildet sich eine zusammenhängende Eisfläche, die sich erst später ins Vertikale verdickt. Diesen nadelig verzweigten Wuchs bezeichnet man als dendritisch; er kommt auch bei Schneeflocken vor.

Eiskristalle bilden sich also um winzige Staub- oder Schwebeteilchen herum. Beobachtungen zeigen jedoch, dass Fremdstoffe das Wachstum von Eiskristallen fördern, aber auch behindern können. Vorhersagen lässt sich dies bislang noch nicht. Eine Bindung an Substanzen mit ähnlicher Struktur scheint bevorzugt zu werden, wobei es auch auf die Art und Orientierung der Moleküle an der Oberfläche der Helfersubstanz ankommt. So konnte z. B. bereits in den 50er-Jahren des letzten Jahrhunderts mit Rauch von Silberjodid künstlicher Schnee erzeugt werden.

### Unterkühltes Wasser

Unterkühlung bedeutet, dass Wasser in einem Temperaturbereich existiert, in dem eigentlich Eis die stabile Phase darstellt. Unterkühlung tritt fast nur beim Übergang flüssig-fest auf. Wie bereits geschildert, kann der Gefrierpunkt von Wasser wesentlich unter seinem Schmelzpunkt von 0 °C liegen. Dies hängt von der Reinheit des Wassers ab; man kann Unterkühlungen bis −40 °C erreichen, bei sehr feinem Wassernebel sogar −42 °C. Erst bei diesen Temperaturen ist es dem Wasser möglich, selbst kleine Eiskristalle zu bilden, ohne dass die dabei frei werdende Energie diese sofort wieder zerstört. Auch in unserem Wettergeschehen kommt Wasser in unterkühlter Form vor. Oft bilden sich Wolken mit unterkühlten Tropfen, die dann schlagartig zu Eis werden, wenn sie auf den Boden auftreffen, eine Form des gefürchteten Eisregens. Auch beim Landen von Flugzeugen auf Wasseroberflächen kann die Unterkühlung zu schweren Unfällen führen. Beim Aufsetzen der schwimmtauglichen Kufen des Flugzeugs erstarrt die Wasseroberfläche zu einer Eisschicht.

Das Phänomen der Unterkühlung lässt sich auch im Experiment zeigen. Man kann das Gefrieren von Wasser in einer Dose verhindern, indem man das Gefäß nicht erschüttert, denn das würde die Keimbildung fördern, nicht Luftzügen und Wind aussetzt (Gefrierschrank benutzen) und zusätzlich ein wenig Öl zum Glätten auf die Oberfläche gießt. Öffnet man den Gefrierschrank nach einiger Zeit vorsichtig, so findet man das Wasser auch bei etlichen Minusgraden noch flüssig. Es genügt ein kleiner Stoß oder das Hineinwerfen eines kleinen Steinchens, um den Doseninhalt schlagartig zum Gefrieren zu bringen. Dabei kann eine deutliche Erwärmung festgestellt werden, die Energie entspricht der Erstarrungsenergie. Dies zeigt, dass sich auch ganz normales Wasser auf einige Grade unter Null abkühlen lässt, wenn es nur ganz in Ruhe gelassen wird.

Der Temperaturanstieg beim plötzlichen Erstarren kann zur genauen Bestimmung der Schmelztemperatur benutzt werden. Dazu unterkühlt man die Flüssigkeit, in unserem Fall Wasser, mit Absicht, was bei reinen Substanzen leichter gelingt. Plötzlich wird die Unterkühlung z. B. durch leichte Erschütterung des Gefäßes oder Hineinwerfen eines kleinen Stückchens der festen Substanz (Eis) aufgehoben. Das Erstarren der unterkühlten Flüssigkeit beginnt, wobei die Temperatur auf den Schmelzpunkt von 0 °C steigt.

### Ist Wasser ein Gel?

Auf molekularer Ebene verhält sich Wasser gänzlich anders als erwartet. Eigentlich sollten sich die Wassermoleküle unter bestimmten Bedingungen exakt ausrichten und ein stabiles Kristallgitter bilden. Das Wasser müsste zu Eis werden. Doch anstatt zu erstarren, wird es zum Gel.

Die Alltagserfahrung lehrt, dass Wasser entweder fest, flüssig oder gasförmig ist; etwas anderes kann man sich kaum vorstellen. Doch genauso, wie der Sand durch die Sanduhr fließt, während er zwischen den Zähnen knirscht, ist auch das Verhalten von Wasser ganz unterschiedlich – je nachdem, in welchem Größenmaßstab man es betrachtet. In kleinen Mengen wird die molekulare „Körnigkeit" der bestimmende Faktor.

Was in molekularen Dimensionen genau passiert, das haben *Yingxi Zhu* und *Steve Granick* von der University of Illinois untersucht, indem sie Wasser zwischen zwei vollkommen reinen und kristallografisch gleichmäßigen Glimmeroberflächen betrachteten, die nur ein bis zwei Moleküldicken voneinander entfernt lagen. Aufgrund der Oberflächenladungen hatten die Forscher nun eine bestimmte Viskosität des Wasserfilms erwartet, doch je nachdem, wie die beiden Glimmerkristalle ausgerichtet waren, schwankte der Widerstand des Wassers dramatisch. Die Ergebnisse schienen nicht reproduzierbar. Schließlich fanden die beiden heraus, dass es eben die Anordnung der Atome im Gitter der Glimmerkristalle war, die das Verhalten der Wassermoleküle bestimmte. Wenn das Gitter der einen Glimmeroberfläche nämlich mit dem der anderen gleich ausgerichtet war, dann ordneten sich auch die Wassermoleküle in diesem Muster an – so ähnlich wie die Eier in einem Eierkarton.

Soweit verhält sich das Wasser auch gemäß verschiedener theoretischer Überlegungen. Allerdings sagt die Theorie auch voraus, dass die feine Wasserschicht nun die Eigenschaften von Eis aufweisen müsse. Schließlich sind die Moleküle auch im Eis exakt und regelmäßig in einem Gitter gebunden. Bei *Zhus* und *Granicks* Versuchen erstarrte das Wasser jedoch nicht, stattdessen wurde es viskoelastisch, ähnlich wie ein Gel. Wasser ist von universeller Bedeutung, und gerade auf Molekülebene ist dieses Verhalten womöglich entscheidend. Es bestimmt die Wechselwirkungen zwischen Wasser und Fetten oder Proteinen beispielsweise, aber auch den Transport von gelösten Schadstoffen in Böden oder bei plattentektonischen Vorgängen.

## Noch mehr Eis in der Natur: Eiszapfen

Es gibt noch eine weitere Variante der Eisbildung in der Natur, nämlich Eiszapfen. Wenn sich auf dem Dach eines Hauses Schnee auftürmt, beginnt die unterste Schicht allmählich durch die Wärmeabgabe des Hauses zu schmelzen. Das Schneewasser ist durch die darüber liegenden Schichten gegen den Frost isoliert und rieselt nun mit einer Temperatur von knapp über 0 °C auf den Dachpfannen herab. Bei einem Dach, das keine Regenrinnen hat oder bei dem diese überfüllt sind, tropft das Wasser an den Seiten hinunter. Dabei kommt es an die kalte Winterluft und gefriert wieder. Je nach Froststärke geschieht dies schneller oder langsamer, sodass bei mildem Frost lange Eiszapfen und bei starkem Frost kurze, dicke Eiszapfen entstehen. Eiszapfen bilden sich also dann, wenn Schnee zum

**Abb. 17** Eiszapfen

Schmelzen gebracht wird und das abfließende Wasser wieder gefriert, also auch an Quellen in frostigen Wintern, in kalten Höhlen und an Tunneldächern, wie man immer wieder beobachten kann (Abb. 17).

Aber haben Sie sich einen Eiszapfen bei einem winterlichen Spaziergang schon einmal genauer angeschaut? Seine physikalische Entstehungsgeschichte ist kompliziert und interessant zugleich. Nicht selbstverständlich ist z. B. schon seine kegelförmige Gestalt mit einer nur wenige Millimeter breiten Spitze. Erstaunlich ist auch das Innere eines Eiszapfens, er weist nämlich ein enges, noch wassergefülltes Rohrstückchen in seiner Mitte auf. Wenn wir beim Abnehmen des Zapfens nicht vorsichtig genug sind, läuft uns das Wasser in den Ärmel. Die Röhre kann dann mit einem Zahnstocher ertastet werden. Beobachten lassen sich auch waagrechte Rippen an den Seiten des Zapfens, ein milchiger Streifen als Mittelachse, und außerdem verdrehen und verbiegen sich die Zapfen während ihres Wachstums. Wie kommen diese seltsamen Erscheinungen zustande?

Wenn von dem Schmelzwasser des Daches etwas über die Dachkante tröpfelt, bildet es in der frostigen Luft durch seine Oberflächenspannung einen hängenden Tropfen. Nun beginnen die Wände des Tropfens zu gefrieren und es bildet sich eine dünne Eisschale um den Wassertropfen herum. Weiteres Schmelzwasser läuft an der Eisschale entlang herunter, gefriert dabei zum Teil und vergrößert damit den Umfang. An dieser äußeren Grenzschicht zwischen Wasser und Eis tritt das Gefrieren schnell ein, die bei der Ausbildung auftretende Wärme wird rasch durch die Flüssigkeit abgeleitet und an die Luft abgegeben. Die fließende Grenzschicht ist nicht dicker als 0,1 mm. In ihr bildet sich das Eis wie bereits beschrieben, nämlich durch astähnlich verzweigte (dendritische) Finger, die in die Flüssigkeit hineinwachsen. Dort gliedern sich die Moleküle in der Kristallstruktur des Eises an, eine Art Schneekristall im Wasser entsteht. Außerdem bildet sich am unteren Ende ein neuer Tropfen. Da sich also an der Spitze des Zapfens mehr Wasser ansammelt als an irgendeiner anderen Stelle, wächst der Zapfen schneller in die Länge als in die Breite. Wenn der Tropfen allerdings zu groß ist (etwa 5 mm), fällt er einfach ab. Solche tropfenden Eiszapfen kann man oft beobachten; der Nachfluss an Schmelzwasser ist größer als die Menge an Wasser, die gefriert. Die Spitze des Eiszapfens ist schmal, denn sie wird von der Größe des hängenden Tropfens bestimmt. Ist die Schmelzwasserversorgung allerdings schwach, kann das gesamte Wasser gefrieren.

Wie bekannt, ist Eis ein guter Isolator. Dadurch gefriert die Flüssigkeit im Inneren der Eisschale nur noch langsam. Die innere Gefriergrenze hinkt der äußeren hinterher, von der Gefriergrenze bis zur Eiszapfenspitze verbleibt eine mit Wasser gefüllte Röhre. Ist die Röhre sehr schmal, fließt die Wassersäule nicht ab. Ein vollkommen durchgefrorener Eiszapfen entsteht erst, wenn z. B. in der darauf folgenden kalten Nacht der Schmelzwasserzufluss und damit das Wachstum an der Spitze aufhört.

Doch wohin wird die Wärme an der inneren Gefrierzone abgegeben? Den kürzesten Weg waagrecht durch die dünne Eisschicht in die Umgebungsluft kann sie nicht wählen, denn die Grenzschicht befindet sich am Gefrierpunkt. Ohne Temperaturunterschied gibt es keine Wärmeleitung. Somit kann die frei gewordene Energie nur an das weit entfernte, obere Ende des Zapfens abgeleitet werden, was das langsame Vorrücken der Gefriergrenze noch begünstigt.

Auffallend sind die im Eis eingeschlossenen kleinen Luftbläschen in der Mitte des Zapfens, das zum milchig trüben Aussehen führt. Es handelt sich dabei um im Wasser gelöste Luftbläschen, die bei der Eisbildung mit eingeschlossen werden. Rippen, krumme Eiszapfen oder Eiszapfen mit gewundenen Bahnen entstehen, wenn bei einem breiten Eiszapfen das Schmelzwasser beginnt, entlang spezieller Wege zu laufen, anstatt ihn gleichmäßig zu benetzen. Auch Wind kann dazu beitragen, dass das Wasser nicht mehr gleichmäßig den Zapfen herunterrinnt oder sich der Wärmeverlust an der dem Wind zugewandten Seite erhöht. Auch der Tropfen an der Spitze kann vom Wind verformt werden und so zur Krümmung des Zapfens beitragen.

### Anomalie des Wassers, eine wichtige Bedingung für das Leben

Das Molekül, das am häufigsten in belebten Systemen vorkommt, ist das Wassermolekül. Zellen mit aktivem Stoffwechsel enthalten zwischen 60 % und 90 % Wasser. Wasser ist also die Grundsubstanz, in der alle anderen in belebten Systemen vorkommenden Moleküle gelöst oder verteilt sind. Dies ist durch die lockere Struktur des Wassers möglich. Wasser ist ein ausgezeichnetes Lösungsmittel für viele Verbindungen, sowohl organische Moleküle als auch Salze. Wassermoleküle schieben sich zwischen die Ionen, wodurch diese im Wasser gleichmäßig verteilt werden. In der Regel bildet sich um die Ionen ein Mantel mit orientierter Wasserstruktur. Diese Hüllen spielen beim Transport der Ionen durch Membranen lebender Zellen eine große Rolle. Nur durch seine ausgefallene Struktur bedingt können Wassermoleküle in viele Stoffwechselprozesse einbezogen werden. Man kann dieses Verhalten als strukturelle Bedeutung des Wassers für das Leben bezeichnen.

Eine andere Bedeutung für das Leben auf unserem Planeten kommt dem Wasser bei der Temperatur- und Klimaregelung zu. Schon allein die Tatsache, dass Eis eine geringere Dichte als Wasser hat, wirkt sich enorm auf das Leben aus. Ohne diese vertraute Erscheinung wäre Leben höchstens an einigen tropischen Stellen der Erde möglich bzw. hätte sich nur dort von Lebensformen im Wasser ausgehend entwickeln können. Dies wird bereits bei der Temperaturschichtung in einem See oder Teich deutlich. Im Sommer nimmt das Wasser je nach Erwärmung seiner Oberfläche durch die Sonne eine Temperaturschichtung an, bei der sich die tiefsten Temperaturen am Grund des Sees befinden: Das Wasser mit der größten Dichte, also der niedrigsten Temperatur, befindet sich dort. Jeder Badende kennt das Gefühl, mit den Beinen in kühlerem Wasser zu stehen.

Bei den einsetzenden kälteren Lufttemperaturen im Herbst kühlt sich nun das Wasser an seiner Oberfläche immer mehr ab, bis es dort schließlich den Anomaliepunkt, nämlich 4 °C erreicht. Das Oberflächenwasser sinkt dann ab, es ist ja dichter als das übrige Wasser. An seine Stelle tritt wärmeres Wasser aus der Tiefe, eine Konvektionsströmung im Teich beginnt. Der Umwälzprozess dauert an, bis der ganze See eine (etwa) einheitliche Temperatur von 4 °C hat. Solche Wasserdurchmischungen lassen sich im Spätherbst und Frühjahr in Seen und

Teichen beobachten. Sie führen u. a. auch zu einer Umverteilung der vorhandenen Nährstoffe im Teich und zur Anreicherung von Tiefenwasser mit Luft, beides wichtige Prozesse.

Wird das Wasser nun bedingt durch winterliche Lufttemperaturen an seiner Oberfläche noch kühler, so findet kein Absinken mehr in tiefere Bereiche statt. Denn unterhalb von 4 °C dehnt sich das Wasser ja wieder aus, nimmt also eine geringere Dichte ein und verbleibt somit als Schichtung über dem darunter liegenden Wasser von 4 °C. Eine weitere Temperaturabsenkung ist also nur noch an der Oberfläche möglich. Bei Frostwetter wird es dort so kalt, dass das Wasser gefriert und der See völlig mit Eis bedeckt ist. Bei anhaltendem Frost kühlen sich natürlich auch die darunter liegenden Wasserschichten weiter ab, die Eisschicht wird dicker (Abb. 18). Die entstandene Eisdecke ist aber ein guter Isolator für das darunter liegende Wasser und verzögert daher die weitere Abkühlung des Teichs.

Außerdem ist die weitere Abkühlung am Grund des Sees nur noch durch Wärmeleitung, nicht aber durch Konvektionsströmung möglich. Wasser ist aber ein schlechter Wärmeleiter, sodass die kurze Zeit unseres mitteleuropäischen Winters nicht ausreicht, einen tiefen See bis zum Grund gefrieren zu lassen. Trotzdem: Flache Teiche und Pflanzgefäße, die Wasser enthalten, frieren im Winter völlig durch. Damit also Wasserlebewesen den Winter überstehen, muss der Teich eine bestimmte Mindesttiefe haben, nämlich etwa 70 cm, ein Wert, den alle Teichbauer kennen. Sehr tiefe Seen und die Weltmeere haben das ganze Jahr über am Grund eine Temperatur von 4 °C und bilden damit ein Rückzugsgebiet für das Leben.

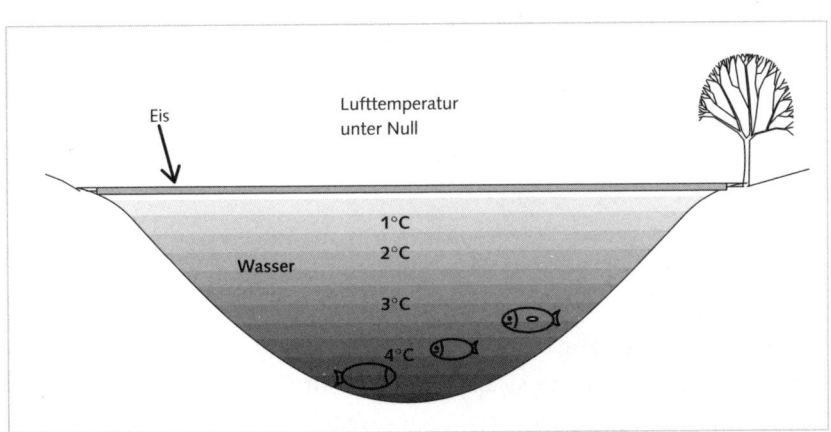

**Abb. 18** Temperaturschichtung eines Teiches im Winter

Wie wichtig die Anomalie des Wassers ist, wird schnell in einem Gedankenexperiment klar. Folgen Sie einmal der interessanten Überlegung, einen kleinen Teich mit einer anderen Flüssigkeit, z. B. Alkohol zu füllen. Nähert sich die Außentemperatur dem Gefrierpunkt unseres „Ersatzwassers", so beginnt der Teich von unten her zu erstarren, denn die oberflächlich abgekühlte Flüssigkeitsschicht würde wegen ihrer größeren Dichte stets nach unten sinken. Auch gefrorener Alkohol ist schwerer als flüssiger, er sinkt und bleibt am Grund unseres Teiches liegen. Der Vorgang setzt sich fort, bis unser Kunstteich vollkommen durchgefroren ist. Ein Glück für die im Wasser lebenden Tiere, dass sich Wasser da ganz anders verhält.

Speicherseen, die zur Wasserversorgung oder Stromerzeugung dienen, und Schifffahrtswege können auf einfache Art eisfrei gehalten werden. Auf den Grund werden Rohre gelegt mit kleinen Öffnungen, durch die Druckluft gepumpt wird. Sogar wenn die Oberfläche schon eine dünne Eisschicht hat, bringen die aufsteigenden Luftblasen das Eis zum Schmelzen, da die Luft das bodennahe, 4 °C warme Wasser mit nach oben reißt. Diese Methode wird vor allem in Schweden realisiert, wodurch viele Fährverbindungen auch in den Wintermonaten aufrechterhalten werden.

Die Eigenschaften des Wassers beeinflussen auch unser Klima auf der Erde nachhaltig und gestalten es lebensfreundlich. Bedingt durch seine hohe spezifische Wärme (gegenüber anderen Flüssigkeiten) ist Wasser ein guter Wärmespeicher, das heißt, es ändert seine Temperatur auch bei Zufuhr oder Abgang großer Wärmemengen nur wenig. Deshalb stellen die großen Ozeane auf unserer Erde einen riesigen Speicher für die von der Sonne eingestrahlte Energie dar. Ohne diese Speicherwirkung wären nicht nur die Temperaturunterschiede zwischen Tag und Nacht größer, sondern auch zwischen Sommer und Winter, vor allem für Länder am Meer. Das Kontinentalklima dagegen zeichnet sich nämlich durch trocken-heiße Sommer und schneereiche, bitterkalte Winter aus.

Die relativ geringe Wärmekapazität z. B. von Sand zeigt sich in der Wüste, wo es tagsüber durch die Sonneneinstrahlung unerträglich heiß werden kann, nachts aber so schnell abkühlt, dass die Luft empfindlich kalt wird. Auch kleinere Gewässer üben diese ausgleichende Wirkung auf das Klima aus. Sie wirken aber nicht nur als Wärmespeicher, sondern beim Gefrieren der Gewässeroberfläche im Winter wird Erstarrungsenergie frei, die die weitere Abkühlung des Wassers verlangsamt und für mildere Winter in seenreichen Landschaften sorgt.

### Eis arbeitet: immer Ärger mit dem Frost

Die meisten von uns werden das kennen, vielleicht aber nur noch aus ihrer Kindheit: eingefrorene und vielleicht sogar geplatzte Wasserrohre. Wo Keller und auch Küchen nicht ausreichend gegen die Kälte des Winters isoliert sind, kann das Wasser in den Rohren gefrieren. Wer wie ich einen Wasseranschluss im Garten hat, muss vor dem ersten Frost den Absperrhahn der Zuleitung schließen. Aber damit ist es noch nicht getan. Das in der Leitung verbliebene Wasser muss ablaufen. Wenn man diese wichtige Arbeit versäumt, können Rohre durch das gefrierende Wasser im Winter gesprengt werden, eine Folge der Ausdehnung bei der Eisbildung. Kleiner Volumeneffekt – große Wirkung. Auch Regentonnen sind diesem Effekt schon zum Opfer gefallen, nämlich dann, wenn das Eis nach oben hin nicht genügend Platz zum Ausdehnen hatte und einfach die ganze Tonne sprengte. Aus diesem Grund werden Wasserleitungen bei uns fast 1 m tief in den Erdboden verlegt, denn so tief gefriert der Boden selbst bei ärgsten Minusgraden nicht, zumindest in unseren Breitengraden.

Noch gewaltiger macht sich dieser kleine Ausdeheffekt des Eises in Gebirgen bemerkbar, nämlich als Verwitterung. Jeder Fels und jeder Stein hat winzige Spalten und Risse, in die das Regenwasser oder der Tau eindringt. Bei Frost gefriert dieses Wasser und der Spalt wird zunächst erweitert. Es entstehen allmählich breite und tiefe Furchen im Gestein, die Kraft des nachfolgenden Eises wird noch größer. Der Kreislauf wiederholt sich, bis ganze Teile abgesprengt werden. Mit welcher Macht die Wassermoleküle dabei auf ihre Plätze im Eiskristallgitter drängen, wird einem klar, wenn man weiß, dass sich in Rissen und Spalten Belastungen bis $2000\,kg/cm^2$ aufbauen können. So wird ein Fels im Laufe der Zeit in kleine und kleinste Teile zerlegt, die man in Schotter- und Geröllfeldern bei einer Bergtour ansehen kann. Manchmal kann man auch einen gesprengten größeren Stein finden, dessen Teile noch entsprechend der ursprünglichen Form nahe beieinander liegen. Sogar vor den schönen steinernen Zierkugeln auf Mauern macht der Frost nicht halt. Etliche habe ich schon nach einer Frostperiode in zwei Teile zerborsten auf dem Boden liegen sehen. Auch die beliebten Rosenkugeln sollten vor der Frostperiode ins Haus geholt werden, sonst bildet sich innen Kondenswasser, das gefriert und evtl. die Kugeln sprengt.

Andererseits trägt, wie Wissenschaftler lange unterschätzt haben, der Permafrost erheblich zur Stabilität der Berge bei. In den Alpen z. B. sind Boden und Gestein ab einer Höhe von 2600 m an das ganze Jahr über gefroren. Besonders in lockerem Gestein wirkt dieses Dauereis wie ein Kitt, der Felsen, Boden und

Schuttmassen zusammenhält. Verschiebt sich durch die Klimaerwärmung, eine Beobachtung besonders in den Alpen mit ihren Gletschern, diese Permafrostgrenze in größere Höhen, so können ganze Hänge ins Rutschen geraten, der Boden sich setzen und Fundamente abtauchen. Am 3400 m hoch gelegenen Jungfraujoch in der Schweiz ist es z. B. notwendig geworden, die dort errichteten Bauten auf ihre Standfestigkeit zu überprüfen. An einigen Stellen wird das Eis sogar aufwändig gekühlt. Das natürliche Prinzip der Verwitterungsdynamik wird dort zum Problem, „wo der Mensch sich tummelt".

Auch wenn es auf den ersten Blick nicht so aussieht, aber die Verwitterung der Gesteine hat auch positive Einflüsse auf das Leben auf der Erde. Sie ermöglicht Leben sogar erst. Die sich erweiternden Risse und Spalten füllen sich im Laufe der Zeit mit Erde und bilden so einen idealen Lebensraum für Pflanzen; eine Bergregion wird besiedelt. Auch für die Neubildung von Sedimentgesteinen, z. B. unseres Buntsandsteins, die ja durch das „Zusammenbacken" feinsten Sandes und Gesteines erfolgt, hätte es ohne Verwitterung kein Grundmaterial gegeben. Wenn aus den Verwitterungsresten kleinste Teilchen geworden sind, bilden diese die Grundlage für unseren Ackerboden. Die Verwitterung ist also eine der Grundlagen der sich ständig neu gestaltenden und in Umwandlung begriffenen Oberfläche unserer Erde. Höchste Berge werden im Laufe der Zeit zu loser Erde zermahlen und schaffen gleichzeitig Platz für die nächste Bergkette.

Aber die Frostwirkung auf Steine und Boden hat noch weitere Auswirkungen: ärgerliche (weil teuer) und auch kuriose, wie wandernde Steine und interessante Bodenmuster. Zu den ärgerlichen Folgen gehören die Frostaufbrüche, auch Schlaglöcher genannt, die manche Asphaltstraßen im Frühjahr zeigen. Landläufig wird dafür Wasser verantwortlich gemacht, das durch feine Risse unter die Straßendecke gelangt und sich in den dort vorhandenen kleineren oder größeren Hohlräumen sammelt. Bei winterlichen Temperaturen gefriert das Wasser; das Eis bzw. die gefrorene Erde drückt die Asphaltdecke hoch. Bei Tauwetter bleibt der vergrößerte Hohlraum zurück. Wird die Straßendecke dann durch Autos und vor allem Schwerverkehr belastet, bricht der Asphalt in den Hohlraum hinein, das Schlagloch ist entstanden.

Dieser Effekt ist jedoch nicht die Hauptursache der Frostaufbrüche, besonders bei intakten Asphaltdecken. Es ist das Wasser, das aus dem Boden nach oben aufsteigt und bis zur Gefriergrenze vordringt. In gefrierenden Böden äußert sich diese Neigung des Wassers als so genannter thermomolekularer Druck. Das wärmere Wasser drängt dorthin, wo es durch Bilden von Eiskristallen Energie verlieren kann. Diesem Drang kann es tatsächlich folgen, denn die Flüssigkeitsfilme auf den Eiskristallen unterstützen es. Ein feiner Wasserfilm umhüllt die Eiskristalle, die zwischen den winzigen Fels- und Tonpartikeln des Erdbodens wachsen. Das Wasser dringt also in die Räume zwischen den eisigen Bodenpartikeln, bis der dort entstandene Wasserdruck den Druck des nachdrängenden Wassers aufwiegt. So sind Belastungen bis 11 kg/cm$^2$ möglich, erst dann gefriert das Wasser vollständig. Wissenschaftler haben diesen Effekt im Labor nachgewiesen.

Doch meist bricht die Erde oder in unserem Fall die Straßendecke längst auf, ehe dieser Druck erreicht wird. Erst dann fließt Wasser in die Spalten, gefriert dort zu einer festen Eisschicht, die sich ausdehnt und den darüber liegenden Boden weiter emportreibt. Bei mehrmals wechselnden Frost- und Tauperioden sind die Schäden an den Straßen größer als bei anhaltendem, starkem Frost. Denn: Bei jedem Tauen füllen sich die um 1/11 ihres Volumens vergrößerten Hohlräume erneut mit Wasser, das sich dann bei abermaligem Gefrieren ausdehnt. Der Schaden vergrößert sich mit jedem Zyklus. Man versucht, im Straßenbau diesem Problem durch spezielle Baumaßnahmen zu begegnen. So werden unter der Tragschicht der Straßendecke 20–60 cm dicke Frostschutzschichten aus Kies, Sand, Gestein oder Hochofenschlacke gebaut, die sowohl eingedrungenes Wasser abfließen lassen als auch ein Aufsteigen von Bodenfeuchtigkeit verhindern sollen.

### Wandernde Steine und Musterböden

Nun zu den eher kuriosen Phänomenen: Steine wandern unter Frosteinwirkung und ganze Felder bilden bizarre Muster aus. Auch wenn man einen Acker noch so gründlich von allen großen Steinen säubert, ein paar Jahre später, manchmal auch schon im nächsten Frühjahr oder nach einem überraschenden Herbstfrost, findet man auf ihm erneut Steine, die wahrhaftig aus dem Boden gewachsen zu sein scheinen. Ein besonders bizarres Schauspiel sind dann Steine, die auf Sockeln von Eisnadeln stehen. Diese Phänomene haben als Ursache ebenfalls den Frosthub.

In den oberen Bodenschichten gefriert das Wasser der feuchten Erde und es bildet sich Eis, das die Erde nach oben drückt. An der Stelle, an der in nicht allzu großer Tiefe ein Stein liegt, tritt jedoch bei der Frostbildung eine Irregularität auf. Durch die bessere Wärmeleitung des Steines kann an dieser Stelle des Bodens der Frost rascher und weiter in die Tiefe vordringen als an Stellen ohne Stein. Man beachte: Boden und Steine sind beide sehr, sehr schlechte Wärmeleiter, aber hier ist der Unterschied der Wärmeleitfähigkeit das Entscheidende. Wird nun wieder

*Eis: ein ungewöhnlicher Stoff*

Wasser tieferer Erdschichten zur Frostgrenze gesogen, so ist dieser Effekt an der Steinstelle besonders ausgeprägt. Es gefriert unter dem Stein schneller als die Erde auf derselben Höhe daneben. Durch das vermehrte Volumen des gefrorenen Bodens wird der Stein dabei ein ganz klein wenig angehoben.

Bei nachfolgendem Tauwetter verbleibt dann ein kleiner Hohlraum unter dem Stein, in den Erde, Sand und kleinere Steinchen von der Seite her hineinrutschen, wenn der Auftauprozess voranschreitet. Manchmal hilft bei diesem Prozess auch Regenwasser mit. Damit liegt unser Stein wieder auf einer Erdunterlage und das Spiel des Frostes kann erneut beginnen ..., bis der Stein an die Oberfläche gehoben wird, was dann manchmal schon in einer Frostnacht geschehen kann. Versuche mit in verschiedenen Tiefen vergrabenen Steinen haben ergeben, dass in unseren Breiten nach etwa drei Wintern ein Stein aus 20 cm Tiefe nach oben befördert werden kann. Besonders stark betroffen sind natürlich Felder, die auf einem Moränenhügel als Steinquelle liegen.

An vielen Stellen der Erde lassen sich geometrische regelmäßige Formen aus Steinen oder Erde wie z. B. aneinander gereihte Kreise, Streifen oder Vielecke an der Erdoberfläche beobachten. Faszinierend und gleichzeitig verblüffend sind diese eigenartig strukturierten Böden, die zum Teil ganze Landschaften prägen, manchmal aber auch nur als kleinere „Hexenringe" aus Steinansammlungen auftreten. Einige dieser Musterböden erstrecken sich auf ganze Quadratkilometer, andere umfassen nur einen Quadratmeter. Manche bestehen aus großen Gesteinsbrocken, andere machen sich nur durch Vegetationsunterschiede bemerkbar. Dabei gibt es aktive Strukturen, die sich immer noch umgestalten, und solche, die als Relikte aus der letzten Eiszeit verblieben sind. Solche Strukturböden sind seit mehr als einem Jahrhundert Gegenstand wissenschaftlicher Untersuchungen. Im Jahr 1907 mutmaßte der schwedische Forscher *Otto Nordenskjöld*, dass diese Musterböden durch Konvektionsprozesse entstünden.

Konvektion tritt immer dann auf, wenn eine Flüssigkeit von unten erwärmt wird, sich ausdehnt und nach oben steigt, während kältere, dichtere Flüssigkeit um die Aufstiegsstelle herum nach unten sinkt. Bei kontinuierlicher Wärmezufuhr kommt es bei passenden Randbedingungen zu einer fortdauernden Zirkulation. Die Flüssigkeit teilt sich in einzelne Bereiche, so genannte Konvektionszellen, auf, die ein geordnetes, geometrisches Muster bilden. Auch auf der Sonne lassen sich solche Konvektionszellen heißer Materie, Granulation genannt, beobachten, und im Erdmantel findet man Konvektionszellen flüssigen Gesteins. Selbst in heißem Kaffee oder Tee treten diese interessanten Zellstrukturen auf.

Die freie Konvektion von Wasser setzt ein, sobald der gefrorene Boden taut. In Oberflächennähe wird das Bodenwasser erwärmt, während es an der Grenze zwischen gefrorenem und aufgetautem Boden noch kalt bleibt. An dieser Stelle macht sich die Anomalie des Wassers wieder entscheidend bemerkbar. Bei anderen Substanzen wäre die kältere Flüssigkeit in der Tiefe dichter, es kommt nicht zur Konvektion. Wasser dagegen hat seine höchste Dichte bei 4 °C. Deshalb sinkt das wärmere, dichtere Wasser von der Oberfläche zur Frostgrenze ab. Dort kühlt es sich auf 0 °C ab und steigt, da weniger dicht, wieder nach oben.

Das Zirkulieren und die Ausbildung der Konvektionszellen beginnt. Dabei modellieren diese Zellen den gefrorenen Boden unter der getauten Schicht. Das absteigende wärmere Wasser bringt das Eis an der Frostgrenze zum Schmelzen, während an Stellen mit aufsteigendem, abgekühltem Wasser das Schmelzen verzögert wird. Die Grenze zwischen aufgetautem und gefrorenem Boden erhält damit eine gewellte Form, in der sich Gestalt und Größe der Konvektionszellen widerspiegeln. Ob und wie sich solche Konvektionszellen ausbilden, hängt natürlich von den geologischen Gegebenheiten eines Gebietes ab, was einerseits zu den unterschiedlichen geometrischen Mustern der Landschaft führt, andererseits aber auch die Ausbildung von Konvektionszellen vollkommen unterdrücken kann. Wie Messungen zeigten, beträgt der Querschnitt der Strukturen je nach Form etwa das Drei- bis Fünffache der Auftautiefe. Jahreszeitliche Gefrier-Tau-Zyklen rufen großflächigere Muster hervor als tägliche. Die Konvektionszellen in den Böden lassen sich im Modell mit Computern simulieren. Die Ergebnisse belegen dabei die Theorie.

Doch wie paust sich diese unterirdische Struktur auf die Oberfläche durch? Hierfür sind die physikalischen Bedingungen des Frosthubs verantwortlich. So können Steine in die Mulden der gewellten Frostgrenze rutschen und damit die Bodenveränderungen nach oben fortsetzen, genau wie die Steine im Ackerboden nach oben wandern. Steine, die sich in den Rissen oder um die angehobenen Bodenteile z. B. durch fließendes Wasser ansammeln, aber auch die Ausprägung der Vegetation, betonen die einmal gebildeten Oberflächenstrukturen. Manchmal bilden sich ganze Ringe von Steinen aus, die Hexenringe, auch ein Hinweis auf die Konvektionszellen. Was kann man nun mit solchen Bodenforschungen anfangen? Die Strukturen geben Aufschlüsse auf heutige bzw. einstige Klimaverhältnisse und Umwelteinflüsse, z. B. in den Polargebieten. Das Studium dieser Strukturen auf unserer Erde ermöglicht auch die Deutung von Satellitenbildern von unserem Nachbarplaneten Mars, die ebenfalls Grundeismuster erkennen lassen. Auf dem Mars muss es also einmal Wasser und Eis gegeben haben.

## Dem Frost ein Schnippchen schlagen

Nun habe ich mich ausführlich mit Bildung von Eis und den Auswirkungen von Frost beschäftigt. Aber wie kann man der Unbill von Eis und Frost als Mensch ein Schnippchen schlagen? Zunächst einmal gibt es zwei bewährte Strategien gegen das Ausrutschen auf Eis: Sand, Splitt, Asche streuen oder Salz. Aber warum und vor allem wie wirken diese auf das Eis?

Sand oder ähnliche Materialien werden gestreut, um die Rutschigkeit des Eises herabzusetzen. Doch durch den Sand erhöht sich nicht etwa die Reibung, das Zusammenspiel von Eis und Sand ist komplizierter. Sand allein auf der Oberfläche des Eises ist noch kein Schutz gegen Ausrutschen. Die kleinen Sandkörner müssen erst durch eine äußere Kraft, z. B. unser Körpergewicht, in die Eisoberfläche gedrückt werden. Dabei werden die Sandkörner in die weiche Oberflächenstruktur des Eises eingeschlossen. Erst jetzt kommt die Wirkung des Sandes zum Tragen. Es bildet sich ein neuer „Verbundstoff" mit großer Reibung. Bei sehr kaltem Eis unter –20 °C können die Sandkörner jedoch nicht mehr genügend in die Oberfläche eingetreten werden, da bei solchen Temperaturen die quasiflüssige Oberflächenschicht eine zu geringe Tiefe aufweist. Sand verliert dann seine Wirkung.

Durch das Streuen von Salz kann man Eis zum Auftauen bringen. Reines Wasser hat einen höheren Gefrierpunkt als Wasser mit darin gelösten Stoffen. Man nennt diesen Sachverhalt „Gefrierpunkterniedrigung", der bei Salzen besonders groß ist. Beim Gefrieren müssen nicht nur die Wassermoleküle zur Eisbildung gebracht werden, sondern auch ihre Anziehungskraft zu den Salzmolekülen überwunden, also zusätzlich eine chemische Bindung aufgebrochen werden, und das kostet Energie.

Bringt man zerstoßenes Eis und Salz in etwa gleicher Menge zusammen, so entsteht eine flüssige Lösung, deren Gefrierpunkt weit unter dem Temperaturnullpunkt liegt. Dabei können Temperaturen von bis zu –22 °C erreicht werden, eine Kältemischung ist entstanden. Beim Lösen des Salzes wird Energie verbraucht, die der Umgebung, in diesem Fall der dem Schnee und Eis anhaftenden Oberflächenfeuchtigkeit entzogen wurde. Solche Mischungen holen sich die Energie, die sie zum Schmelzen und Auflösen brauchen, sozusagen aus sich selbst und senken dabei ihre Temperatur. Hält man in die Kältemischung ein Gläschen mit normalem Wasser, so erstarrt dieses sofort. Und: Mit einer solchen Kältemischung lässt sich, wenn auch in aufwändiger Handarbeit, wunderbar zartes und weiches Speiseeis herstellen. Dazu füllt man die Creme in eine Rührschüssel und stellt diese in die Kältemischung. Unter ständigem Rühren, möglichst mit einem Schneebesen, bilden sich nach und nach nur winzige Eiskristalle, eine Grundbedingung für die cremige Struktur von Speiseeis.

Die erste Kältemischung stellte im Jahr 1714 der Physiker *Daniel Gabriel Fahrenheit* her, indem er Wasser, granuliertes Eis und Ammoniumchlorid mischte und damit eine Temperatur von –17,7 °C erreichte, die bis dahin niedrigste im Labor erzeugte Temperatur. Mit Mischungen aus Calciumchlorid und zerstoßenem Eis lassen sich immerhin schon Temperaturen von –55 °C herstellen. Diese Mischung wird z. B. im Baugewerbe als Frostschutzmittel dem Beton zugesetzt. Frostschutzmittel, die ein Gefrieren des Kühlwassers bei Automotoren verhindern, enthalten vorwiegend organische Alkohole wie z. B. Äthylenglykol, denen noch Stoffe zur Vermeidung der Korrosion beigemischt werden. Allerdings dürfen diese Frostschutzmittel dem Kühlwasser nur in begrenzten Teilen beigemischt werden. Bei vollständigem Ersatz des Kühlwassers durch das Frostschutzmittel entfiele die chemische Bindung bzw. Anziehungskraft zwischen den Alkohol- und den Wassermolekülen, die bei der Eisbildung zusätzlich überwunden werden muss. Die beiden reinen Stoffe, also Wasser und das Frostschutzmittel, haben immer einen höheren Gefrierpunkt als alle Mischungen.

Die Wechselwirkung zwischen Salz und Wasser bildet auch die Grundlage des folgenden Tricks. Lassen Sie ein Eisstückchen in einem Glas mit Flüssigkeit schwimmen. Fordern Sie jemanden auf, das Eisstückchen ohne Angreifen, nur mithilfe eines Streichholzes oder Spießchens, herauszuholen. Wenn der Betreffende aufgibt, biegen Sie ein Streichholz so um, dass sich ein rechter Winkel ergibt. Die gebildete Spitze aufs Eis legen, mit Salz bedecken (spucken geht auch) ... und einen Moment warten. Das Streichholz friert im Nu am Eisstück fest, am anderen Ende kann man es aus dem Glas herausheben. Wie funktioniert dieser Trick? Sie haben eine Kältemischung aus Eis und Salz hergestellt. Die Löslichkeit von Salz in Eis ist nur sehr gering, aber jedes Eisstückchen ist, wie Sie inzwischen wissen, mit einer ganz dünnen Schicht von Wasser bedeckt. Wenn Salz mit Wasser in Berührung kommt, löst es sich auf und die Lösung kühlt sich ab. Das Salz verbleibt also vollständig in dieser minimalen Schicht und bildet dort eine sehr konzentrierte Lösung mit sehr niedrigem Gefrierpunkt. Allerdings wird auch etwas Eis um das Streichholz und Salz herum zum Schmelzen gebracht und entzieht dabei der Umgebung die notwendige Schmelzenergie. Die Lösung kühlt sich weiter ab. Wenn man das Streichholz glatt aufgelegt hat, verbleibt allerdings ein sehr dünner Wasserfilm (ohne Salzeinfluss) unter dem Streichholz. Durch den Schmelz- und Löseprozess wird auch diesem Energie entzogen, er gefriert und die dünne Eisschicht stellt die Verbindung zum Eiswürfel her.

### Frostschutz in der Natur

Wie kommt die Natur mit Frost und Eis zurecht? Pflanzliche und tierische Zellen enthalten zu 80 % und mehr Wasser. Man sollte annehmen, dass dieses Zellwasser zuerst gefriert, sich dabei ausdehnt, die dünnen Zellwände platzen und so ihre Funktion im lebenden Organismus nicht mehr erfüllen können. Bei vielen Pflanzen tritt allerdings eine Schädigung durch Frost auf, weil die Pflanzenzellen austrocknen. Betrachtet man eine erfrorene Sommerblume oder Kakteen nach dem Auftauen, so hängen Blätter und Stängel schlaff herab, als enthielten sie zu wenig Wasser, als hätte man vergessen, sie zu gießen. Wie kommt es zum Austrocknen der Zellen durch Kälteeinwirkung? Gerade bei unseren frostempfindlichen Sommerblumen sind die einzelnen Zellen von einer sehr wasserhaltigen Schicht umgeben, die bei sinkenden Temperaturen zuerst gefriert. Die eigentliche Zellflüssigkeit bleibt, da weiter innen liegend, zunächst verschont. Der Zellstoffwechsel basiert aber gerade darauf, dass durch die Zellwand ständig Moleküle hin und her wandern können. Wenn das Wasser außen gefroren ist, sind die darin gelösten Moleküle unbeweglich und können nicht mehr in die Zelle gelangen. Aber die Wassermoleküle von innen können nach wie vor nach außen. So dauert es nicht lange, bis die Zelle ausgetrocknet ist. Interessanterweise ist für viele Pflanzen das Schockfrosten weniger gefährlich als das langsame Absinken der Temperatur, weil das Wasser in den Zellen dann nicht genügend Zeit hat, nach außen zu diffundieren.

Welche Möglichkeiten haben einige Lebewesen entwickelt, um dem winterlichen Frost z. B. in unseren Breiten zu trotzen? Denn es sind bei weitem nicht alle heimischen Pflanzen frostresistent; denken Sie nur an unsere einjährigen Sommerblumen, die durch Ausstreuen von Samen ihre Art in das nächste Jahr hinüberretten. Ein wichtiger Überlebenseffekt, der vor allem holzige Pflanzenteile und auch unsere heimischen Bäume betrifft, ist die Unterkühlung der Zellflüssigkeit. Dabei können Temperaturen bis $-35\,°C$ auftreten, die z. B. der Stamm eines

Apfelbaums, dessen Zellen nicht von Wasser umgeben sind, überstehen kann. Rhododendren rollen ihre Blätter bei Kälte ein. Jeder Gartenbesitzer hat im Winter schon beobachtet, dass diese nur kläglich herabhängen und so verwelkt aussehen, als sei die Pflanze abgestorben, aber im Frühjahr erwacht sie zu neuem Leben. Auf diese Art schützt sich das Laub vor großer Wärmeabgabe an die Luft. Durch welchen Mechanismus das Einrollen vonstatten geht, ist allerdings noch ungeklärt.

Eine nur 6 mm lange Regenwurmart bevölkert die Laubstreu auf den Waldböden und kann sich offenbar nicht in tiefere, frostsichere Bodenschichten zurückziehen. Die Eikokons mit den Wurmembryos müssen in der Streuschicht überwintern. Wenn die Temperatur dort unter den Gefrierpunkt fällt, wird die Flüssigkeit in diesen Kokons zunächst unterkühlt. Noch ehe sie gefrieren kann, ist ein Großteil des Wassers bereits verdunstet. Die Wurmembryos verlieren dadurch so viel Flüssigkeit, dass die verbliebenen Wassermoleküle keine Eiskristalle mehr bilden können.

Bergeidechsen und auch amerikanische Waldfrösche können extreme Kälte tiefgefroren überstehen. Nach dem Auftauen erwachen sie zu neuem Leben. Bei Frostgefahr bauen diese Tiere in ihrer Leber verstärkt Glykogen ab und erhöhen so den Zuckergehalt ihres Blutes um ein Vielfaches. Vermutlich können sie damit verhindern, dass in ihren Körperzellen Eiskristalle wachsen, die das Gewebe zerstören, denn das süße Blut entzieht dem Körpergewebe Wasser. Wenn sich die ersten Eiskristalle gebildet haben, steigt der Zuckergehalt des noch flüssigen Blutes weiter an. Die Körperzellen werden immer stärker entwässert, gefrieren aber nicht. Nur außerhalb der Zellen erstarrt die Körperflüssigkeit allmählich zu Eis. Sobald das Tier auftaut, nehmen seine Körperzellen wieder Wasser auf und werden erneut funktionstüchtig.

Kälte verlangsamt viele Abbauprozesse, biologische Proben lassen sich daher durch Einfrieren haltbar machen. Leider werden die Zellstrukturen durch die sich dabei bildenden Eiskristalle zerstört. Ein Frostschutzmittel könnte das verhindern, doch sind die meist giftig. Auf der Suche nach dem idealen Frostschutzmittel haben sich Wissenschaftler daher in der Natur umgeschaut. So verhindern antarktische Fische mit Gefrierschutzproteinen, dass ihr Blut erstarrt. Jetzt gelang es, das natürliche Vorbild nachzubauen. Tiere können sich also mit Frostschutzmitteln am Leben erhalten. Mit Glyzerin oder Glykolen im Inneren ihrer Zellen überstehen einige Insektenarten sogar Temperaturen von unter –55 °C. Das Blut der in der Antarktis lebenden Eisfische enthält Glykoproteine. Dort ist das Meerwasser etwa −2 °C kalt, gefriert aber wegen seines Salzgehalts nicht. Die Zucker-Eiweiß-Moleküle lagern sich sofort an erste Eiskristalle an und verhindern deren weiteres Wachstum. Der Stoffwechsel der Tiere ist den niedrigen Temperaturen gut angepasst; ein Anstieg der Temperatur würde diese Fische lähmen und töten. Einige Fischarten in größeren Tiefen leben auch in dem sehr gefähr-lichen, instabilen Zustand der Blutunterkühlung. Kommen sie mit Eis in Berüh-rung, z.B. indem man sie mit Fallen oder Netzen an die Oberfläche bringt, gefrieren sie sofort.

Erstaunlich: Eis und Schnee bilden wider Erwarten für viele Mikroorganis-men Lebensräume. Im körnigen Schneematsch von Tiroler Bergseen tummeln sich Wimperntierchen und Flagellaten. Normalerweise sind diese Tiere Besiedler von Sedimenten, scheinen den Schneematsch jedoch wie einen Lebensraum zwischen Sandkörnern zu akzeptieren. Im Sommer bevölkern sie jedenfalls das Seewasser nicht. Auch im Eis der Antarktis entdeckten die Forscher Mikroorganismen, z.B. in einem Eiskern, der aus knapp 4000 m Tiefe unter der russischen Forschungs-station Wostok entnommen wurde. Der amerikanische Forscher *John Priscu* fand in 1 ml Eiswasser aus dem Kern bis zu 36 000 Mikroben. Selbst die Atmosphä-renforscher entdeckten einen weiteren unerforschten Lebensraum mit eisigen Bedingungen, nämlich Wolken. Bakterien leben und vermehren sich dort in unter-kühlten, aber nicht gefrorenen Wolkentröpfchen.

Auf die Umkehrung des Phänomens der Frostresistenz stießen Forscher erst vor einigen Jahren. Bestimmte Bakterien können zur vorzeitigen Bildung von Eiskristallen beitragen, ein neuer Weg der biologischen Schädlingsbekämpfung, z.B. bei der Lagerung von Getreide. Aus einem frostharten Insekt wird ein käl-teempfindliches, indem durch die Bakterien die Unterkühlung der Körperflüssig-keiten verhindert wird und die Eisbildung frühzeitig einsetzt.

### Frostschutz, der Natur abgeschaut

Frostschutz in der Natur kann aber auch von Menschen gemacht sein. Ist in den ersten Frühlingstagen während der Obstbaumblüte noch einmal mit Nachtfrös-ten zu rechnen, werden die gefährdeten Bäume mit Wasser besprüht, das dann an den Blüten, Blättern und Zweigen gefriert. Die Pflanzen vereisen zwar von außen, die beim Erstarren des Wassers frei werdende Energie wird an die Blüten abgegeben; Eis kann also auch wärmen. Da Eis kein guter Wärmeleiter ist, bleibt diese Wärme sogar noch recht gut im Inneren der Eispackung erhalten und schützt so die empfindlichen Pflanzen – genauso, wie eine Schneeschicht die Wärme des Bodens hält und so die darunter liegenden Pflanzen vor der kälteren Luft über dem Schnee isoliert und schützt. Bekanntlich schadet trockener Frost den Pflanzen mehr als eine isolierende Schneedecke.

Frostschutz gewährt auch das Aufstellen von Kokskörben, also brennendem Koks in Drahtkörben, oder das Entzünden kleiner, möglichst mächtig qualmender Feuer in den Obstplantagen. Das Schutzprinzip hat allerdings einen völlig anderen physikalischen Hintergrund. In wolkenlosen, frostgefährdeten Winternächten gibt die Oberfläche des Bodens einen großen Teil ihrer Wärme in Form von Infrarotstrahlung in den Weltraum ab, sodass die Temperatur in den bodennahen Luftschichten sehr schnell sinkt. Klare Winternächte sind immer Frostnächte. In bewölkten Nächten dagegen wird die vom Boden abgestrahlte Energie durch Wasserdampf absorbiert. Um die Kokskörbe bildet sich eine dichte Dampfschicht, die den Wärmeverlust durch Abstrahlung reduziert. Ebenso absorbieren die vom Feuer ausgehenden Qualmwolken einen Großteil der Wärmestrahlung. Wärme wird so in den unteren Bodenschichten zurückgehalten, die Pflanzen können dem Nachtfrost trotzen.

# Spannende Oberflächen

## Oberflächenspannung: Wasser in Folie

Können Sie gut schätzen? Dann nehmen Sie sich ein randvoll mit Wasser gefülltes Glas und diverse Münzen. Wie viele dieser Münzen können Sie, mit dem Münzrand voran, vorsichtig in das Glas gleiten lassen, bis das Wasser endlich überläuft? Drei, vier, vielleicht acht oder zehn? Probieren Sie es aus, Sie werden sich nicht nur verschätzt haben, sondern auch erstaunt sein. Bei breiten Sektschalen kann man sogar bis zu 30 Münzen zufügen. Das Wasser wölbt sich zwar bedenklich über den Rand, nur überlaufen will es nicht. Man kann sogar aus einem Streuer noch Salz oder Zucker dazu schütten, ohne dass der Wasserberg abläuft.

### Die Haut des Wassers

Oberfläche ist ein Begriff, der nicht nur angibt, wo ein Stoff aufhört und ein anderer beginnt. Oberflächen haben auch Eigenschaften, die sich oftmals von den übrigen Eigenschaften eines Stoffes unterscheiden. Manche davon lassen sich im täglichen Leben gut beobachten, andere sind nur speziellen Untersuchungsmethoden zugänglich.

Die Oberfläche von Wasser z. B. erweckt den Eindruck einer dünnen gespannten Haut. Diese Haut überzieht das Wasser wie eine elastische Tüte oder Folie (Abb. 19). Diesen Effekt bewirkt die Oberflächenspannung des Wassers. Sie umgibt bildlich gesprochen das Wasser wie eine Plastiktüte, sie macht Wasser „klebrig". Sie sorgt dafür, dass sogar Metallteile, die normalerweise schwerer als Wasser sind (korrekt muss es heißen: dichter), auf dem Wasser schwimmen können. Man muss es nur geschickt anstellen.

Nehmen Sie eine einfache, flache Büroklammer, ein Stück Löschpapier und eine Schüssel mit (sauberem) Wasser. Benetzen Sie das Papier auf dem Wasser und legen Sie dann vorsichtig die Klammer, darauf. Geschickte Experimentatoren legen die Klammer auch solo aufs Wasser. Nun warten Sie einfach ab, bis das vollgesogene Papier untergeht. Manchmal muss man mit einem Stift etwas nachhelfen. Auf jeden Fall schwimmt die Klammer, und wenn man genau hinschaut, kann man sogar die Vertiefungen in der „Oberflächenfolie" erkennen:

**Abb. 19** Wasser in Folie

Die Klammer liegt bequem wie auf einem Trampolin. Der Versuch klappt natürlich auch mit Nähnadeln und Rasierklingen, nur finde ich die Oberflächenform bei Büroklammern interessanter.

### Die Ursache der Oberflächenspannung

Doch welche geheimnisvolle Kraft bildet die Oberflächenfolie? Im Wasser ziehen sich die einzelnen Wasserteilchen durch Molekularkräfte gegenseitig an. Sie sorgen dafür, dass Wasser nicht einfach auseinander fällt, sondern ein kompaktes Gebilde, eben eine Flüssigkeit, bildet. Bei Wasser sind dies die elektrischen Kräfte zwischen den Molekülen. Dabei wirken auf Wasserteilchen, die sich in Flüssigkeitsmitte befinden, von allen Seiten die gleichen Kräfte der benachbarten Teil-

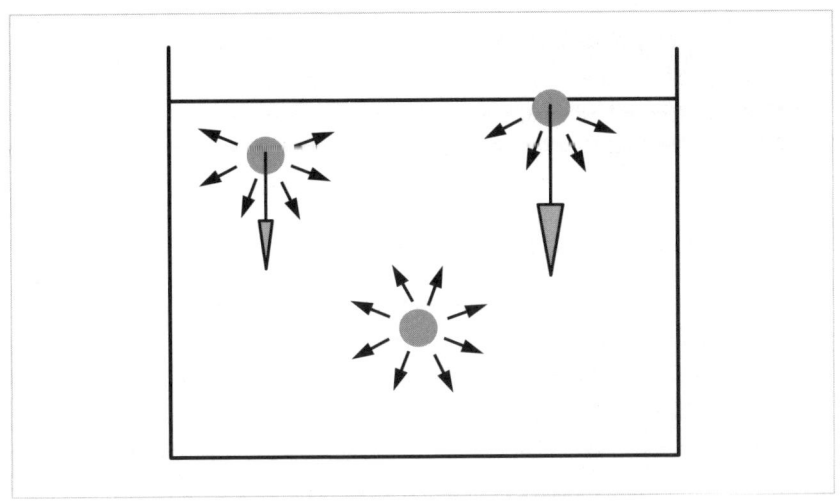

**Abb. 20** Entstehung der Oberflächenspannung (Erklärung im Text)

chen (Abb. 20, mittleres Molekül). Gelangt das Teilchen aber in die Nähe der Oberfläche oder gar an die Oberfläche (Abb. 20, Moleküle links bzw. rechts), so erfährt es, dank seiner Nachbarn, eine ins Flüssigkeitsinnere gerichtete Kraft, die es in der Flüssigkeit hält und für die Oberflächenspannung sorgt. Durch die darüber liegenden Luft- (oder Dampf-)Moleküle wird dieser Effekt zwar etwas abgeschwächt, es ergibt sich aber eine verbleibende Kraft mit Richtung Flüssigkeitsinneres. Es sei denn, wir geben den Teilchen durch Erhitzen so viel Bewegungsenergie, dass sie aus der Flüssigkeit entkommen können.

Aus diesen groben Überlegungen sieht man schon, dass die Größe der Oberflächenspannung, also die Elastizität der „Folie", sowohl von der Natur der Flüssigkeit als auch vom darüber stehenden anderen Stoff, also von der Grenzfläche der beiden zusammenstoßenden Substanzen, abhängt. Die Oberflächenspannung ist ein Maß für die Stärke der Molekularkräfte in einer Flüssigkeit.

Sehr schön kann man dieses Verhalten mit einer Modellflüssigkeit veranschaulichen. Dabei handelt es sich um eine Ansammlung kleiner Stahlkugeln, mit der sich die bekannten Eigenschaften von Flüssigkeiten, wie z. B. das Ausbilden von horizontalen Oberflächen, zeigen und deuten lassen. Mit einem kleinen Trick lässt sich die Oberflächenspannung erzeugen. Man magnetisiert die Stahlkugeln, um die elektrischen Kräfte zwischen den einzelnen Wasserteilchen nachzubilden. Doch Vorsicht: Eine reale Flüssigkeit wird natürlich nicht durch magnetische

Kräfte zusammengehalten. Die Kugeln an der Flüssigkeitsoberfläche erfahren in unserem Modellfall eine festere Bindung als Kugeln im Inneren. Sogar Tropfen verschiedener Größe bilden sich aus den magnetisierten Kugeln, wenn man sie wie eine reale Flüssigkeit ausgießen will.

### Oberflächenspannung „mit Leben erfüllen"

Nachdem Sie jetzt eine gute Vorstellung vom Begriff der Oberflächenspannung entwickelt haben, muss dieser noch mit „physikalischem Leben" erfüllt werden, das heißt er ist physikalisch zu definieren, Messmethoden sind zu erklären und Werte anzugeben.

Für das Herauslösen einzelner Moleküle aus der Flüssigkeitsoberfläche muss Kraft aufgewendet, also Arbeit geleistet werden. Denkt man dabei nicht nur an einzelne Teilchen im Wasser, sondern an größere Mengen, so wird klar, dass zum Vergrößern einer Flüssigkeitsoberfläche immer Arbeit geleistet werden muss, und zwar umso mehr, je mehr Fläche wir schaffen wollen und je mehr wir gegen eine starke Oberflächenspannung ankämpfen müssen. Folglich wird die Oberflächenspannung definiert als die Arbeit, die erforderlich ist, um die Oberfläche einer Flüssigkeit um $1\,cm^2$ oder $1\,m^2$ zu vergrößern. Sie wird in Joule pro Quadratmeter ($J/m^2$) gemessen[3].

Die gedanklich einfachste Methode zur Messung der Oberflächenspannung benutzt die direkte Oberflächenvergrößerung bei einer Flüssigkeitshaut (Abb. 21 links) und misst die für eine Verlängerungsstrecke benötigte Kraft F. Eine messtechnisch einfacher zu realisierende Abwandlung ist die Drahtbügelmethode nach dem Physiker *Philipp Lenard* (vgl. Abb. 21 rechts). Dabei wird ein Bügel, zwischen dem ein dünner Platindraht gespannt ist, in eine Flüssigkeit getaucht und sehr langsam und vorsichtig unter Kraftaufwand herausgezogen. Dazu benutzen Sie am besten eine Federwaage als Kraftmesser. Während des

---

[3] Die Einheit der Oberflächenspannung ist $J/m^2$ (Joule pro Quadratmeter). Weil J = N x m (Newton, als Einheit der Kraft, mal Meter) gilt, ergibt sich als Einheit das geläufigere $N/m$ (Newton pro Meter). Für Wasser erhält man dann einen Wert von $0,073\,N/m$. Das bedeutet, dass für die Schaffung von einem Quadratmeter zusätzlicher Oberfläche eine Arbeit von $0,073\,J$ zugeführt werden muss. So eine zusätzliche Oberfläche entsteht z. B. dann, wenn ein kugelförmiger Regentropfen beim Fallen deformiert wird. Um für den Leser vergleichbare und handliche Zahlenwerte zu erhalten, habe ich bei den nachfolgenden Angaben mit 1000 multipliziert und die (alte) Einheit $dyn/cm$ (dyn ist ebenfalls eine früher gebräuchliche Krafteinheit) bei den Zahlenangaben weggelassen.

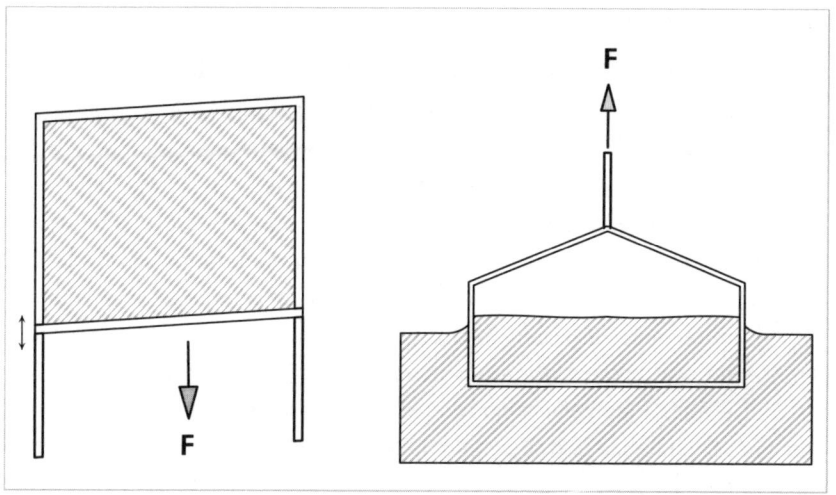

**Abb. 21** Messung der Oberflächenspannung.
Links: Modellversuch; rechts: Bügelmethode nach *Lenard*

Ziehens bildet sich zwischen Draht und Flüssigkeitsoberfläche eine Lamelle aus, die vom Draht getragen wird und bei einer bestimmten Höhe abreißt. Die Kraft im Moment des Abreißens ist der Oberflächenspannung direkt proportional. Häufig wird die Oberflächenspannung auch mit der Steighöhenmethode bestimmt, die das Aufsteigen von Wasser in sehr dünnen Kapillarröhrchen ausnutzt.

Sieht man sich die Werte für die Oberflächenspannung an, so stellt man fest, dass Wasser (bei 20 °C) von allen Flüssigkeiten mit 72,9 den höchsten Wert hat – ausgenommen Quecksilber mit einem Wert von 500, das jedoch als flüssiges Metall einen Ausnahmefall darstellt. Seifenlösung kommt nur auf einen Wert von 30 und Alkohole haben Werte um 20. Dies liegt vor allem daran, dass die Wassermoleküle durch ihren Dipolcharakter und ihre vernetzte Struktur bei der Wasserbildung auch zu einer besonders starken Anziehungskraft zwischen den Oberflächenmolekülen beitragen (vgl. Kapitel „Eis"). Selbstverständlich verringert sich die Oberflächenspannung mit steigender Temperatur, die Bindung der Moleküle untereinander wird geringer. Schon kleinste Verunreinigungen wie Seife oder Spülmittelreste setzen die Oberflächenspannung von Wasser drastisch herab. Quantitative Versuche lassen sich also nur mit destilliertem Wasser und sauberen Gefäßen durchführen.

## Die Wirkung von Waschmitteln

Woher weiß ein Waschmittel, was Schmutz ist? Die Reinigungswirkung von Wasser allein besteht darin, dass beim Einlegen schmutziger Wäsche in Wasser polare, also elektrisch geladene, Schmutzteilchen wie z. B. Erde oder Zuckerstoffe von den ebenfalls polaren Molekülen des Wassers umschlossen werden wie eine Hülle. Durch mechanische Bewegung wie Rubbeln sowie Erhitzen des Wassers kann dann der Schmutz von der Wäsche getrennt werden. Für unpolare Stoffe wie Öl oder Fett funktioniert dies nicht, solche Verschmutzungen benötigen ebenfalls nichtpolare Lösungsmittel. Geeignet wären Perchlorethylen (ein Reinigungsmittel) oder Benzin. Aber wer will solche Mittel schon in seine Waschmaschine füllen?

Die älteste Problemlösung heißt Seife, deren Moleküle ein polares und ein unpolares Ende haben und so den Kontakt zwischen Wasser und ölartigen Molekülen vermitteln. Die Seifenmoleküle bilden kugelige Gebilde (Mizellen), in deren Innerem die Ölmoleküle gebunden werden. Außerdem setzt die Seife die Oberflächenspannung des Wassers herab und erreicht damit eine Benetzung der Wäschefaser, sodass die Seifenkügelchen dann samt Schmutz ausgespült werden können. Moderne Waschmittel enthalten jedoch noch weitere waschaktive Substanzen wie z. B. Tenside, die verhindern, dass sich der herausgelöste Schmutzfilm beim Herausziehen der Wäsche an anderer Stelle wieder festsetzt. Enzyme dienen zum Aufspalten von Eiweißen in den Flecken, Bleichmittel sorgen dafür, dass hartnäckige Flecken z. B. von Obst, die sich jedem Lösungsversuch widersetzen, wenigstens unsichtbar gemacht werden.

Optische Aufheller sind fluoreszierende Farbstoffe, die das mit der Zeit vergilbte weiße Gewebe wieder glänzen lassen. Dazu absorbieren sie ultraviolettes Licht und emittieren dafür bläuliches. Sie ersetzen also den bei einem Gelbstich des Gewebes fehlenden blauen Lichtanteil. Ein neu entwickeltes Reinigungstuch soll Seife und andere chemische Reinigungsmittel im Haushalt überflüssig machen. Es besteht aus Zellulose, einem Baustoff aller Pflanzen, und enthält größere Mengen einer Kohlenstoffverbindung. In der Natur wird bei Regen in einer biochemischen Reaktion die Oberflächenspannung der Wassertropfen so weit herabgesetzt, dass Schmutzpartikel auf den Blättern der Pflanzen eingeschlossen und fortgespült werden können. So soll auch das neuartige Putztuch funktionieren.

Für die schnelle Entfernung kleiner Fettflecken wird als Hausmittel Benzin verwendet. Dazu gießt man rund um den Fleck einen Ring aus Benzin und dann direkt Benzin auf den Fleck. Die Reinigungswirkung beruht auch hier auf dem Unterschied der Oberflächenspannungen, nämlich von reinem und fetthaltigem Benzin. Das fetthaltige Benzin zieht sich wegen seiner größeren Oberflächenspannung von dem außen liegenden fettfreien zurück und häuft sich regelrecht in der Mitte an. Dort kann man es mit etwas Geschick zusammen mit dem Fett abtupfen.

### Leben an der Grenze: Wasserläufer und eine besondere Spinne

Den Wasserläufer, ein räuberisches Insekt auf der Oberfläche unserer Gewässer, finden Sie nur auf einigermaßen sauberem Wasser. Er besiedelt einen außergewöhnlichen Lebensraum: die Grenze zwischen Luft und Wasser, nämlich die Wasserhaut. Das Tier macht sich auch bei der Nahrungsbeschaffung die Oberflächenspannung zunutze. Mit seinen langen Beinen flitzt es fast schwebend auf der Wasserhaut seiner Beute hinterher. Dabei kann man beobachten, dass die aufliegenden Beine kleine Dellen in die Wasseroberfläche drücken. Die Wasserhaut wird berührt, aber nicht durchbrochen.

Für viele andere Insekten wird Wasser zur Falle. Wenn sie hineinfallen, fangen sie an zu zappeln und schlagen Wellen, so genannte Kapillarwellen, die aufgrund der Oberflächenspannung des Wassers entstehen. Als rückstellende Kraft der Bewegung dient nicht die Schwerkraft wie bei normalen Wasserwellen, sondern die Kraft der Oberflächenspannung, die stets bestrebt ist, die Störung ihrer Oberfläche auszugleichen, das heißt die Wasseroberfläche wieder zu glätten. Im Volksmund werden diese Kapillarwellen auch Kräuselwellen genannt, denn ihre Amplituden betragen weniger als einen Millimeter, die Wellenlänge ist mit wenigen Millimetern außerordentlich klein. Diese Kapillarwelle kann der Wasserläufer mit seinen feinen Sinnesorganen wahrnehmen. Durch die Zeitdifferenz, mit der sie seine einzelnen Beine erreicht, bestimmt er die Richtung, aus der die Wellen kommen, und ortet seine Beute blitzschnell. Man könnte diesen Vorgang als Richtungshören mithilfe von Kapillarwellen bezeichnen. In Wasser mit viel Seife oder Waschmittel geht der Wasserläufer allerdings unter, weil sich die Tragfähigkeit der Wasserhaut verringert.

Auch mit acht Spinnenbeinen lässt es sich auf dem Wasser leben. Reglos hockt die Gerandete Jagdspinne am Grabenrand, die beiden hinteren Beinpaare auf einem Vorsprung aus Torf, die vorderen auf dem Wasser ruhend. Die Haarpolster unter den Fußgliedern verteilen das Gewicht des Tieres auf eine so große Fläche, dass es nicht einsinkt, sondern, getragen durch die Oberflächenspannung, sogar auf dem Wasser zu laufen vermag. Mit ihren Vorderbeinen horcht die

Spinne nach Beute. Auch sie kann deutlich zwischen Wellen des Wassers, die vom Wind oder von herabfallenden Samen und Blättern verursacht werden, und solchen, die ein lebendes Insekt anregt, unterscheiden. Die Spinne ist, genauso wie der Wasserläufer, bestens an das Leben am Rande von Seen und Flüssen angepasst. Diese größte Spinne in Deutschland vermag nicht nur über Wasser zu laufen, um ihre Beute zu erreichen, sie kann bei Gefahr auch an Pflanzen ins Wasser hinab klettern und sich dank einer Luftblase, die sich um die dichte Behaarung des ganzen Körpers herum bildet, dort bis zu einer Stunde aufhalten. Übrigens: Diese Jagdspinne steht auf der Roten Liste, ist also selten zu beobachten.

### Zelten im Regen

Haben Sie sich schon einmal überlegt, warum durch die Plane eines Zeltes, durch einen Regenschirm und auch andere Textilien kein Regenwasser dringt, auch wenn der Stoff feine Löcher hat? Besonders gut funktioniert die Wasserabwehr, wenn man ihn mit Imprägniermittel behandelt hat. Dieser Effekt wird natürlich auch von der Oberflächenspannung verursacht. Die Fäden des Gewebes wurden durch das Imprägniermittel wasserabstoßend gemacht, dadurch hält die Oberflächenspannung kleinste Tropfen in den feinen Löchern. Nur hüten Sie sich davor, den Stoff mit dem Finger an einer Stelle von innen zu berühren. Sobald der Finger das Gewebe berührt, wird die Oberflächenspannung der kleinen Tropfen zerstört, das Regenwasser läuft an den Fingern oder den Stangen des Zeltes herunter. Um eine Vorstellung über die Vorgänge beim Imprägnieren zu bekommen, geben Sie in ein engmaschiges Sieb einen Tropfen Öl (unser Imprägniermittel), verteilen ihn durch Schwenken gleichmäßig über die Innenfläche und gießen den Rest ab. Arbeiten Sie vorsichtshalber über dem Ausguss.

Nun lassen Sie sehr vorsichtig vom Rand her Wasser in das Sieb laufen, denn ein wuchtiger Wasserstrahl würde unsere Imprägnierung sofort zerstören. Das Wasser fließt nicht ab, Sie können es sogar herumtragen wie mit einer Kelle. Schaut man außen auf das Sieb, kann man, je nach Lochgröße, sogar die leicht durchhängenden Tröpfchen des Wassers beobachten. Unser „Imprägniermittel" Öl sorgt dafür, dass die Wassertropfen zusätzlich zur Oberflächenspannung noch zusammengedrückt werden. Man kann das geölte Sieb aber auch wie ein Boot auf Wasser schwimmen lassen. Oder man stülpt das Sieb über ein randvoll mit Wasser gefülltes Glas, presst die Hand darauf und dreht das Ganze um. Zieht man die Hand weg, läuft kein Wasser durch das Sieb ab.

### Fettige Pommes durch Seife?

Auch beim richtigen Frittieren von Pommes frites spielt die Oberflächenspannung eine entscheidende Rolle. Dies haben Frittierforscher des chemischen Untersuchungsamtes in Hagen festgestellt, die von Amts wegen den Gewerbetreibenden in die Fritteusen schauen. Für krosse, wohlschmeckende und nicht zu fette Pommes frites ist es wichtig, dass einerseits das Fett nicht zu tief ins Frittiergut eindringt und andererseits beim Frittieren die so genannte Maillard-Reaktion an der Oberfläche des Kartoffelstäbchens einsetzt. Dabei reagieren in einer nur etwa 0,3 mm starken Zone an der Außenseite der Kartoffel Zuckermoleküle mit Eiweißen, wobei die aromatische Bräunungsschicht entsteht.

Der entscheidende Punkt ist dabei die richtige Konzentration an „Seifen" im Frittieröl. Gemeint sind natürlich nicht die üblichen Haushaltsseifen und -reiniger, sondern polare Substanzen[4], die sich bei den chemischen Reaktionen zwischen Frittiergut und Öl bilden und wegen ihrer Polarität Seifen genannt werden. Diese senken die Oberflächenspannung auf der wasserhaltigen Kartoffeloberfläche und verbessern damit die Wärmeübertragung des Frittieröls. Die Seifen sorgen also für den benetzenden Kontakt zwischen Pommes und umgebendem Öl. Ein Zuwenig an Seifen ist dabei genauso schädlich wie ein Zuviel. In frischem Öl werden Pommes nicht knusprig – denn es enthält noch keine kontaktfördernden polaren Seifen. Dagegen steigt in Öl, das nie aufgefrischt wird, der Anteil der Seifen so stark an, dass die Benetzung der Pommes mit dem Fett immer intensiver wird – das gesamte Wasser wird aus dem Kartoffelstäbchen herausgeheizt, es besteht nur noch aus einer dicken Kruste, die mit Frittierfett getränkt ist. Die Forscher empfehlen daher, dem frischen Ölbad immer eine Tasse gebrauchtes, jedoch nicht verdorbenes, Öl beizugeben.

### Angewandte Oberflächenspannung

Bei Planungen von Städten und Wohnsiedlungen sehen sich Architekten und Landschaftsplaner häufig vor dem Problem, einzelne Objekte durch geeignete Wege bzw. Straßen zu verbinden. Fehlplanungen lassen sich überall beobachten: Die Menschen bilden Trampelpfade oft weitab der gekennzeichneten Wege, um optimale, das heißt kurze Verbindungen zu schaffen. Es sollte daher Aufgabe der

---

[4] Polare Substanzen sind Moleküle mit einem wasserlöslichen „Kopf" und einem fettlöslichen „Schwanz". Sie ordnen sich entlang der Grenzschicht zwischen Fett und wasserhaltigen Pommes an.

Planer sein, hier einen Kompromiss zu finden. Aus Kostenüberlegungen ist es nicht möglich, alle Objekte durch kurze Direktwege zu verbinden, da die Gesamtlänge der Wege viel zu groß würde. Ein Wegesystem, bei dem jedes Objekt nur einmal angeschlossen ist, zeichnet sich zwar durch eine geringe Gesamtlänge der Wege aus. Aber dieses Minimalwegesystem wird von den Benutzern nicht akzeptiert, da man große Umwege in Kauf nehmen muss. Das Gelände wird dann durch Trampelpfade erschlossen.

Bei der Lösung dieses Problems kann man der Oberflächenspannung freies Spiel lassen, wie die Architektin Eda Schaur in Versuchen zeigte. Auf einer Modellscheibe wurde die Lage sämtlicher Objekte durch kleine Stäbchen fixiert und alle möglichen Verbindungen mit etwas zu langen Schnüren abgesteckt. Dadurch bildeten die Fäden ein leicht durchhängendes Gitter von Direktverbindungen. Dieses Modell wurde dann umgedreht und in ein Becken mit Wasser eingetaucht. Die Oberflächenspannung, die ja immer ein Minimalprinzip verfolgt, bewirkte, dass sich benachbarte Schnüre annäherten, streckenweise zusammen verliefen und ein spinnennetzartiges Wegebild hervorbrachten. Viele Strecken vereinigten sich zu einer kleinen Zahl von Hauptwegen. Der Mensch muss zwar Umwege in Kauf nehmen, diese sind jedoch gegenüber dem Minimalwegesystem nicht allzu groß. Das Gesamtwegenetz wird wesentlich kürzer als beim Direktsystem, wobei die minimierten Umwege den Trampelpfad-Wegenetzen erstaunlich nahe kommen. Außerdem empfinden die meisten Menschen dieses natürlich entstandene Netz als abwechslungsreich.

**Abb. 22** Ein Tropfen bildet sich

## Tropfen: Wasser in Portionen

Die Oberflächenspannung umschließt das Wasser wie eine Folie und grenzt so die Flüssigkeit von ihrer Umgebung ab. Lässt man z. B. aus einer engen Glasröhre Wasser ausfließen, dann fällt es nicht einfach herunter, wie man es bei einem feinem Pulver beobachten kann, sondern es wächst an der Austrittstelle ein Tropfen heran. Anschaulich verhält sich das Wasser so, als ob es in einen unsichtbaren, kleinen Sack hineinfließen würde (Abb. 22).

Wenn eine Flüssigkeit im schwerelosen Zustand nur ihren inneren Molekularkräften unterworfen ist, dann hat ihre Oberfläche, bedingt durch die Oberflächenspannung, das Bestreben, einen möglichst kleinen Wert anzunehmen. Man nennt dies Minimalfläche. Hat man z. B. für Wasser ein vorgegebenes Volumen, dann ist diese Minimalfläche, mathematisch beweisbar, die Kugelform. Schon ein Würfel gleichen Volumens hat eine wesentlich größere Oberfläche.[5]

---

[5] Vergleicht man die beiden Körper bei einem gegebenen Volumen von z. B. 100 cm³, so ergibt sich für die Kugel eine Oberfläche von 104 cm² und für den Würfel 129 cm².

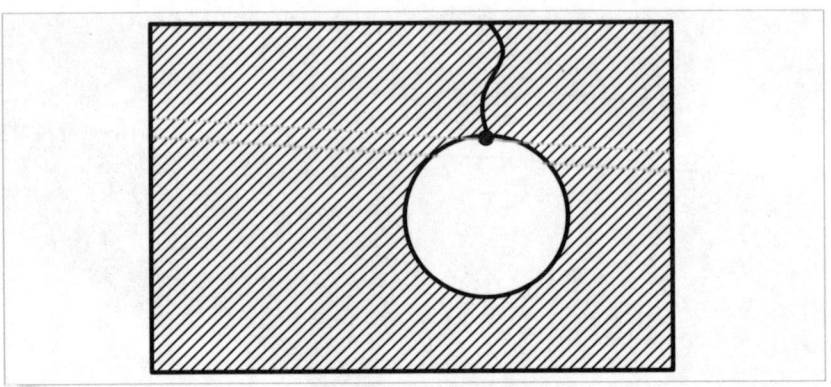

**Abb. 23** Fadenschlinge in einer Seifenlamelle

In diesem Zusammenhang erstaunt auch folgendes Experiment: Man spannt eine ebene Lamelle aus Wasser oder Seifenlauge und bringt vorsichtig eine Fadenschlinge hinein. Zerstört man dann den inneren Lamellenteil, falls sich dort überhaupt eine Haut ausbildet, mit einer feinen, trockenen Nadel, so nimmt das entstandene Loch, das von der Schlinge begrenzt wird, ohne weitere äußere Einwirkung sofort Kreisform an (Abb. 23). Wieder versucht die Flüssigkeit die kleinste Fläche einzunehmen. Dementsprechend muss das von der Schlinge gebildete Loch maximale Fläche annehmen. Da aber der Umfang der Fadenschlinge vorgegeben ist, gibt es nur eine geometrische Figur mit der größten Fläche: den Kreis.

### Tropfen in ihrer Umwelt

Wie verändern sich diese Minimalflächen, wenn äußere Kräfte ins Spiel kommen? Bei natürlich vorkommenden Flüssigkeiten wie Wasser sind das z. B. Erdanziehung und Luftreibung. Teiche, Seen und Meere, also alle großen Gewässer, folgen mit ihrer Oberfläche der Erdkrümmung als Kräftegleichgewicht zwischen Erdanziehung und Oberflächenspannung. Im täglichen Leben erscheinen uns diese gekrümmten Oberflächen allerdings als horizontal, sehen wir doch stets nur einen kleinen Ausschnitt. Aber schon ein Blick zum Meereshorizont, vielleicht noch begleitet vom „Abtauchen" oder „Auftauchen" eines Schiffes, belehrt uns eines Besseren.

Auch bei Wassertropfen auf einem nicht benetzten Pflanzenblatt, oder wie in der Abb. 24 auf einer Heuschrecke, lässt sich ein Kräftegleichgewicht beobachten. Wenn nur die Schwerkraft des Tropfens wirken würde, so müsste sich dieser als dünne Wasserschicht auf der Unterlage ausbreiten. Die Oberflächenspannung wirkt dem jedoch entgegen, so werden große Tropfen von der Schwerkraft abgeplattet, kleinere Tropfen behalten durch ihr geringeres Gewicht weitgehend ihre Kugelgestalt.

Und auch das Prinzip der minimalen Oberfläche lässt sich auf einem Blatt beobachten: Bringt man zwei Wassertropfen vorsichtig in Kontakt miteinander, verschmelzen sie sofort zu einem (größeren) Tropfen, der natürlich entsprechend weniger Oberfläche besitzt als die beiden ursprünglichen Tropfen. Dabei kann man beobachten, dass die Tropfen regelrecht zusammenspringen. Die Energie für diesen Vorgang kommt aus der eingesparten Oberflächenenergie der beiden einzelnen Tropfen.

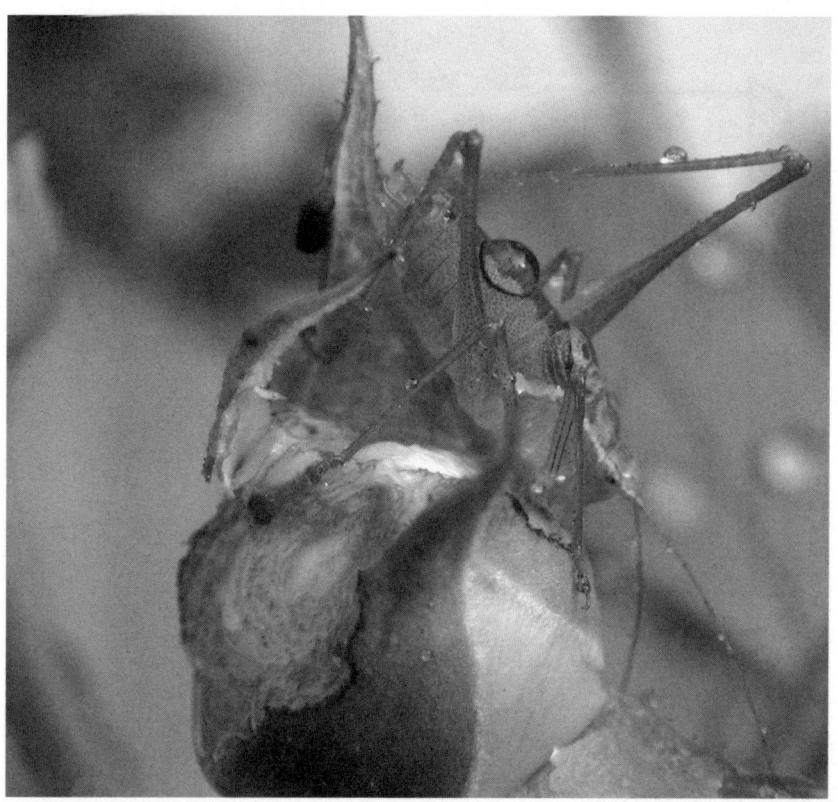

**Abb. 24** Form eines Tropfens auf einer Heuschrecke

### Beobachtungen am Wasserhahn

Auch beim Austropfen von Flüssigkeit aus einer Rohröffnung wie einer Pipette oder einem Wasserhahn spielt die Oberflächenspannung mit. Der sich bildende Tropfen bleibt trotz seines Gewichts zunächst an der Öffnung hängen, wird langsam größer, schnürt sich am Rohrende ein, da er Kugelgestalt annehmen will, und reißt dann bei einer bestimmten Größe unter dem Einfluss der Erdanziehung ab (Abb. 25). Im Moment des Abreißens halten sich die beiden Kräfte der Erdanziehung und der Oberflächenspannung die Waage. Kennt man die Oberflächenspannung und die Dichte des Wassers, lässt sich aus dieser Gleichgewichtsbedingung die Tropfengröße berechnen: Es ergibt sich ein Tropfenvolumen von etwa 0,15 cm³ und ein Durchmesser von 6 mm. Dies sind Werte, die unserer täglichen Erfahrung mit tropfenden Wasserhähnen entsprechen. Wegen der Abweichung der Tropfen von der Kugelgestalt und der Einschnürung am Rohrende gilt die Rechnung natürlich nur angenähert.

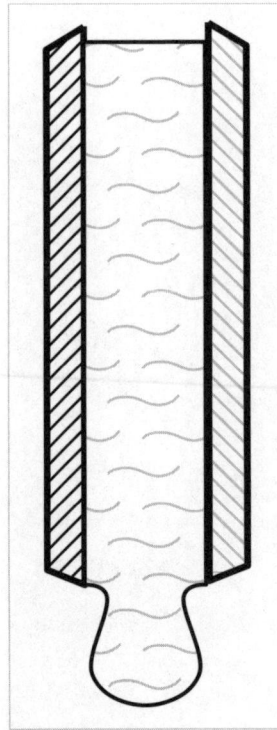

**Abb. 25** Ausbildung eines Tropfens

Wie erst 1990 durch Kurzzeitfotografie von dem Mathematiker *Howell Peregrine* festgestellt wurde, ist die Tropfenbildung an Wasserrohren noch weitaus komplizierter – aber auch viel interessanter – als nur der einfache Fall einer Einschnürung, wie er oben beschrieben wurde. Nach der Einschnürung formen sich nicht nur zusätzliche Spitzen und Nadeln, sondern es bilden sich außerdem durch eine Wellenbewegung eine Art „Nachtropfen", die wie eine Kette von immer kleiner werdenden Perlen aussehen. Hier spielen chaotische Prozesse in Wasserströmungen eine Rolle, ein modernes Forschungsgebiet.

Tropfen haben ein überaus komplexes Innenleben, das Forscher schon lange beschäftigt und von großer Bedeutung ist. In Wolken beispielsweise läuft in den Wassertropfen eine Vielzahl von Prozessen ab, wobei sich Substanzen aus der Luft mit Wasser mischen und die komplexe Chemie der Atmosphäre bedingen. Auch bei vielen anderen technischen Prozessen spielt die Vermischung verschiedener Stoffe eine wichtige Rolle.

Allerdings ist es nicht ohne weiteres möglich, das Innenleben eines völlig frei in die Tiefe fallenden Tropfens zu beobachten. Physiker der Rheinisch-Westfälischen Technischen Hochschule in Aachen haben jetzt frei fallende Wassertropfen mittels Kernspinresonanz untersucht, einem bildgebenden Verfahren, das auch in der Medizin genutzt wird. Mit dieser Methode lässt sich die magnetische Ausrichtung der Wasserstoffkerne messen, also Strömungsmuster im Wassertropfen darstellen.

Allerdings nehmen derartige Kernspinresonanzmessungen eine relativ lange Messzeit in Anspruch, viel zu lange für einen Tropfen, der mit einer Geschwindigkeit von 2 m pro Sekunde zu Boden fällt. Die Forscher mussten sich also etwas einfallen lassen, die langen „Belichtungszeiten" mit den schnellen Fallgeschwindigkeiten in Einklang zu bringen. Als Lösung bot sich die Mehrfachbelichtung an: Dabei lässt man aus einer Pipette Tropfen für Tropfen durch die Messeinrichtung fallen – für ein einzelnes Bild immerhin 30 000 Tropfen. Zur Überraschung der Forscher zeigen die Bilder gestochen scharf die Ausbildung von Wirbeln und anderen Strömungseffekten in den Tropfen. Wenn kein Tropfen wie der andere wäre, würden viele Aufnahmen verschiedener Tropfen eher ein verschwommenes Bild wiedergeben. Die Hydrodynamik fallender Tropfen scheint also einem universellen Prinzip zu gehorchen, sonst wären die Wirbelausbildungen in allen im Experiment abgelichteten Tropfen nicht von gleicher Art.

Die berechneten Werte für die Tropfengröße lassen sich experimentell überprüfen. Man benötigt dazu eine zur feinen Spitze ausgezogene Glasröhre, oder, wenn man vorsichtig arbeitet und nur eine grobe Abschätzung wünscht, einen feinen Strohhalm. Auch eine Arzneimittel-Tropfflasche leistet für diesen Versuch gute Dienste. Man zieht in das Rohr mit dem Mund destilliertes Wasser, verschließt die obere Öffnung sofort mit dem Finger und lässt vorsichtig Tropfen in ein Gefäß mit Volumeneinteilung fallen. Ungefähr 20 Tropfen destilliertes Wasser ergeben ein Volumen von $1 \, cm^3$. Dies entspricht einem Tropfenvolumen von $0{,}05 \, cm^3$ und einem Durchmesser von etwa 4 mm. Bei Leitungswasser oder Seifenwasser benötigt man, da die Oberflächenspannung kleiner ist, entsprechend mehr Tropfen. Bei Alkohol ergeben sich etwa 50 Tropfen. Hier spiegelt sich der Einfluss der Oberflächenspannung auf die Tropfengröße direkt wider. Die Anzahl der Tropfen verhält sich umgekehrt wie die Werte für die Oberflächenspannungen. Kennt man einen Wert der Oberflächenspannung, z. B. von Wasser, als Referenzpunkt, so lassen sich durch einfaches Tropfen weitere Werte anderer Flüssigkeiten bestimmen.

Ohne großen Aufwand kann man auch Einblicke in die Wirkung der Luftreibung und das Zusammenspiel aller Kräfte gewinnen. Man öffnet einen Wasserhahn nur so weit, dass ein mäßig fließender dünner Strahl austritt. Wartet man einen Moment, bis sich der Überdruck aus der Leitung abgebaut hat, so kann man beobachten, dass ab einer gewissen Fallhöhe aus dem Wasserstrahl Tropfen entstehen: Der feine Wasserstrahl löst sich in Tropfen auf. Wieso das? Unter dem Einfluss der Erdanziehung fallen die einzelnen Wasserteilchen beschleunigt, das heißt mit wachsender Geschwindigkeit, zu Boden. Da sich mit zunehmender Geschwindigkeit der Teilchen der Wasserdurchfluss durch einen gedachten Querschnitt vergrößert, der Strahl aber zunächst nicht abreißt, wird er mit größerer Fallhöhe immer schmaler. Schließlich „zerreißt" die Oberflächenspannung den Fluss in einzelne Tropfen. Aus der Kräftebilanz lässt sich abschätzen, dass dies schon bei Fallhöhen von etwa 6 cm auftritt. Die Luftreibung als zusätzliche Kraft begünstigt den Zusammenhalt der Wasserteilchen, denn gerade bei einem dünnen Wasserstrahl führt die Luftreibung zu Turbulenzen und Wirbelbildung. Am Rand fallende Wasserteilchen bewegen sich durch Reibungsverluste langsamer als innere, die Tropfenbildung wird gefördert. Probieren Sie es einmal aus und variieren Sie dabei den Wasserfluss. Erstaunlich ist, dass selbst bei so einfachen Tätigkeiten wie dem Öffnen eines Wasserhahns bekannte Kräfte in komplizierte wechselseitige Beziehungen treten können.

### Regentropfen? Alles längst bekannt

In Zusammenhang mit dem Thema „Tropfen" sei noch auf einen sehr verbreiteten Irrtum hingewiesen. Man begegnet häufig der Auffassung, ein fallender (Regen-) Tropfen sehe zwiebelförmig bzw. stromlinienförmig aus, wie ein „Tränentropfen" eben. Dieses Bild begegnet uns in der Werbung, in Kinderbüchern und sogar auf der Karte des Wetterdienstes wird diese Tropfenform abgebildet. Messungen haben gezeigt, dass in Wirklichkeit kleine Tropfen bis zu dem Durchmesser von 1–2 mm kugelförmig sind. Große Regentropfen flachen in ihrem Querschnitt ab und nehmen eine brötchenförmige Gestalt an. Die größten stabilen Regentropfen haben einen Durchmesser von bis zu 6 mm. Sie fallen mit Geschwindigkeiten von 7–10 m/s zu Boden. Ihre Form gleicht einem Fallschirm (Abb. 26); größere Tropfen zerbrechen in kleinere. Die bemerkenswerten Formen ergeben sich natürlich aus einem „Tauziehen" zwischen der Oberflächenspannung des Wassers und der Luft, die von unten gegen den fallenden Tropfen drückt. Bei kleinen Tropfen be-

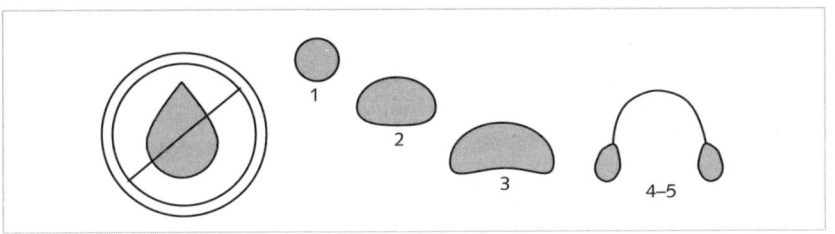

**Abb. 26** Form der Regentropfen
Die Zahlen entsprechen dem Radius einer Kugel mit gleicher Masse in Millimetern.

stimmt die Oberflächenspannung die Form, größere Tropfen werden jedoch von der Luft abgeflacht und bilden sogar eine Einbuchtung aus. Diese kann sehr schnell anwachsen und zum Bruch des Tropfens führen.

Wie Regentropfen sich überhaupt bilden, ist für die Wissenschaft noch nicht restlos geklärt. Nach ersten Hinweisen sorgen Windturbulenzen dafür, dass sich aus winzigen Wassertröpfchen in kurzer Zeit Regentropfen mit Durchmessern von über 0,5 mm bilden. Wolken sind sichtbare Ansammlungen von Wassertröpfchen, Eisteilchen oder einem Gemisch aus beiden. Es ist bekannt, dass Wolken entstehen, wenn bei Abkühlung der Wasserdampf in der Luft den Sättigungspunkt überschreitet und kondensiert. Die sich dabei bildenden Tröpfchen haben jedoch nur einen Durchmesser von 10–50 Mikrometern (Millionstel Metern) und werden deshalb Wolkentröpfchen genannt. Wie jedoch bilden sich daraus die „richtigen Regentropfen"? Denn die kleinen Wolkentröpfchen sind so leicht, dass sie schon von schwachen Aufwinden in der Luft gehalten werden. Nicht jede Wolke fällt also vom Himmel. Damit es regnet, müssen die Tröpfchen wachsen und dabei schwerer werden. Die Forscher gehen davon aus, dass Turbulenzen im Innern der Wolken auf die kleinen Teilchen wie Zentrifugen wirken und sie an die Ränder der Wirbel schleudern. In diesen dichten Ansammlungen ist die Wahrscheinlichkeit sehr hoch, dass Tröpfchen kollidieren und größere Tropfen bilden.

In unseren Breiten entsteht Regen allerdings über die Zwischenstation eines Eiskristalls. Wolken wachsen bei uns in einer Höhe bis zu 10 000 m. Dort herrschen eisige Temperaturen, sodass die Wolkentröpfchen unterkühlen und bei Temperaturen von bis zu –40 °C zu Eiskristallen gefrieren. Diese Eiskristalle können relativ schnell und einfach wachsen, denn in ihre Gitterstruktur werden weitere Wassermoleküle leichter eingebunden als bei den Wassertröpfchen. Eiskristalle, die langsam zur Erde sinken, sammeln dabei Wolkentröpfchen ein. Sobald diese eine Temperaturgrenze von 0 °C überschreiten, schmelzen sie und fallen als Regentropfen zur Erde. Der Umweg über das Eis lohnt sich also. Aber ob es deswegen bei uns so oft regnet?

### Tropfen im Leben einer Spinne

Auch Spinnen nutzen das Prinzip der Tropfenbildung durch die Oberflächenspannung aus, wenn sie ein Netz bauen. Betrachtet man solch ein Spinnennetz, dann fällt auf, dass die radialen Fäden mit Unmengen kleiner klebriger Tröpfchen besetzt sind, an denen die Beute hängen bleiben soll. Die anderen Fäden dienen der Spinne als Lauffäden und bleiben kleberfrei. Die Spinne stellt diese Klebtropfen nicht einzeln her, sondern sie überzieht ihre Fäden mit einer Art Hohlschlauch, der durch die Oberflächenspannung in kleine Klebetröpfchen zerfällt.

### Gut umhüllte Tropfen

Wissenschaftler beschäftigen sich natürlich auch mit Tropfen, und zwar mit ganz speziell präparierten. Die beiden französischen Physiker *Pascale Aussillous* und *David Quere* haben winzige Wassertropfen mit einem wasserabstoßenden Pulver aus silanbeschichteten Bärlappsporen umhüllt. Solcherart behandelte Wassertropfen zerfließen nicht mehr; es entstehen fast perfekte Kugeln, die sich wie weiche Festkörper verhalten. Flüssigen Murmeln gleich bleiben sie an keiner Oberfläche haften, sondern rollen darüber hinweg. Die Oberflächenspannung verleiht ihnen Elastizität, sodass sie rollen und hüpfen können, ohne auszulaufen. Die ungewöhnlichen Eigenschaften rühren daher, dass das Wasser so gut wie gar nicht mit der festen Unterlage in Kontakt tritt. Bei normalen Tropfen herrschen Anziehungskräfte zwischen Festkörper und Flüssigkeit, sodass sie auf den Oberflächen eher rutschen als rollen und als abgeplattete Halbkugeln ruhen. Normalerweise endet das Bewegen eines winzigen Tropfens nämlich damit, dass ein Großteil der Flüssigkeit an der Oberfläche hängen bleibt.

Wozu kann man diese „Superkugeln" gebrauchen? Kleine Kügelchen dieser Art sind natürlich besonders für die Mikrotechnik interessant. Sie könnten z. B. als Kugellager für winzige Maschinen dienen. Oder sie eignen sich für Anwendungen aus der Mikrofluidik, bei der geringe Flüssigkeitsmengen für chemische oder biologische Untersuchungen in winzigen Kanälen oder auf Mikrochips umhergeschoben werden.

### Tropfen im Tropfen

Und zum Schluss noch eine Beobachtungsaufgabe für Kaffee- und Teetrinker. Eine besonders kuriose Tropfeneigenschaft ist schon sehr lange bekannt, kann jedoch nicht restlos wissenschaftlich erklärt werden. 1881 wurde von dem englischen Physiker *Osborne Reynolds*, der sich u.a. mit Strömungen befasste, über eigenartige und langlebige Tropfen berichtet. Aus kleiner Höhe (etwa 1 cm) in Wasser fallende Tropfen verharren nach Abklingen der angeregten Oberflächenwellen als kleine Kugeln auf der eingedellten Wasseroberfläche; manchmal schweben sie sogar auf ihr dahin, bevor sie, oft erst nach einer Minute, den endgültigen „Seemannstod" erleiden. Bei Fallhöhen um 2 cm schlägt der Tropfen einen tiefen Krater in die Oberfläche, bleibt aber (oft) erhalten. Manchmal stürzt dieser Krater, unterstützt durch die angeregten Oberflächenwellen, über dem Tropfen ein und umschließt ihn unter Wasser. Bei diesen Unterwasserkugeln lässt sich beobachten, dass sie dann einen schwachen Auftrieb erfahren und mit kleiner Geschwindigkeit zur Oberfläche hochschweben.

Bei noch größeren Fallhöhen durchschlägt der Tropfen unter Bildung wunderschöner Kronenstrukturen die Wasseroberfläche und zerstört damit auch sich selbst, eine bekannte, alltägliche Erscheinung. Am Frühstückstisch konnte ich ebenfalls solche langlebigen Tropfen beobachten, und zwar in der Kaffeekanne aus Glas. Dabei bildeten sich unter dem Deckel Kondenstropfen, die von Zeit zu Zeit in den Kaffee tropften, ohne zu zerspringen oder sich zu vermischen. Die Lebensdauer lag dabei im Bereich von Minuten. Der Haltbarkeit der Tropfen kam mit Sicherheit noch zugute, dass es sich bei den Tropfen um Kondenswasser, also destilliertes Wasser, handelte, das eine größere Oberflächenspannung als der Kaffee besitzt.

Wie ist dieses Phänomen der langlebigen Tropfen zu erklären? *Jearl Walker* spekuliert in seinem Buch über die Möglichkeit elektrischer Abstoßung von Tropfen und Wasseroberfläche. Jedoch erscheint eine andere Erklärung zutreffender. Der Tropfen wird von einer sehr schmalen, wahrscheinlich nur 1 Mikrometer (Millionstel Meter) dicken Lufthülle auf seinem Weg ins Wasser begleitet. Diese Schicht bildet zusammen mit den beiden Oberflächenmembranen einen stabilen Mantel aus, der nur bei hohen Auftreffgeschwindigkeiten zerreißt. Dies erklärt auch den schwachen Auftrieb der Unterwasserkugel. Er wird nämlich durch die kleine Luftmenge im Tropfenmantel verursacht. Gestützt wird diese Theorie noch durch die Beobachtung, dass in einem Bereich um den Tropfen Totalreflexion von Licht auftritt (vgl. auch Kapitel „Luftspiegelung"). Diese ist aber nur beim Übergang von einem optisch dichteren Medium (Wasser) in ein dünneres (den Luftspalt) möglich. Die Stabilität dieser Doppelmembran ergibt sich aber vermutlich aus der Wechselwirkung zwischen den Molekülen des Wassers und der Luft, und diese dürfte elektrischer Natur sein, ganz nach *Jearl Walker*. Aber wie immer bei solchen alltäglichen, aber dennoch nicht einfach zu erklärenden Problemen: Ein letztes Wort ist noch nicht gesprochen.

## Ölfilme: unfreiwillige Überzüge

In den meisten Fällen des Alltags werden Flüssigkeitsoberflächen, vor allem Wasser, von Luft begrenzt. Die Kräfte, die die Flüssigkeitsoberfläche formen, hängen dabei maßgeblich von der Oberflächenspannung ab. Kommen jedoch weitere Flüssigkeiten ins Spiel, werden die Kräfteverhältnisse und damit die physikalischen Sachverhalte komplexer. Dies ist insbesondere dann der Fall, wenn es sich um Flüssigkeiten handelt, die sich nicht mischen, wie Wasser und Öl.

### Öl auf Wasser

Gelangt ein Öltropfen auf Wasser, dann erfahren die Oberflächenmoleküle des Öls ganz unterschiedliche Kräfte, je nachdem an welcher Grenzfläche sie sich befinden. Versuchen Sie es mit einem Tropfen Öl doch einmal selbst, geeignet sind alle dünnflüssigen Öle wie z. B. Salatöl. Um eine bessere Sicht auf die Verhältnisse zu ermöglichen, bestäuben Sie vor dem Eintropfen des Öls die Wasseroberfläche mit Kreidestaub oder Talkum. Zunächst wird der Tropfen eine linsenähnliche Form annehmen. Doch dann schiebt der sich ausbreitende Tropfen den Staub einfach beiseite und bildet eine außerordentlich dünne Schicht. Im Extremfall wird das Wasser komplett mit einer dünnen Ölschicht überzogen.

Beim Eintropfen von Öl entstehen Oberflächenkräfte (Abb. 27) an drei unterschiedlichen Berührungsflächen, nämlich Öl und Luft (a), Öl und Wasser (b) und Wasser und Luft (c). Ein Tropfen befindet sich dann im Gleichgewicht, wenn diese drei Kräfte sich im Gleichgewicht befinden, das heißt, wenn sie sich sowohl vom Betrag als auch von der Richtung her aufheben. Wenn nur eine Kraft größer als die Summe der beiden anderen ist, verändert diese Kraft Form und Größe des

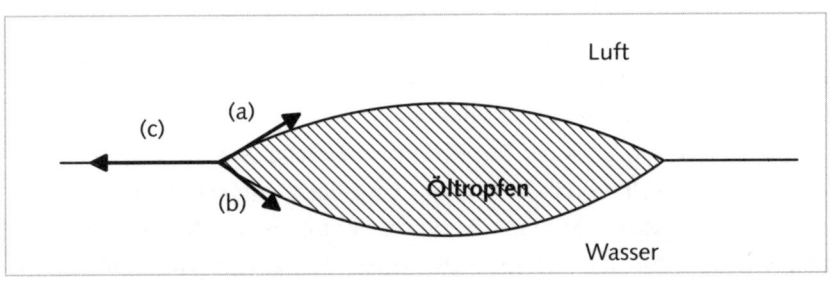

**Abb. 27** Linsenförmiger Öltropfen auf Wasser (Erklärung im Text)

Tropfens so lange, bis Kräftegleichgewicht eintritt. Dabei hängen die auftretenden Kräfte von den entsprechenden Oberflächenspannungen an den Grenzflächen ab.

Betrachtet man die Werte für diese Oberflächenspannungen, so ist das Verhalten des Öltropfens schnell geklärt. Der Wert für die Grenzfläche Wasser – Luft beträgt nämlich 72,5 und ist immer größer als die Summe der Oberflächenspannungen Öl–Luft (32) und Öl–Wasser (18,2). Deshalb zieht die dazugehörige Kraft an der Grenzfläche Wasser–Luft den Öltropfen immer flacher auseinander, bis die zur Verfügung stehende Fläche bedeckt ist, oder die Ölschicht, je nach der vorhandenen Menge Öl, wird so dünn, dass sie nur noch Moleküldicke annimmt, eine so genannte monomolekulare Schicht. Mithilfe solcher monomolekularer Ölschichten auf Wasser oder anderen Flüssigkeiten lässt sich die Größe der Ölmoleküle abschätzen. Die Überlegungen gelten allerdings nur für reines Wasser; auf nicht destilliertem Wasser oder Salzlösungen sind die Verhältnisse komplexer, sodass es dort durchaus zu linsenförmigen Tropfenbildungen kommen kann.

### Die Ausbildung dünner Schichten

Der tiefere Grund für die Bildung solcher hauchdünner Schichten liegt natürlich im elektrischen Verhalten der Moleküle begründet. Bei Ölen, Fetten und flüssigen Wachsen, die chemisch als lange Ketten vorliegen, sind die molekularen Kräfte an den beiden Enden der Kette nicht gleich. Das eine Ende ist wasseranziehend (für Chemiker: hydrophile COOH-Gruppe), das andere Ende wasserabstoßend (hydrophobe $CH_3$-Gruppe). Bei einer monomolekularen Ölschicht auf Wasser bildet sich dementsprechend ein Zustand mit vollkommen ausgerichteten Molekülen (Abb. 28). Auch dies lässt sich eindrucksvoll demonstrieren. Gießt man vorsichtig flüssiges Kerzenwachs (Stearin) auf angewärmtes Wasser, lässt es erstarren und hebt es dann ab, so wird die am Wasser erstarrte Seite von diesem benetzt, die andere Oberfläche ist nicht benetzbar.

Wie sich allerdings in der Waschmittelforschung zeigte, ist der Schichtaufbau zwischen Wasser und Öl komplizierter. Es bildet sich nicht etwa eine glatte Verteilung von Öl auf Wasser aus, sondern es existiert eine komplex geformte Grenzfläche, die im mikroskopischen Bereich wie ein Wellenmuster aussieht; eine Folge des Bestrebens, sich ineinander zu lösen, was jedoch nicht eintritt. Jedem Waschmittel sind als aktive Substanzen Tenside zugesetzt, die das Mischen von Wasser und Öl fördern, also den ölhaltigen oder fettigen Schmutz der Stoffoberfläche entziehen sollen. Durch die große und wellige Oberfläche der Grenzschicht sind ent-

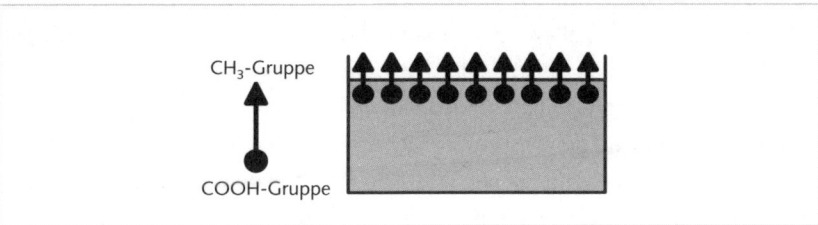

**Abb. 28** Monomolekulare Ölschicht auf Wasser

CH₃-Gruppe → $CH_3$-Gruppe

COOH-Gruppe → $COOH$-Gruppe

sprechend viele Tensidmoleküle für diesen Lösungsvorgang notwendig, besetzen sie doch gerade den Übergang zwischen Wasser und Öl bzw. Fett. Im Forschungszentrum Jülich wurde nun ein Polymer entwickelt, das die Effizienz von Tensiden steigern kann. Dieses Polymer macht nämlich die Grenzfläche steif und glatt, man braucht nur noch einen geringen Anteil an waschaktiven Tensiden. Ein Vorteil für die Kosten und für die Umwelt, zumal das Polymer biologisch abbaubar ist.

Auch bei den Kosmetika spielen die Grenzschichten von Öl und Wasser eine große Rolle, denn fast alle Kosmetika sind Mischungen (Emulsionen) aus diesen beiden Bestandteilen. Dabei befeuchtet Wasser die trockene Haut. Doch damit es zusammen mit anderen Wirkstoffen überhaupt in die Haut eindringen kann, enthalten die Kosmetika auch Öle. Damit sich diese beiden Substanzen erfolgreich mischen, bedarf es Emulgatoren, meistens auch Tensidmoleküle. Mit ihnen können im Wasser feinste Öltröpfchen entstehen, deren Oberfläche sich dank der Tensidvermittler gut mit dem Wasser verträgt.

### Ein Meer beruhigen

Mit der Ausbildung dünner Ölschichten hat auch das Sprichwort „Öl auf die Wogen gießen" zu tun, nämlich um diese zu glätten. Eine dünne Schicht Öl, besonders tierischer Herkunft wie z. B. Lebertran, sorgt für eine glatte Wasseroberfläche, auf der der Wind keine Wellen aufwühlen kann. Zwar kann diese Schicht keine Sturmwellen verhindern, jedoch in ihrer überbrechenden Art eindämmen. Allgemein führt eine dünne Ölschicht zu einem Abflachen der Wasseroberfläche. Wie ist das möglich? Wenn durch Wind auf der Oberfläche des Wassers Wellen angeregt werden, so dehnt sich dabei die Oberfläche aus. Dadurch wird natürlich die Ölschicht dünner und es erhöht sich die Oberflächenspannung. Dies ist nur mit Energieaufwand möglich, der der Wellenenergie entzogen wird. Kleine Ver-

*Spannende Oberflächen*

*Ölfilme: unfreiwillige Überzüge*

unreinigungen durch Öl bewirken also eine Dämpfung von Wellenbewegungen. Diesen Effekt kann man direkt beobachten. Die Fahrrinne eines Bootes bleibt oft noch längere Zeit spiegelglatt und damit gut sichtbar, weil durch den Motor kleinste Ölmengen auf die Wasseroberfläche gelangen. Glatte Wasseroberflächen sind auch beim Fischen mit Speeren nützlich. Ein paar Tropfen Öl auf das Wasser, und kein Windhauch kann mehr das Bild des Fisches im Wasser verwischen.

Den gleichen Glättungseffekt hat übrigens auch Regen. Regentropfen glätten ebenfalls die Wogen, wie ein britischer Versuch zeigte. Nur die Wirkung hat einen anderen physikalischen Hintergrund. Indem die Tropfen die Wasseroberfläche turbulent aufrauen, verteilen sie die Energie der kleineren Wellen und hindern sie daran, sich zu großen aufzuschaukeln, die als Brecher zur Gefahr für Schiffe werden können. Als Inselvolk und alte Seefahrer haben das die Briten jedoch schon immer gewusst.

### Dünnschichtige Spielereien

Die schnelle Ausbreitung von Flüssigkeiten mit geringer Oberflächenspannung wie Öl oder Seifenlösung auf Wasser verführt zu interessanten Wasserspielereien. Man schneidet dazu aus stabilem Karton oder dünnem Styropor kleine Schiffe, Fischchen, Ringe oder Spiralen aus (Abb. 29). Diese Figuren werden in einer Schüssel auf das Wasser gelegt. Dann lässt man, am besten mit Pipette, Strohhalm oder dünnem Stäbchen, einen Tropfen dünnflüssiges Öl oder Spülmittel in den ausgeschnittenen Kreis tropfen. Das Öl oder Spülmittel breitet sich schnell in dem offenen Kreis aus und fließt dann durch den Schlitz ab. Mit diesem „Motor", denken Sie an das Rückstoßprinzip (vgl. Kapitel „Luftballons"), setzen sich die Figuren in entgegengesetzter Richtung in Bewegung und gleiten auf der Wasseroberfläche dahin. Bei der Spirale findet die Ausbreitung des Öls durch alle Windungen statt. Sie beginnt sich zu drehen.

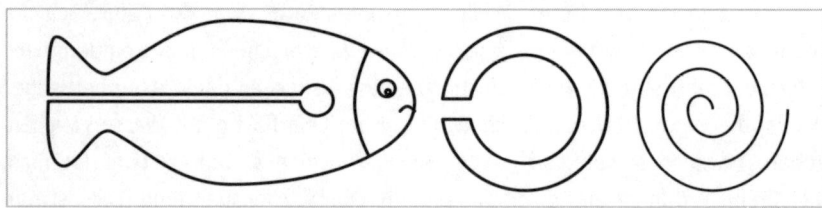

**Abb. 29** Figuren für den „Ölmotor" (Erklärung im Text)

### Schwebende Öltropfen

Mit etwas Geschick lässt sich so ein Öltropfen auch zum Schweben bringen. Dazu füllen wir in einen Becher zunächst Wasser. Vorsichtig einen großen Tropfen Speiseöl zufügen. Falls sich das Öl beim Einfüllen in mehrere Tropfen zerteilen sollte, kann man mit einer Stricknadel oder Gabel diese wieder zu einem großen Tropfen auf der Wasseroberfläche vereinigen. Der Öltropfen sollte nicht zu groß sein, damit man ihn gut beobachten kann, vor allen Dingen seine Form ist wichtig. Geben Sie am Rand Spiritus zu, am besten in Tropfen. Irgendwann beginnt der Öltropfen zu sinken, und bei der richtigen Mischung von Spiritus und Wasser, die man umrühren kann, falls nötig, schwebt er im Glas. Sollte er aus Versehen ganz nach unten sinken, kann man vorsichtig noch etwas Wasser auffüllen. Vor allem die Form des Tropfens ändert sich, denn es wirken durch den Spiritus jetzt andere Kräfte der Oberflächenspannung. Ein spannendes Experiment, zu dem man allerdings etwas Fingerspitzengefühl benötigt.

### Fett auf der Suppe

Eine alltägliche Erscheinung sollte den Leser, der meinen Ausführungen bis hierher gefolgt ist, jedoch in Erstaunen versetzen. Auf der Oberfläche von Fleischbrühen bilden sich Fettaugen, ein Widerspruch zum Versuch mit Öl. Aber es kommt noch schlimmer. Nimmt man die Brühe auf einen Löffel und merkt sich die Größe der Fettaugen, kann man nach dem Abgießen von etwas Brühe eine interessante Feststellung machen: Die Fettaugen sind flacher geworden und ihr Durchmesser hat sich vergrößert. Wie kann man diese sonderbaren Erscheinungen erklären?

Wie bereits erläutert, zieht die Oberflächenkraft des Wassers einen dünnen Öl- oder Fetttropfen über die Oberfläche auseinander. Im Extremfall wird das Wasser komplett mit einer dünnen Schicht überzogen. Sollte Fleischbrühe hier eine Ausnahme sein? Die Fettaugen schwimmen ja auf ihr in einer schön geformten Linse, ohne zu zerfließen. Der Tropfen befindet sich also augenscheinlich im Kräftegleichgewicht. Gießt man Wasser in einen sauberen Teller und tropft nun sehr wenig Öl auf die Oberfläche, so zerfließt der Tropfen, wie erwartet, sofort vollständig und breitet sich über die gesamte Oberfläche aus. Gibt man nun noch einen weiteren Tropfen hinzu, so zerfließt er nicht, sondern nimmt Linsenform an. Auf der durch den ausgebreiteten Öltropfen veränderten Oberfläche des Wassers ist also eine stabile Gleichgewichtslage des neuen Tropfens möglich. Dies erklärt, warum man z. B. auf Fleischbrühen stets Fettaugen findet.

Gießt man nun etwas Flüssigkeit vorsichtig aus der Schüssel bzw. Fleisch-brühe vom Löffel, so vergrößert sich die Oberflächenspannung der Flüssigkeit. Indem sich nämlich durch das Abgießen die Fett- bzw. Ölmenge reduziert, aber die Oberfläche der Schüssel bzw. des Löffels gleich bleibt, bildet sich ein dünnerer Fettüberzug aus, falls dies von der vorhandenen Menge her noch möglich ist. Die verbleibenden Öl- bzw. Fetttropfen passen sich sofort den neuen Gegebenheiten an. Entweder zerfließen einige von ihnen vollständig, um einen geschlossenen Fettfilm zu erzeugen, oder sie werden zumindest flacher und größer. Eine interessante Erscheinung, die die dynamischen Verhältnisse der Kräfte auf Oberflächen widerspiegelt.

Im Zusammenhang mit den Ölfilmen noch eine Geschichte, die Sie jetzt mühelos deuten können. Ein Kaiser stieg in einer einfachen Gastwirtschaft ab und bestellte sich ein Essen. Da in früheren Zeiten der Fettgehalt einer Suppe ein Maß für ihre Güte darstellte, vereinbarte er mit der Wirtin Folgendes: Sie sollte für jedes Fettauge, das auf der Suppe schwimmt, einen Kreuzer erhalten. Die Wirtin meinte es, vor dem Hintergrund des leichten Verdienstes, auch wirklich gut und schmeckte die Suppe mit reichlich Fett ab. Es bildete sich jedoch zu ihrem Erstaunen nur ein einziges, riesiges Fettauge auf der Suppe. Die einzelnen Fettaugen schlossen sich aufgrund der Oberflächenspannung zu einem einzigen Tropfen zusammen. Entsprechend karg fiel der Verdienst aus. Hatte der Kaiser das gewusst?

## Seifenblasen: die Kugeln der Götter

„Kugeln der Götter", so nennt *Michael Schuyt* die Seifenblasen in seinem beeindruckenden Buch. Sie sind die „schwebenden Träume", die faszinieren, weil sie mit ihrer flüchtigen Schönheit das spielende Kind in uns wecken.

### Das besondere Material: Seife

Aber warum benutzt niemand zur Herstellung von Blasen einfach normales Leitungswasser, obwohl Wasser durch seine hohe Oberflächenspannung eine gute „Klebrigkeit" für Blasen hätte? Dieser Vorteil ist nämlich ein Nachteil. Die Oberflächenspannung von normalem Wasser ist viel zu hoch, die Wassermoleküle ziehen sich untereinander viel zu stark an. Jede Blase fällt sofort in sich zusammen und bildet einen Tropfen. Gefragt sind also elastischere Mischungen, bei denen man sogar den Finger in die Blase stecken kann, ohne dass sie platzt. Welcher Stoff liegt zur Herabsetzung der Oberflächenspannung näher als Seife! Eine Mischung aus Wasser und Seife ergibt für die Seifenblase einen Film, dessen Oberfläche innen und außen hauptsächlich aus Seifenmolekülen besteht, deren wasserabweisendes Molekülende nach außen zeigt. Diese schützende Schicht sorgt dafür, dass das Wasser an der Außenhaut nicht einfach verdunsten kann, sondern durch die Seife konserviert wird (Abb. 30). Seife bildet also die Schutzhülle der Seifenblasen und gewährleistet damit ihr Zustandekommen und Überleben.

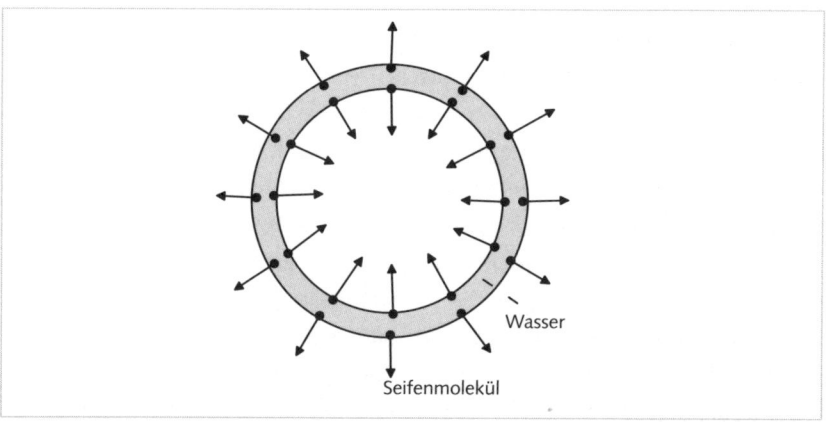

Wasser

Seifenmolekül

**Abb. 30** Aufbau einer Seifenblase

### Ideale Mischung

Also Seifenwasser und Strohhalm? Ganz so einfach scheint es dennoch nicht zu sein. Die Blasen enttäuschen, sie sind klein und platzen schnell. Für große, schöne und dazu noch stabile Seifenblasen benötigt man spezielle Mischungen. Es gibt zu dieser Fragestellung Dutzende von Rezepten. Den meisten Rezepturen ist Glyzerin beigemischt, was die Haltbarkeit verbessert. Zum Probieren bietet sich folgendes Rezept an: Mischen Sie 50 % Wasser mit 40 % Reinigungs- oder Waschmittel und 3–5 % Glyzerin. Dann fügen Sie zwei Kaffeelöffel in warmem Wasser aufgelösten Puderzucker je Liter Seifenlauge hinzu. Weitere Rezepte finden Sie im Literaturanhang. Für nicht zu aufwändige Spielereien kann man auch Seifenblasenlösung kaufen.

Zum Aufblasen eignet sich ein Strohhalm, dessen Ende man kreuzweise aufschneidet und auseinander spreizt. Dies fördert die Rundung und Größe der Blase. Auch mit kleinen Pfeifen aus Ton und vor allem mit Trichtern (breites Ende in die Seife, in das schmale blasen), Teilen von Tortengarnierspritzen, Ringen aus Draht oder kleinen Papprollen lassen sich wunderbar Blasen herstellen. Wichtig ist nur, dass alle Teile vorher mit Seifenlösung benetzt werden, sondern platzt die Blase an einer trockenen Stelle.

### Spielereien mit Blasen

Und nun können Sie erst einmal mit dem „Seifenblasen" beginnen. Beobachten Sie zunächst das Verhalten der Seifenblasen. Zunächst steigen sie, doch dann sinken sie langsam zu Boden, wenn sie nicht schon vorher platzen. Man kann sogar kleine Papierfiguren mit etwas Seifenlauge anheften und mit auf die Fahrt nehmen. Doch wieso sinken die Blasen nicht gleich? Denken Sie daran, dass Sie die Blase mit erwärmter Atemluft gefüllt haben. Ihre geringere Dichte sorgt für den Auftrieb, bis sich die Blase auf Umgebungstemperatur abgekühlt hat und zu sinken beginnt.

Sie können auch Riesenblasen mit Ringen herstellen, indem Sie diese vorsichtig durch die Luft ziehen. Es gibt sogar spezielle Rezepte für gute Haltbarkeit solcher riesigen Blasen. Vielleicht gelingt auch eine Seifenblasenblume, indem die Blase zierliche Papierblätter, die am Strohhalm befestigt sind, auseinanderbiegt. Ineinander liegende Blasen lassen sich herstellen, indem man mit einem benetzten Strohhalm vorsichtig eine Seifenblase durchsticht und dann innen eine weitere aufbläst. Oder Sie lassen die Seifenblase bei winterlichen Minusgraden zu interessanten Eisblasen gefrieren.

Vielleicht möchten Sie auch einen Haltbarkeitsrekord aufstellen. Dazu brauchen Sie ein Einmachglas, in das Sie ein kleines Glas umgekehrt hineinstellen. Alle Teile vorher gut mit Seifenlauge befeuchten. Dann mit einem Strohhalm eine Seifenblase auf den vorbereiteten Sockel blasen und das Glas schnell verschließen. Dort ist Ihre Seifenblase nämlich vor Staub, Austrocknen und Luftstößen geschützt und kann so Monate ausharren. Der Rekord liegt angeblich bei fast einem Jahr: Die älteste Seifenblase soll 360 Tage lang in einem Gurkenglas aufbewahrt worden sein, bis unglücklicherweise eine Putzfrau gegen das Glas stieß und die Blase zerplatzte.

### Kräftespiel in Seifenblasen

Welche Kräfte halten eine Seifenblase zusammen? Die Größe einer Blase hängt ab vom Gleichgewicht zwischen der Oberflächenspannung des Seifenfilms und dem Innendruck der Blase, zwei Kräfte, die gegeneinander arbeiten. Dass eine Seifenblase nämlich durch unsere Atemluft einen Innendruck erhält, der größer als der äußere Luftdruck ist, lässt sich leicht demonstrieren. Formen Sie eine schöne große Seifenblase mit einem Trichter und halten Sie das Trichterende dann an eine Kerzenflamme. Vielleicht bringt die ausströmende Luft die Kerze nicht nur zum Flackern, sondern bläst sie sogar aus.

Mit folgendem Experiment lässt sich ein Überblick über die Druckverhältnisse in Seifenblasen gewinnen. Bringt man zwei unterschiedlich große Seifen-

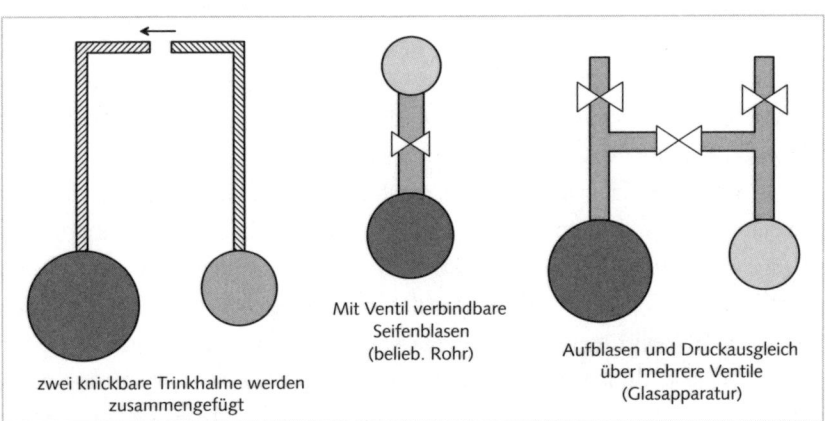

zwei knickbare Trinkhalme werden zusammengefügt

Mit Ventil verbindbare Seifenblasen (belieb. Rohr)

Aufblasen und Druckausgleich über mehrere Ventile (Glasapparatur)

**Abb. 31** Druckausgleich zwischen zwei Seifenblasen

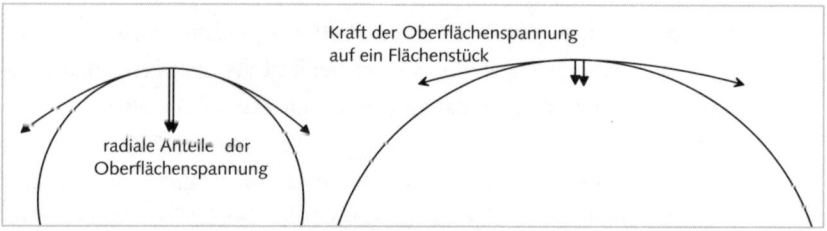

**Abb. 32** Kraftanteile der Oberflächenspannung bei großen und kleinen Seifenblasen

blasen auf eine der in Abb. 31 dargestellten Möglichkeiten miteinander in Kontakt, so bläht sich die große Seifenblase auf Kosten der kleinen auf. Es geht zu wie im wahren Leben: Die Großen fressen die Kleinen auf. Der Innendruck in der kleinen Seifenblase muss demnach höher als der in der großen Blase sein – eine erstaunliche Tatsache.

Verdeutlichen Sie sich zu diesem Problem die dabei wirkenden Kräfte in Abb. 32. Gezeichnet ist jeweils ein Ausschnitt aus einer großen und einer kleinen Seifenblase sowie die dazugehörigen Kräfte der Oberflächenspannung, die immer tangentiale Richtungen zur Oberfläche haben. Die Oberflächenspannung ist bestrebt, die Oberfläche so klein wie möglich zu halten, also zusammenzuziehen. Der Wert der Oberflächenspannung verändert sich beim Aufblasen nicht, das heißt er ist für beide Blasen gleich. Einen Ausgleich zur Kraft des Innendrucks bietet jedoch nur der Anteil der Oberflächenspannung, der radial nach innen, also zur Blasenmitte, gerichtet ist. Schon die Anschauung zeigt, dass dieser Anteil wegen der größeren Krümmung bei der kleinen Seifenblase größer ist als bei größeren Exemplaren, und er hat eine wichtige Aufgabe. Er hält dem Innendruck das Gleichgewicht. Hier wird deutlich: kleine Blase, großer Innendruck; große Blase, kleiner Innendruck. Das „Fressen" der kleinen Blase ist also in Wirklichkeit ein Aufblasen der großen durch die kleinere Seifenblase.

Interessant ist in diesem Zusammenhang noch die Frage, wie weit die kleine Seifenblase die große aufbläst, das heißt: Wo endet das Ganze? Der Innendruck der kleinen Blase erreicht einen Maximalwert, wenn sie in unserem Versuch eine Halbkugelform erreicht hat, denn dann sinkt der Druck wegen ihrer abnehmenden Krümmung wieder. Gleichzeitig sinkt aber auch der Innendruck der wachsenden größeren Seifenblase, da ihre Krümmung ja ebenfalls geringer wird. Man kann daher annehmen, dass sich ein stabiler Endzustand einstellen wird, bei dem die kleinere Blase zwar kleiner als eine Halbkugel, aber nicht vollständig flach wird. Was geschieht jedoch bei zwei gleich großen Seifenblasen? Theoretisch bleiben sie so wie sie sind, bis sie platzen. Aber das Gleichgewicht ist instabil; schon durch kleinste zufällige Störungen, z.B. durch Luftbewegungen, beginnt das Wachsen und Schrumpfen.

### Dem Schillern der Blasen auf der Spur

Doch was ist das Faszinierende an einer Seifenblase? Mit Sicherheit das Schillern in allen Regenbogenfarben. Es entsteht jedoch nicht wie beim Regenbogen und beim Glasprisma durch Lichtbrechung, sondern durch die Überlagerung der Lichtwellen. Dieser Effekt wird Interferenz genannt. Verantwortlich für die Farben ist der Wellencharakter des Lichts und die sehr geringe Dicke der Blase. Seifenwasser allein hat keine eigene Färbung.

Man kann sich die Lichtwellen, die sich im Raum ausbreiten, wie Wasserwellen auf einem Teich vorstellen. Wenn zwei Wellen gleicher Wellenlänge, das ist der Abstand zwischen zwei Wellenbergen, zusammentreffen, so können sie sich, je nach Lage zueinander, entweder verstärken oder abschwächen, eventuell sogar ganz auslöschen. Weißes Licht, z.B. der Sonne oder einer Glühlampe, ist eine Mischung aus vielen verschiedenen Wellenlängen. Diese unterschiedlichen Wellenlängen werden von unserem Auge als Farben wahrgenommen. Rotes Licht hat eine Wellenlänge von etwa 700 nm[6], blaues Licht hat eine Wellenlänge von etwa 450 nm; alle anderen Farben des Spektrums liegen zwischen den beiden Werten. Und genau diese versteckte Farbigkeit des weißen Lichtes offenbart sich in der schillernden Farbigkeit der Seifenblasen. Eine Seifenhaut ist nämlich so dünn, dass sie die Größenordnung der Licht-Wellenlänge erreicht, die schillernden Farben der Blase sind daher auch ein natürlicher Beweis für den Wellencharakter des Lichts.

Um das farbige Geschehen besser zu verstehen, nehmen Sie eine Kaffeetasse oder einen Drahtrahmen und tauchen diese mit der Öffnung nach unten in Seifenlauge. Vorsichtig herausziehen; es hat sich in der Öffnung ein dünner Seifenfilm, auch Lamelle genannt, gebildet. Legen Sie die Tasse so hin, dass die Seifenhaut senkrecht steht. Nun müssen Sie schräg auf diese Lamelle sehen (in einem Winkel von etwa 45°), sodass Sie den reflektierten Himmel oder ein ande-

---

[6] 1 nm = Abkürzung für 1 Nanometer = 1 Milliardstel Meter

res helles Licht, z. B. einer Glühlampe, auf der Blase sehen können. Nach kurzer Zeit erkennt man periodische Farbstreifen, die langsam nach unten wandern.

Ein Teil der Lichtwellen, die die Seifenhaut treffen, werden an ihrer Vorderseite reflektiert. Die restlichen Lichtwellen gelangen in die Lamelle, werden dort gebrochen und dann an der hinteren Grenzfläche der Seifenlamelle reflektiert. Es werden natürlich auch etliche Lichtwellen die Seifenhaut durchdringen, diese tragen aber nichts zur Farberscheinung bei und wir müssen sie nicht weiter beachten. Die vorne und hinten reflektierten Lichtwellen überlagern sich, nachdem sie die etwas unterschiedlich langen Wege zurückgelegt haben – und dabei geschehen merkwürdige Dinge. Je nach Wegunterschied, man nennt dies auch Gangunterschied der Wellen, kommt es zur Auslöschung oder zur Verstärkung bestimmter Wellenlängen. Dies hängt entscheidend von der Dicke der Seifenhaut ab. Wird an einer bestimmten Stelle der Seifenblase gerade die „rote" Welle durch diese destruktive Interferenz ausgelöscht, so sehen wir an dieser Stelle den Rest des aufgetroffenen weißen Lichtes, und das ist ein bläulicher Farbton. Bei passender Dicke der Seifenblase wird aber vielleicht gerade die „blaue" Welle ausgelöscht, dann sehen wir wiederum den Rest, nämlich eine rote Farberscheinung. Bei fehlendem Grün ergibt sich die Wahrnehmung von Orange. Der Betrachter sieht also nicht wie beim Regenbogen das direkte Spektrum des auffallenden weißen Lichtes, sondern den nicht ausgelöschten, reflektierten Rest des Farbenspektrums.

Durch das Eigengewicht des Seifenwassers ist in unserem Versuch die Lamelle unten dicker als oben. Dadurch ergeben sich die unterschiedlichsten Laufstrecken für die Lichtwellen in der Lamelle. Entsprechend werden, von oben nach unten, immer andere Wellenlängen, also Farben, ausgelöscht. Die beobachteten Farbstreifen entstehen. Da das Seifenwasser im Laufe der Zeit nach unten fließt, folgen die entsprechenden Farbstreifen den Dickeveränderungen. Die schillernden Farbmuster einer kugeligen Seifenblase geben daher Aufschluss über ihr unterschiedliches Dickeprofil. Durch die ständigen dynamischen Veränderungen in der Seifenhaut schillert sie in allen Farben.

Plötzlich jedoch wird der obere Teil unserer Lamelle bzw. eine Stelle der Seifenblase schwarz und die Haut platzt. Genaue Beobachter werden feststellen, dass sich zunächst kleinste dunkle Flecken bilden, die kaum wahrzunehmen sind. Erst durch die Oberflächenfluktuationen bilden sich schnell größere schwarze Bereiche aus, die dann zum Platzen der Haut führen. An den schwarzen Stellen ist nämlich die Schichtdicke so winzig geworden, dass für sichtbares Licht nur noch

Wellenauslöschung möglich ist. Die Dicke beträgt dann nur noch knapp 100 nm[7]. Beginnt also eine Blase an einer Stelle schwarz zu werden, dann weiß der erfahrene Beobachter: Gleich ist es um sie geschehen. Aber ist es nicht trotzdem ein Geschenk der Natur, dass wir durch Interferenz von Licht solche hauchdünnen Gebilde überhaupt betrachten können? Und dass man mit einfachen Mitteln wie einer Seifenblase „schwarze Löcher" erzeugen kann? Natürlich nur im übertragenen Sinne.

Interferenz an dünnen Schichten, so wird das Phänomen in der Physik genannt, lässt sich auch bei Benzin- und Ölflecken, die auf Wasser schwimmen, beobachten; sie schillern ebenfalls in allen Farben des Spektrums. Sie schenkt Schmetterlingen, einigen Käferflügeln sowie Pfauenfedern herrliche Farben und lässt z. B. auch Perlmutt und CDs schimmern. Selbst oxidierte Kupferplatten und speziell beschichtetes, ansonsten aber durchsichtiges Geschenkpapier nutzen diesen Effekt zum Schillern in allen Farben aus.

### Schaumschlägerei mit Seifenblasen

Seifenblasen haben noch weitere interessante Eigenschaften. Sicherlich haben Sie, genau wie ich, als Kind mit dem Strohhalm kleine Bläschen in ihrem Limoglas erzeugt, auch wenn die Erwachsenen dies nicht so gerne sahen. Diese Schaumschlägerei kann man „im großen Stil" wiederholen, indem man ein mit Seifenlauge befeuchtetes Brettchen übereinander und nebeneinander mit möglichst vielen Seifenblasen besetzt. Schon bei zwei Blasen zeigt sich: Wenn sie sich berühren, bilden sie eine ebene Grenzfläche miteinander. Die Blasen im Inneren eines Schaumgebildes ordnen sich in der für sie energetisch günstigsten Weise an. Im Innern des Schaums entstehen verschieden geformte Polyeder, am Schaumrand sind es Mischformen aus Kugeln und Polyederteilen. Ihre flüssigen Kanten können als ein räumliches Minimalwegenetz angesehen werden. Die Grenzflächen sehen aus wie Bienenwaben; sie bilden oft Sechsecke, bei gleich großen Blasen sind diese sogar regelmäßig. Polyederschäume sind sehr form-

---

[7] Genauer: Es findet nach wie vor Reflexion an Vorder- und Hinterwand der Seifenblase statt, aber bei der Reflexion am optisch dünneren Medium, hier die Luft in der Blase, findet ein Phasensprung der Lichtwelle statt. Ist die Blase jetzt sehr dünn (dünner als die halbe Wellenlänge des benutzten Lichtes), dann löschen sich, bedingt durch den Phasensprung, die beiden reflektierten Teile aus (destruktive Interferenz). Man sieht dann einfach den (dunklen) Hintergrund der Blase.

stabil. Sie können Kräfte übertragen, und je kleiner die Blasen sind, desto größer wird die Festigkeit des gesamten Werkstoffes. Solche Schaumkonstruktionen finden sich in Natur und Technik, z. B. beim Schaumskelett von einzelligen Strahlentierchen, bei den Schaumnestern der Zikaden und natürlich bei künstlichen Schaumstoffen. Auch in einigen menschlichen Knochen, z. B. im Inneren des großen Fortsatzes des Oberschenkelknochens, findet man schaumige Strukturen, die Gewichtsersparnis bei Erhaltung der Stabilität bedingen.

Seifenhäute spannen kürzeste Verbindungen auf. Sie verkörpern dabei ein Prinzip, das in Natur, Architektur und Technik in vielfältiger Weise zur Anwendung kommt, ob bei Insektenaugen, Spinnennetzen, Hängedächern oder Straßennetzen. Hinter all diesen Strukturen steckt das Formprinzip der Seifenblase, mit möglichst wenig möglichst viel zu erreichen. Zugleich stellt dieses Prinzip eines der schwierigsten mathematischen Probleme dar. Es ist unter dem Namen „Plateau-Problem" seit über 200 Jahren bekannt, aber erst mithilfe der Computergrafik konnte es teilweise gelöst werden.

Die Beschäftigung mit Seifenblasen und Seifenhäuten bzw. -lamellen bietet dabei einen natürlichen Zugang zu diesem mathematischen Problem. Sie bilden nämlich sehr komplexe Formen nach einem einfachen Prinzip. Sie ziehen sich immer auf die kleinste mit den Rahmenbedingungen vereinbare Fläche zusammen. Für eine gewöhnliche Seifenblase nimmt natürlich, bei vorgegebenem Volumen, die Kugelgestalt die minimale Oberfläche ein. Hat man aber mehrere, sich berührende Blasen, so benutzen die einzelnen Seifenblasen die Oberfläche der jeweils angrenzenden, um ihre eigene Oberfläche zu minimieren. Die Sechsecke entstehen.

Das Sechseck erweist sich sowieso als Lieblingsfigur der Natur, ein optimales Gebilde bezüglich Raumnutzung, Stabilität und minimalem Materialverbrauch. Man denke dabei nicht nur an Seifenblasen, sondern auch an Bienenwaben und chemische Verbindungen wie z. B. Benzolringe. Selbst Eiskristalle nehmen Sechseckformen an. Dem Minimalisierungsprinzip folgend, versucht nämlich die Natur, Flächen möglichst kreisförmig und Räume möglichst kugelig zu gestalten. Aber mit Kreisen lässt sich eine beliebige Fläche nicht komplett auslegen. Deshalb muss man zur zweiten Wahl greifen. Unter den flächendeckenden Vielecken ist das Sechseck das kreisähnlichste.

Taucht man eine irgendwie geformte, aber geschlossene Drahtschlinge, z. B. eine Doppelpyramide oder eine Spirale, in eine Seifenlösung, so bildet sich auf dieser Drahtfigur bei vorsichtigem Herausziehen ein charakteristisches Seifenhautsystem mit kleinstmöglicher Oberfläche. Das Kräftespiel erfüllt die Figuren mit eigenständigen Gebilden, die zugleich faszinierend und überraschend sind. In der Kristallographie und der Polymerchemie werden die Strukturen solcher Oberflächen vielfältig genutzt. Man denke dabei an die Fullerene, riesige Kohlenstoff-Moleküle in der Form eines Fußballs. Sie bestehen aus Sechs- und Fünfecken und erreichen so eine Annäherung an die Kugelgestalt. Seifenlamellen sind auch nützliche Helfer der Architekten. Das Dach des Münchner Olympiastadions wurde z.B. nach Seifenschaum-Modellen gebaut. Vorbild war ein Brett mit Nadeln und Fäden, das in Seifenlösung getaucht wurde.

Doch was passiert, wenn die Schaumkrone eines frisch gezapften Bieres in sich zusammenfällt, das heißt, wie endet die schöne Schaumschlägerei? Auch dazu haben Wissenschaftler Beobachtungen gemacht. Physiker der Harvard-Universität in Boston untersuchten den Zerfall des Schaums, der ja ein Gemisch aus Gasbläschen und Flüssigkeit darstellt. Zunächst platzen die kleineren Bläschen durch ihren höheren Innendruck, schließlich nach und nach auch größere Blasen. Aus dem feinporigen Schaum wird ein Gerüst aus großen Blasen. An der Oberfläche dieser verbliebenen großen Blasen kann die Flüssigkeit relativ gut in das darunter befindliche Getränk abfließen, sodass sich die Zerfallsgeschwindigkeit schnell erhöht und zum Schluss der gesamte Schaum in sich zusammenzufallen scheint.

### Vom Nutzen der Seifenblasen

Und zum Abschluss noch eine Anwendung für Seifenblasen, die zeigt, wie weitreichend in jederlei Hinsicht der Nutzen von Seifenblasen ist. Im Buch „Zittergas und Schräges Wasser" von *David Jones* macht der „Erfinder" *Daedalus* folgenden Vorschlag, um Industrieabgase in noch größere Höhen zu tragen als dies schon mit den hohen Fabrikschornsteinen geschieht: Man benutze einfach riesenhafte, abgasgefüllte Seifenblasen. Wenn man die Beständigkeit dieser Blasen erhöhen will, müsste man der Seifenlauge allerdings elastische Polymere beimischen. Diese riesigen Blasen würden, ähnlich wie Heißluftballons mit flüssiger Haut, kilometerweit aufsteigen, bevor sie platzen und dann ihre Last über große Flächen verteilen. Sogar eine Seifenblasenchemie ist vorstellbar, die die Abgase schon in der Blase neutralisiert. Ein „poetischer" Anblick: perlende Kugeln, die aus unseren Industrielandschaften aufsteigen und dahinschweben.

# Licht auf Abwegen

## Die Schusterkugel: historische Lichtsteuerung

In manchen Märchen, und auch heute noch, dienen Glas- oder Kristallkugeln zum „Hellsehen". Dies kann man bei der Schusterkugel wörtlich nehmen. Als es in den Werkstätten der Schuster noch kein elektrisches Licht gab, waren die dort arbeitenden Menschen auf Kerzen oder Öl- bzw. Petroleumlampen angewiesen. Diese Lichtquellen sind aber, wenn man die Feinarbeit der Schuster bedenkt, recht lichtschwach, zumal da das Licht in den gesamten Raum ausgesendet wird. Daher wurden Schusterkugeln zur Lichtbündelung verwendet.

### Was ist eine Schusterkugel?

Schon bei den Griechen und Römern der Antike wurden mit Wasser gefüllte Glaskugeln als Linsen benutzt. Man setzte sie jedoch, soweit bekannt ist, nur als Brenngläser ein. Glaslinsen kannte man in der Antike noch nicht. Die Schusterkugel (Abb. 33) stellt deshalb als „Lichtbündler", die möglichst viel Licht auf den Arbeitsbereich vereinigt, eine neue Anwendungsmöglichkeit der seit langem bekannten einfachsten Linsen dar. Zuerst wird eine mit Wasser befüllte Glaskugel vor die Lampe oder Kerze gestellt. Die Kugel bündelt das Licht wie eine Sammellinse, steuert also das Licht der ansonsten nicht sehr hellen Kerze an den gewünschten Platz. Der Arbeitsplatz zum Nähen der Schuhe ist gut ausgeleuchtet, allerdings ist der Durchmesser der Arbeitsfläche nicht sehr groß. Am besten stellt man zusätzlich hinter seine Lichtquelle einen Reflektor, so wie dies auch heute noch bei einigen Petroleumlampen üblich ist. Dies kann ein Glasspiegel oder ein poliertes Metallplättchen sein, das den nach rückwärts gehenden Lichtanteil reflektiert. Auch aus dem Erzgebirge ist bekannt, dass die wassergefüllte Schusterkugel im 19. und zum Teil noch im 20. Jahrhundert von den Spitzenklöpplerinnen für ihre Arbeit benutzt wurde, wobei stets der kleine Ausschnitt des Spitzengewebes beleuchtet wurde, der gerade in Arbeit war.

Die Schusterlampe, die wir bei uns zu Hause haben, besteht aus einer Glaskugel mit einem Durchmesser von 13 cm und ist an einem metallischen Ständer aufgehängt. Der Ständer muss unbedingt auf einer schweren Platte fixiert sein, sonst kippt die Lampe durch die Masse des Wassers um. Die Wirkung dieser

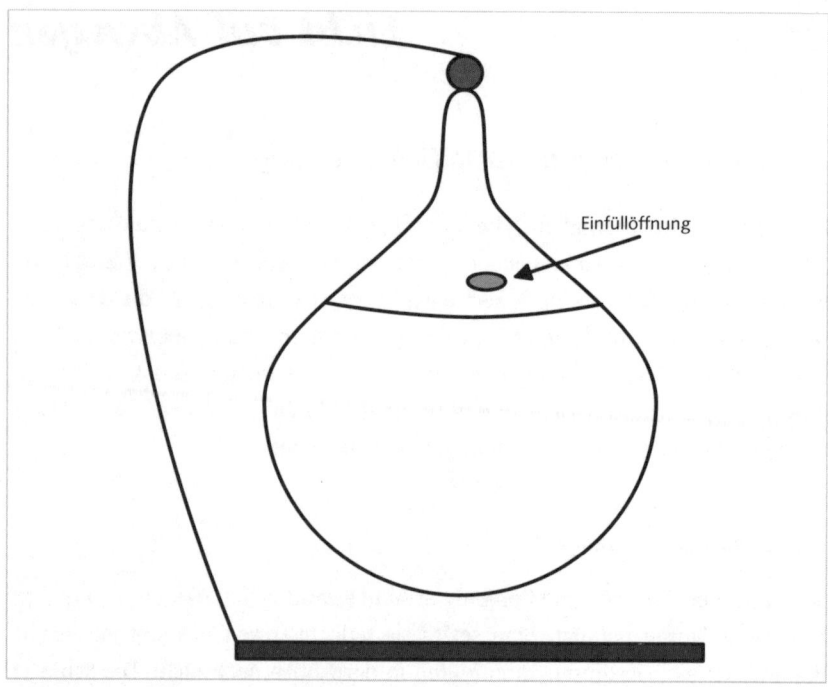

Einfüllöffnung

**Abb. 33** Aufbau unserer Schusterkugel

Schusterkugel kann man am einfachsten mithilfe des Sonnenlichtes zeigen, gleichzeitig lässt sich die Brennweite bestimmen. Dazu stellt man die Kugel in die Sonnenstrahlen und beobachtet mit einem Stück Papier die Bündelung der Strahlen hinter der Kugel. Im Brennpunkt, der bei uns etwa 6–7 cm hinter der Kugel liegt, kann es so heiß werden, dass sich das Papier entzündet. Wenn man keine ideale Kugel zur Verfügung hat, kann man auch mit einem wassergefüllten, runden Weinglas, einer kugelförmigen Glasblumenvase oder einem runden Stehkolben experimentieren. Man ist schnell davon überzeugt, dass die Lichtsammlung durch die Krümmung des Gefäßes zustande kommt, nehmen Sie als Gegenbeispiel eine rechteckige Glaswanne.

Auch die Natur macht sich das Sammelprinzip von wassergefüllten Kugeln zunutze. Leuchtmoose, die in Höhlen mit geringem Restlicht vorkommen, fallen durch ein Leuchten in intensivem, hellgrünem Licht auf. Dieses Licht geht von den Vorkeimen des Leuchtmooses aus, die mithilfe eines optischen Systems das wenige Licht auf ihre für die Photosynthese zuständigen Zentren konzentrieren. Es handelt sich dabei um eine mit Wasser gefüllte Ausbuchtung, die wie eine Schusterkugel das Licht sammelt. Da die Photosynthese hauptsächlich die roten und blauen Lichtanteile benötigt, wird der grüne Anteil wieder abgestrahlt. So entsteht das grüne Leuchten des Leuchtmooses.

### Bilder mit der Schusterkugel herstellen

Mit Wasserkugeln und Sammellinsen lassen sich auch Gegenstände abbilden und Bilder erzeugen, und zwar je nach den gewählten Abständen vergrößert oder verkleinert. Vielfältige Möglichkeiten ergeben sich mit den kugeligen Linsen, wenn man statt Sonnenlicht eine Kerze als Lichtquelle benutzt und mit einem Papier das Bild der Flamme hinter der Linse sucht. Ein besonders schönes großes (aber umgekehrtes) Bild erhält man, wenn die Kerze in einem Abstand steht, der etwas größer als die einfache Brennweite ist, also z. B. 10 cm.

Interessant ist es auch, „tief in ein Weinglas zu schauen". Dazu füllen Sie ein bauchiges Weinglas mit Wasser, im Notfall auch mit Weißwein, und betrachten durch das Glas hindurch ein helles Fenster mit einer Landschaft im Hintergrund. Das Bild dieser Landschaft können Sie nicht nur beobachten, sondern auch zu Papier bringen. Dazu das Glas etwa 1–2 m hinter das Fenster stellen und das Bild des Fensters nicht mit dem eigenen Auge, sondern mit einem weißen Karton oder Papier hinter dem abbildenden Glas suchen. Der Versuch kann natürlich auch mit anderen, selbst leuchtenden Gegenständen durchgeführt werden. Man kann z. B. ein hübsches Lochmuster mit einer Lampe von hinten anstrahlen und abbilden. Eine Füllung mit einem leichten Rot- oder Rosewein ergibt interessant eingefärbte Bilder. Schaut man sich die mit Kugeln oder Gläsern gewonnenen Bilder jedoch näher an, so erkennt man, dass die Bilder verzerrt und unscharf sind. Das liegt vor allem an Unebenheit, Dicke und der starken Krümmung unserer wassergefüllten Kugellinsen. Man kann dies durch Verwenden dünner Linsen aus einem einheitlichen Material, z. B. Glas, vermeiden, denn nur die gekrümmten Kugelabschnitte erzeugen das Bild.

### Wie funktioniert eine Sammellinse?

Warum aber sammeln bauchige Wasserkugeln das Licht in einem Punkt, dem so genannten Brennpunkt? Die Lichtstrahlen werden beim Übergang Luft–Glas (bzw. Luft–Wasser) gebrochen, das heißt aus ihrer ursprünglichen Richtung abge-

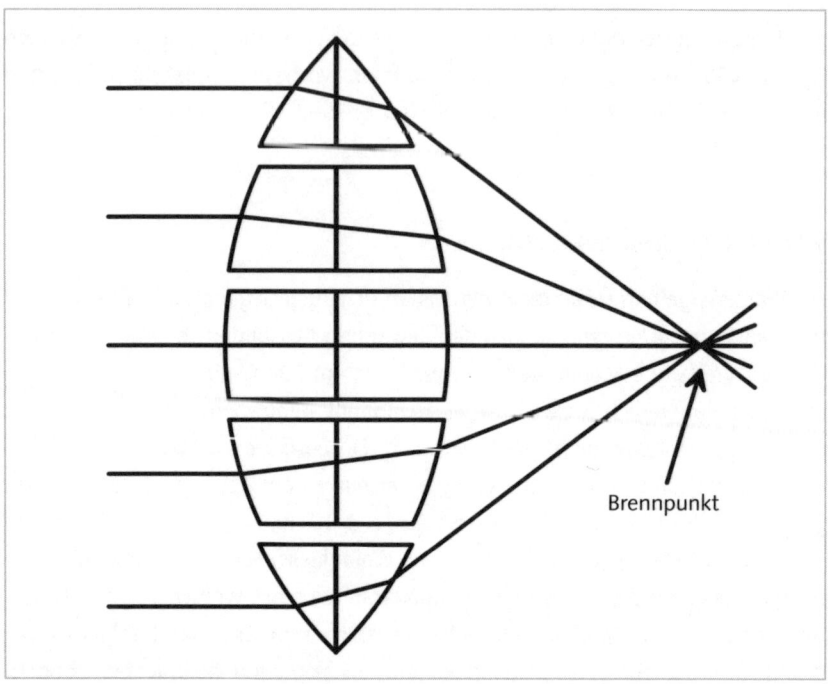

Brennpunkt

**Abb. 34** Zerlegung einer Sammellinse und Strahlengang

lenkt. Dabei beruht die sammelnde Wirkung augenscheinlich darauf, dass Lichtstrahlen aus Randbereichen der Linse mehr abgelenkt werden als Lichtstrahlen im mittleren Teil, da dort das Licht flacher auf die Linsenoberfläche trifft. Modellhaft kann man sich das so vorstellen (Abb. 34): Man teilt das auf die Kugel fallende Licht in eine große Anzahl von Lichtstrahlen auf, die alle verschwindend klein sind, und untersucht, was mit diesen Lichtstrahlen an den verschiedenen Stellen der Linsenkugel geschieht. Der Übersichtlichkeit halber sei die Kugel noch in mehrere Teile zerlegt, nämlich in Prismen. Jedes dieser Prismen soll in unserem Modell von einem Lichtstrahl getroffen werden. Den weiteren Verlauf bestimmt dann das Brechungsgesetz (vgl. Kapitel „Luftspiegelung").

Das Modell kann sogar als Freihandversuch demonstriert werden. Nehmen Sie eine Glühlampe oder Kerze als Lichtquelle und platzieren Sie dahinter einen Kamm, der die einzelnen Modell-Lichtstrahlen aussondert. Dann lässt sich entweder in kleinen Glasprismen, einer dickeren Lupe oder auch in den wassergefüllten Kugeln der Gang einzelner Lichtstrahlen abhängig von ihrem Auftreffen an den Rand beobachten. Benutzen Sie für die Wasserkugeln am besten eine starke Lichtquelle wie den Laserpointer des Diaprojektors, ein Kamm ist dann allerdings nicht mehr nötig.

Dennoch ist es ein Wunder. Die Ablenkung der Lichtstrahlen nimmt mit der Entfernung von der optischen Achse der Linse gerade in dem Maße zu, dass die Lichtstrahlen sich auf der anderen Seite immer im gleichen Punkt, dem Brennpunkt, treffen. In Wirklichkeit stimmt dies allerdings nur bei sehr dünnen Linsen. Bei der Schusterkugel und auch den Weingläsern treffen sich die Randstrahlen ein wenig näher an der Kugel als die achsennahen. Dies führt zu einem vergrößerten Brennfleck bei der Kugel und den unscharfen oder verzerrten Bildern. Das Problem ist auch als menschlicher Augenfehler bekannt und kann mit einer entsprechenden Brille korrigiert werden.

### Glasherstellung und Linsenschleiferei

Ein einheitliches Material wie Glas und dünne Linsen versprechen also Vorteile für Lichtsammlung und Abbildung. In der Steinzeit benutzten die Menschen vulkanisches Naturglas, Obsidian genannt, als Schneidewerkzeuge. Künstliches Glas wurde durch Zufall entdeckt, obwohl wir den wichtigsten Rohstoff für die Glasherstellung an jedem Meeresstrand finden können, nämlich Quarzsand. Außerdem kommt das Quarz in vielen Gesteinsarten auf der Erde vor.

Die ältesten Funde von künstlich erzeugtem Glas, nämlich Glasperlen aus ägyptischen Königsgräbern, stammen aus der Zeit um 3500 v. Chr., sind also über 5000 Jahre alt. Altertumsforscher haben außerdem in den Pyramiden kleine Parfümfläschchen und Kelche aus Glas und sogar gläserne Augen an Statuen gefunden. Der Vorgang der Glasherstellung wurde von den damaligen Menschen zufällig beim Metallschmelzen entdeckt. Zusammen mit den Erzen war aller Wahrscheinlichkeit nach Quarzsand mit reichlich Sodaanteilen in die Öfen gekommen, wodurch eine Herabsetzung der Schmelztemperatur auf etwa 900 °C erreichbar ist. Allerdings ähneln die gefundenen Gegenstände unserem heutigen Glas recht wenig. Sie sind grün oder blau gefärbt und kaum durchsichtig. Auch der Herstellungsprozess der Glaswaren unterschied sich von unserem heutigen.

Wenn die Ägypter z. B. eine bauchige Flasche herstellen wollten, modellierten sie erst eine Vorlage aus Sand. Um diese herum schlangen sie dann ein Band aus Glasmasse. Dann wurde das Ganze erneut erhitzt und geglättet. Später musste dann noch der Sand aus dem Inneren entfernt werden. Das Verfahren zur

Herstellung dieser ersten Hohlgläser wird Sandkerntechnik genannt. Glasmacherpfeife und Glasschmelzofen revolutionierten die Glasherstellung um 200 v. Chr., man fertigte Hohlglaskörper und auch Flachglas damit. Durchsichtiges Glas konnte jedoch erst im Mittelalter aus reinem Quarzsand gewonnen werden, der eine Schmelztemperatur von mindestens 1500 °C benötigt. In dieser Zeit hatte man gelernt, glühende Holzkohle mithilfe eines Blasebalgs auf hohe Temperaturen zu erhitzen. Diese ersten Gläser wurden in jener Zeit zumeist für Sehhilfen benutzt, auch wenn das Glas oft noch nicht blasen- und schlierenfrei war.

Die Tontafelbibliothek eines assyrischen Königs aus dem 7. Jahrhundert enthält das älteste überlieferte Glasrezept: „Nimm 60 Teile Sand, 180 Teile Asche aus Meerespflanzen, 5 Teile Kreide – und du erhältst Glas." Mit einem Bunsenbrenner oder kleinem Muffelofen können auch wir Glas selbst herstellen. Dazu mischt man feinen Quarzsand und Soda oder Pottasche, Kalk, Kreide etwa im Verhältnis 2:1 und schmilzt das Gemisch bei mindestens 900 °C. Je reiner der zu schmelzende Quarzsand ist, desto höher muss die Schmelztemperatur sein. Allerdings darf man in dem Versuch keine zu hohen Ansprüche an das gewonnene Glas stellen. Vor allem ist es nicht durchsichtig, eher milchig trüb, vielleicht durchscheinend. Durch Beigabe von Metallen (z. B. Eisenoxid – ergibt Gelb) lässt sich Glas färben.

Die Herstellung einer Linse beginnt mit einem Glasblock, aus dem ein Linsenrohling herausgeschnitten wird, eine Flachglasscheibe in geringfügig größerer Dicke als die zu fertigende Linse. In einer in früheren Jahrhunderten fußbetriebenen Schleifmaschine wird dieser Rohling dann gegen eine rotierende konvexe bzw. konkave Metallscheibe gehalten, deren Rand mit Diamantstaub besetzt ist. Meist erfolgt der Produktionsschritt in mehreren Arbeitsgängen mit jeweils feinerem Schleifmittel. Anschließend wird die Linsenoberfläche poliert um ihre Durchsichtigkeit zu erhalten. Früher dauerte dieser Poliervorgang, der mit Harzen, Pech, feinstem Schleifmittel und Wasser vorgenommen wurde, fast zwei Stunden, ein Versuch, den man nicht unbedingt nachahmen sollte.

### Linsen selbst herstellen

Linsen müssen nicht unbedingt aus Glas sein. Wie wir schon gesehen haben, kann man auch mit Wasser- oder Weinlinsen experimentieren. Linsen aus Eis können für die meisten eigenen Experimente selbst hergestellt werden. Dazu etwas Wasser abkochen und damit eine gleichmäßig gewölbte Schüssel befüllen. Anschließend muss die Linse gefroren werden. Unter laufendem Wasser dann die Linse aus der

Schüssel nehmen. Hat die Linse eine respektable Größe, lässt sich damit sogar das Sonnenlicht bündeln und ein Feuer entfachen: Aus kalt mach heiß. Das Wasser muss übrigens abgekocht werden, da die im Wasser enthaltene Luft beim Gefrieren Bläschen bildet und die Linse trübt. Leider hat die schöne Linse nur eine kurze Lebensdauer.

Sicher haben Sie sich schon einmal in einer Lampe die relativ kleine Glühwendel angesehen und sich gefragt, wie groß sie eigentlich ist. Direkt ausmessen kann man sie nicht, jedenfalls nicht zerstörungsfrei. Aber sie lässt sich mit einfachen Mitteln abbilden. Sie benötigen für diesen Versuch eine durchsichtige Glühbirne, die sie eventuell leicht rötlich oder blau anmalen, damit nur die Wendel nach außen leuchtet. Außerdem eine Linse, z. B. eine Lupe, eine Linse aus Eis oder zur Not auch eine Kugelvase oder unsere Schusterkugel, deren Brennweite vorher im Sonnenlicht bestimmt wurde. Nun stellt man die Lampe einige Zentimeter außerhalb der Brennweite auf und fängt im abgedunkelten Raum das Bild der Glühwendel mit Pappe oder Papier auf der anderen Seite der Linse auf. Sie müssen dann nur noch außenliegende, also leicht zugängliche, Abstände messen und können die Größe der Glühwendel[8] daraus berechnen. Die Auswertung wird bei dünnen Linsen am genauesten, da alle Abstände ab Linsenmitte gelten. Bei einer Kugellinse hat man evtl. das Problem eines verzerrten Bildes, aber man kann zumindest die Größenordnung abschätzen. Selbst wenn man den vorgeschlagenen Versuch nur dazu benutzt, die Glühwendel vergrößert abzubilden und sich Einzelheiten davon anzuschauen, ist das entstandene Bild wirklich eindrucksvoll: Deutlich erkennt man z. B. unterschiedlich heiße Stellen in der Wendel.

### Eine ganz besondere Linse

Vielleicht haben Sie, z. B. als Werbegeschenk, einmal eine kleine Leselupe aus Kunststoff erhalten, die so flach war, dass man sie gleichzeitig als Lesezeichen in

---

[8] Etwas Formelwissen aus der Physik und dann noch Abstände messen:
Für die Abbildung mit einer Linse gilt: $G/B = g/b$
wobei: $B$ = Größe des Bildes
      $G$ = Größe des Gegenstandes (hier Glühwendel)
      $g$ = Abstand des Gegenstandes von der Linse
      $b$ = Abstand des Bildes von der Linse
      (Alle Größen z. B. in Zentimeter)
Die Größen $B$, $g$ und $b$ lassen sich messen, woraus man $G$ als Größe der Glühwendel berechnen kann.

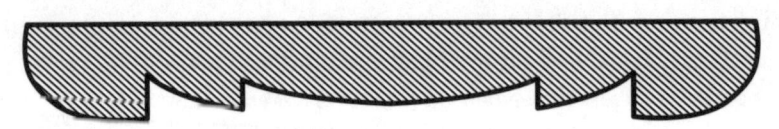

**Abb. 35** Aufbau einer Fresnellinse

einem Buch verwenden kann. Hierbei handelt es sich um eine Fresnel'sche Zonenlinse, eine Linse, die aus vielen ringförmigen Zonen aufgebaut ist (Abb. 35). Die Krümmungsradien der einzelnen Zonenbereiche sind unterschiedlich und so gewählt, dass die Brennpunkte aller Zonen zusammenfallen. Durch diesen speziellen Aufbau wird die Linse insgesamt sehr schmal.

Solche Fresnellinsen verwendet man überall dort, wo starke Linsen mit großem Öffnungsverhältnis wegen ihrer Dicke, ihres Gewichts und vor allem wegen ihrer Kosten durch Materialverbrauch konventionell kaum oder gar nicht mehr realisierbar sind, also z. B. in Leuchttürmen, aber auch in Projektionsapparaten, die einen großen Saal ausleuchten sollen. Die kleinen Leselupen bestehen aus durchsichtigen Kunststoffen. Die einzelnen Zonen sind dabei so schmal, dass sie unter dem Auflösungsvermögen des Auges liegen; dadurch wird die Lupe schmal wie ein Lesezeichen. Diese Linsen sind eine praktische Sache mit wichtigem physikalischen Hintergrund und noch gewichtigerer Anwendung.

### Ein Saugknopf als Linse

Auch die kleinen Saugknöpfe haben erstaunliche optische Eigenschaften. Vor etlichen Jahren wurde in Zeitungen davor gewarnt, durchsichtige Saugknöpfe zum Befestigen von Schildern, wie Zolldeklarationen im grenznahen Verkehr, an der Windschutzscheibe des Autos zu benutzen, da diese bei starker Sonnenbestrahlung Brennschäden verursachen könnten, z. B. am Armaturenbrett. Diese Problematik ist von Glasflaschen oder weggeworfenen Getränkedosen bekannt, die bei Sonneneinstrahlung Brände verursachen können.

Der Saugknopf wirkt also wie eine Sammellinse: Hält man einen durchsichtigen Saugknopf in die Sonnenstrahlung, so lässt sich mit einem Blatt Papier dahinter die Brennebene der „Linse wider Willen" ermitteln. Bei dem von mir benutzten Exemplar konnte ich sogar zwei leicht verwaschene Brennpunkte bestimmen. Der innere Knopfteil, für den ich eine Pappringblende über die Manschette legte, hatte eine Brennweite von etwa 5 cm, und der äußere Manschettenteil (Knopf in der Mitte abdecken) eine von fast 20 cm. Was tun? Den Saugknopf durch lichtundurchlässige Exemplare ersetzen oder einen Mindestabstand von 20 cm einhalten. Was als Sammellinse wirkt, kann auch gut als Lupe genutzt werden. Probieren Sie es mit einem Schriftstück aus. Halten Sie dazu den Saugknopf etwa 5 cm bzw. 20 cm über die Buchstaben. Die Vergrößerung ist gering, aber erkennbar.

### Noch ein bisschen Verwirrung mit Linsen

Einen optischen Scherz besonderer Art kann man mit einem Tablettenröhrchen oder runden Reagenzglas durchführen. Dazu wird das Röhrchen ganz mit Wasser gefüllt und mit einem Stopfen verschlossen. Es darf keine Luftblase darin verbleiben. Dann schreiben wir auf ein Blatt Papier in großen Druckbuchstaben die folgenden beiden Zeilen:

**IM TIEFEN WALD**
**DIE HOHE EICHE**

Hält man das gefüllte Glasrohr quer über die Zeilen, so erscheint die obere Zeile umgekehrt, die untere Zeile kann man ganz normal lesen. Probieren Sie es aus. Benutzen Sie auch eine andere Linse für den Versuch. Sind Sie der Sache auf die Schliche gekommen? Der Versuch kann natürlich auch mit einer gefüllten, durchsichtigen Weißweinflasche durchgeführt werden, nur muss man, wegen der größeren Brennweite, einen Abstand von 10–15 cm einhalten. Es gibt noch einen ähnlichen Text: **ICH KOCHE DIE NUDELN GAR**. Was passiert hier?

## Katzenaugen: vom Nachtsehen zur Retrofolie

„Katzenauge" ist ein Begriff mit Doppelbedeutung. Gemeint sein kann nämlich das Auge des betreffenden Tieres, aber auch die Rückstrahler z. B. eines Fahrrades. Doch was haben die beiden Namensvettern miteinander zu tun?

Das Leuchten der Augen von Katzen im Dunkeln erscheint uns Menschen geradezu unheimlich. Auch bei anderen Raubtieren ist es zu beobachten und wird gerade bei Dressurnummern, zusammen vielleicht noch mit dem schwarzen Fell eines Pumas, im Zirkus als Spannungselement benutzt. Wer schon nachts mit dem Auto unterwegs war, kennt sicher das Phänomen: Plötzlich tauchen im Scheinwerferlicht zwei hell leuchtende Punkte auf, die Augen einer Katze. Auch die Augen von Füchsen, Hunden oder anderen dämmerungsaktiven Tieren können im Lichtkegel hell aufstrahlen.

### Vom menschlichen Sehen

Die Augen von uns Menschen haben diesen Leuchteffekt nicht. In unserer Netzhaut gibt es Millionen von lichtempfindlichen Zellen, nämlich Stäbchen und Zapfen. Die Zapfen vermitteln aufgrund ihrer Empfindlichkeit für die drei Grundfarben rot, grün und blau das farbige Sehen von Einzelheiten bei guter Helligkeit, sie sprechen aber erst bei einer gewissen Beleuchtungsstärke an. Die Stäbchen hingegen ermöglichen das Sehen bei schlechter Beleuchtung, also z. B. in der Dämmerung, allerdings nur schwarzweiß. Ihre Empfindlichkeit ist wesentlich größer als die der Zapfen, auch wenn wir Menschen ausgesprochen schlechte Nachtseher sind. Grob gesagt sehen wir bei ausreichender Beleuchtung farbig, bei geringer Helligkeit schwarzweiß. Deshalb gilt das Sprichwort „nachts sind alle Katzen grau" für unser Sehen bei Nacht und in der Dunkelheit, wenn auch nicht in vollem Umfang. Eine gescheckte oder gestreifte Katze erscheint nicht einfach grau, sondern grau gescheckt oder schwarz-grau-gestreift. Außerdem ist grau auch nicht immer gleich grau.

### Die Augen nächtlicher Jäger

Katzenaugen hingegen haben eine Besonderheit in ihrem Aufbau, denn Katzen und andere Raubtiere sind nächtliche Jäger. Dazu müssen sie ein gutes Nachtsehvermögen besitzen, viel besser als das des Menschen. Katzen haben für diesen

Zweck eine besondere Gewebeschicht in ihren Augen, die das auftreffende Licht wie ein Hohlspiegel reflektiert. Diese Schicht liegt direkt hinter der sehempfindlichen Netzhaut. Dadurch werden bei einfallendem Licht die Sehzellen ein zweites Mal, nämlich von hinten, durchstrahlt, wodurch das Dämmerungssehen der nachtaktiven Tiere optimiert wird. Diese reflektierende Schicht besteht, je nach Tierart, aus Kristallen wie z. B. Zinkcystein, Salzen, Farbpigmenten oder eingeschlossenen Luftbläschen wie bei einigen Insekten. Auf jeden Fall bewirkt diese Schicht zweierlei: Katzen sind uns Menschen im Dämmerungs- und Nachtsehen weit überlegen und ihre Augen leuchten in der Dunkelheit. Die Lichtstrahlen nämlich, die auch beim zweiten Durchgang durch die Sinneszellen nicht absorbiert werden und dann zum Sehvorgang beitragen, gelangen durch die Augenlinse wieder nach draußen.

Das Leuchten der Katzenaugen hat also seinen Grund darin, dass das einfallende Licht, z. B. von einem Autoscheinwerfer, teilweise reflektiert wird. Ein Trick der Natur, vorhandenes Restlicht optimal zu nutzen. Wenn es jedoch vollständig dunkel ist, sehen natürlich auch Katzen nichts mehr. Aber dann können sie immer noch auf ihre anderen geschärften Sinne ausweichen. Sie riechen die Beute mit ihrer feinen Nase oder sie können z. B. Wühlmäuse hören, die unterirdisch in ihren Gängen piepsen oder an Pflanzenwurzeln nagen. Und ihr hervorragender Tastsinn verhindert, dass Katzen im Dunkeln mit irgendetwas zusammenstoßen.

In puncto Nachtsehfähigkeit macht die Natur noch ganz andere optische Spitzfindigkeiten vor. Auf den Facettenaugen von Nachtfaltern sitzen winzige, kegelförmige Strukturen, die bewirken, dass der Brechungsindex der transparenten Chitinlinse allmählich in den Brechungsindex der umgebenden Luft übergeht. Dadurch wird weniger Licht zurückgeworfen, es kann mehr Licht in die Linse eintreten, das dann für den Sehvorgang genutzt wird. Mithilfe dieses „Mottentricks" lässt sich in der Technik die Durchlässigkeit von Glas im sichtbaren Bereich des Lichts auf über 98 % steigern. Normales Glas erreicht, zum Vergleich, nur eine Lichtdurchlässigkeit von 91,5 %. Dazu wird die Oberfläche der Linse mit winzigsten, nur wenige Nanometer (Milliardstel Meter) großen Strukturen versehen. Sie sind so fein, dass sie vom Licht nicht aufgelöst und daher auch mit den Augen nicht wahrgenommen werden können. Und das Entscheidende: Gegenüber konventionellen Entspiegelungen wirkt die Mikrostruktur über den gesamten Strahlungsbereich des Sonnenlichts – ein unschätzbarer Vorteil für die Nutzung in der Solartechnik.

### Katzenaugen am Fahrrad: das Rückstrahlerprinzip

Aber was hat das alles mit den Katzenaugen an unseren Fahrrädern und Autos zu tun? In der Verkehrstechnik werden die meist roten Rückstrahler nämlich auch Katzenaugen genannt. Ihre Wirkung ist genau die gleiche wie bei den echten Katzenaugen: Licht, das darauf fällt, wird zurückgestrahlt. Nun könnte man meinen, dies erreiche auch schon ein ganz normaler Spiegel oder eine Metallfolie. Solche Gegenstände werfen ja auch das auf sie treffende Licht zurück, aber nur, wenn das Lichtbündel senkrecht auf sie fällt.

Das Katzenauge hingegen schickt das Licht immer in genau die Richtung zurück, aus der es kommt, (fast) gleichgültig, unter welchem Winkel es auftrifft. Denn sonst hätten seine Anwendungen wenig Sinn. Im Allgemeinen ist ein senkrechter Lichteinfall auf den Rückstrahler gar nicht zu gewährleisten, wie z. B. bei den Begrenzungspfählen an der Straße und auch beim Fahrrad. Man kann diesen erstaunlichen Effekt mit einer Taschenlampe, einem Spiegel und einem Rückstrahler selbst ausprobieren.

Einen einfachen Rückstrahler, der die Funktion sehr gut zeigen kann, kann man aus drei Spiegelkacheln bauen. Dabei bilden die Spiegel eine dreidimensionale Ecke aus senkrecht zueinander stehenden Flächen, einen Tripelspiegel (Abb. 36). Ein Lichtstrahl, der aus beliebiger Richtung auf diese Ecke fällt, wird von allen drei Spiegeln nacheinander reflektiert und dann in seine ursprüngliche Richtung etwas parallel verschoben zurückgeleitet. Der Verlauf der Lichtstrahlen

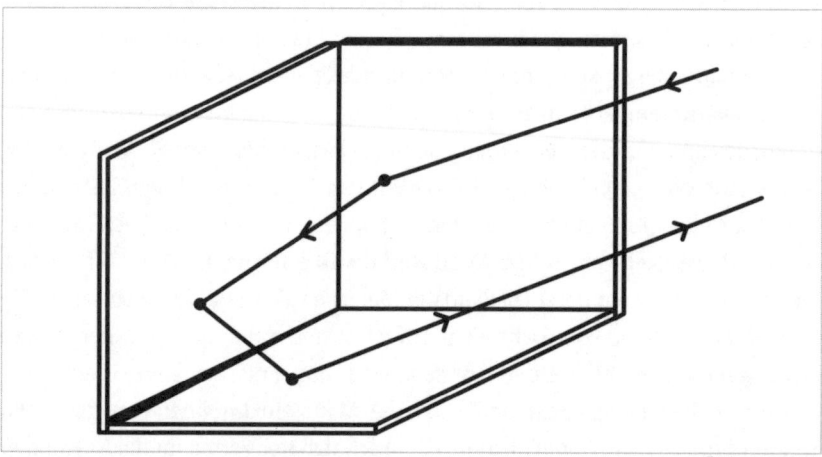

**Abb. 36** Reflexion beim Tripelspiegel

ist gut zu verfolgen, wenn man einen Laserpointer als Lichtquelle benutzt und den Strahlengang mit Zigarettenrauch oder – umweltfreundlicher – mit Kreidestaub oder Mehl sichtbar macht.

Professionelle Rückstrahler, auch Retroreflektoren genannt, haben unzählige Anwendungsbereiche. Sie werden bei Fahrrädern und Fahrzeugen, auf Schulranzen, Warndreiecken, Leitpfosten und Verkehrstafeln benutzt. Genauso vielfältig ist ihr Aufbau. Sie bestehen aus Kugeln, Dreieckprismen oder zusammengesetzten Systemen von Spiegeln und Linse. Bei genauem Hinsehen kann man beim Fahrradrückstrahler viele kleine Kunststoffecken erkennen, bei denen immer drei Flächen senkrecht aufeinander stoßen. Die Wirkung ist ähnlich wie beim Tripelspiegel. Das Licht dringt durch die Vorderfläche ein, wird an den hinteren Begrenzungsflächen bis zu dreimal reflektiert und kommt dann wieder parallel zu seiner ursprünglichen Richtung heraus. Dabei ist die parallele Versetzung des Lichtstrahls natürlich umso geringer, je kleiner die Einheit ist. Deshalb werden etliche solcher Facetten zu einem Reflektor zusammengefasst.

Die erfolgreiche Anwendung aller Rückstrahler beruht zudem darauf, dass diese nicht ganz einwandfrei wie beschrieben funktionieren. Ein vollkommener Retroreflektor wäre praktisch nutzlos. Unser Auge befindet sich ja nie genau an der gleichen Stelle wie die Lichtquelle, z. B. Fahrer und Autoscheinwerfer, um das zurückgeworfene Licht auch zu erblicken. Da ist es nur gut, dass der zurückkehrende Lichtstrahl leicht auseinander läuft, denn sonst würde er genau den Scheinwerfer wieder treffen und der Fahrer nichts davon wahrnehmen.

Eine Besonderheit sind Rückstrahlerfolien, die aufgeklebt werden können. Diese Folien bestehen entweder aus in Kunststoff eingelassenen Prismen oder in elastischen Untergrund eingebetteten Glasperlen. Bei der letzteren Art findet die Reflexion an der Rückseite der Kugel statt. Die Spiegelecken können bei diesen Folien mikroskopisch klein sein. Sie haben eine Kantenlänge von 0,3 mm und werden zur Beschichtung von Verkehrsschildern eingesetzt. Auch Filmleinwände sind oft mit winzigen Kristallen beschichtet, deren Flächen rechtwinklige und räumliche Ecken bilden. Dias wirken beim Betrachten dann besonders brillant.

### Katzenaugen auf dem Mond

Im Jahr 1969 hat auch unser Erdmond einen Rückstrahler bekommen. Die Besatzung des Raumschiffs Apollo 11 stellte ihn auf. Er ist 0,25 m² groß und enthält 100 Rückstrahlerteile, nämlich Quarzglas-Tripelspiegel mit einer Kantenlänge von

2 cm. Bei der Herstellung musste außerordentlich genau gearbeitet werden, außerdem muss das Material die Temperaturbedingungen, nämlich −150 °C in der Nacht und +135 °C am Tag, ohne wesentliche Größenveränderung aushalten. Ebenso stellt die ständige Belastung durch UV-Licht und radioaktive Strahlung ein Problem dar. Dafür wurde ein spezielles synthetisches Quarzglas entwickelt.

Die Aufstellung erfolgte zu wissenschaftlichen Zwecken: Der Reflektor dient als Referenzpunkt zur genauen Bestimmung der Entfernung Erde–Mond mithilfe der optischen Radarmethode. Dazu dient die Laufzeit von Laserblitzen, die von der Erde aus zum Mond gesendet und vom Rückstrahler reflektiert werden. Die Zerstreuung des Laserstrahls durch die Erdatmosphäre bewirkt eine Ausbreitung des Lichtbündels auf dem Mond über eine Kreisfläche von etwa 1,5 km Durchmesser. Der vom Reflektor zur Erde zurückgeworfene Strahl überdeckt auf der Erde dann eine Scheibe von etwa 15 km Durchmesser. Von den rund $10^{21}$ Photonen, die mit jedem Laserimpuls ausgestrahlt werden, kehren nur 20–30 in das Empfängerteleskop zurück. Diese Intensität ist jedoch ausreichend, um in der Bodenstation registriert zu werden. Die Genauigkeit der Entfernungsbestimmung ist erstaunlich; sie liegt im Zentimeterbereich. Benutzt man zwei Sendestellen auf verschiedenen Kontinenten, etwa Amerika und Afrika, dann lässt sich mit dem gebildeten Dreieck die Entfernung der Kontinente berechnen und der Wert der Kontinentaldrift ermitteln, der z. B. für die Hawaii-Inseln gegen Japan 10 cm/Jahr beträgt. Der erste Vertreter der Plattentektonik, *Alfred Wegener*, hätte sich wohl nicht träumen lassen, dass seine Vorstellungen sich mithilfe von Lasertechnik und Katzenaugen so glänzend beweisen ließen. Kämpfte er doch viele Jahre mit seiner Theorie gegen die gängige Lehrmeinung.

## Kaleidoskope: eine optische Wunderwelt

Kaleidoskope sind besonders schöne Spielzeuge, nicht nur für Kinder. Erfunden wurde das Kaleidoskop 1816 von dem Physiker *David Brewster*, der sich auch mit Forschungsarbeiten über Licht befasste. Der Name des Spielzeuges kommt aus dem Griechischen und bedeutet „Schönbildschauer", und damit ist der Zweck auch schon erklärt. Ein Kaleidoskop besteht nämlich aus einem Rohr, in das man hineinschaut. Darin kann man beeindruckende geometrische, oft sternförmige Muster aus Formen und Farben erblicken, die aus bunten Glas- oder Plastikteilchen am anderen Ende des Rohres entstehen. Durch sanftes Drehen oder durch Schütteln des Rohres bilden sich immer neue, faszinierende Figuren.

### Ein Kaleidoskop von innen

Wirft man einen Blick in das Innenleben eines Kaleidoskops, so erkennt man, dass sein Geheimnis aus, je nach Bauart, zwei oder drei ebenen Spiegeln oder Metallstreifen besteht, die unter einem spitzen Winkel aufgestellt sind bzw. ein gleichseitiges Dreieck bilden. Die Spiegel erstrecken sich über die ganze Länge des Kaleidoskops; am unteren Ende sind die beweglichen bunten Teilchen in einer flachen Kammer eingeschlossen (Abb. 37).

Vielleicht haben Sie selbst Lust, ein Kaleidoskop zu bauen und damit zu experimentieren. Man beklebt dazu ein Stück nicht zu festen Karton (etwa

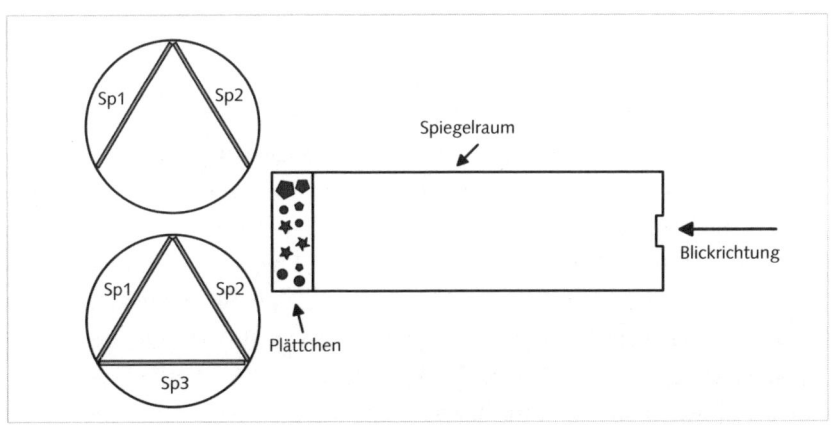

**Abb. 37** Aufbau des Kaleidoskops mit zwei oder drei Spiegeln

30 x 15 cm) mit glänzender (Alu-)Folie. Dabei sollten Sie darauf achten, dass die Folie ganz glatt und faltenfrei aufgeklebt wird. Den Karton dann vorsichtig zu einer dreieckigen Röhre zusammenfalten, am besten vorher schon entsprechend ritzen, sodass die Spiegelfolie innen zu liegen kommt. Beide Enden mit durchsichtiger Kunststoff-Folie verschließen. Nun müssen Sie noch die bunten Teilchen herstellen. Dazu kann man farbiges Plastik oder Transparentpapier in winzige, ungleichmäßige Schnipsel schneiden. Oder Sie besorgen sich bunte, durchsichtige Glassplitter. Diese Teilchen werden dann mit einem Transparentpapier, hier kann Butterbrotpapier oder dünnes Seidenpapier verwendet werden, an das eine Ende des Rohres beweglich angebracht. Halten Sie das Kaleidoskop gegen das Licht und bewundern Sie die immer neu entstehenden Muster. Statt mit durchsichtiger Folie kann das Kaleidoskop auch mit einem Guckloch aus Pappe ausgestattet werden. Ein Kaleidoskop mit nur zwei Spiegeln entsteht, indem man eine Seite des Dreiecks innen unbeklebt lässt. Beide Arten von Kaleidoskopen findet man im Handel, die Bilder sehen jedoch grundlegend anders aus.

### Ein Blick in den Spiegel

Doch wie entstehen diese schönen symmetrischen Figuren aus den einzelnen bunten Schnipseln? Es muss etwas mit den Spiegeln zu tun haben. Die bunten Teilchen werden gespiegelt, aber wie entsteht das beobachtete Muster?

Bevor wir uns mit den Winkelspiegeln im Kaleidoskop befassen, ist es sinnvoll, erst einmal einen Blick in einen ganz normalen Spiegel zu werfen. Wo befindet sich eigentlich das Bild eines Gegenstandes? „Im Spiegel natürlich", werden Sie mir antworten. Aber das ist nur eine vordergründige Antwort. Mit dem folgenden Versuch können Sie es herausfinden (Abb. 38).

Auf die beiden Seiten einer Glasscheibe werden an beliebiger Stelle zwei gleiche Kerzen gestellt, wobei die eine brennt, die andere nicht. Blickt man in der Abb. 38 von links durch die Glasscheibe, so erkennt man zwei Kerzen. Da die Glasscheibe durchsichtig ist, sieht man auch die nicht brennende Kerze hinter dem Glas. Gleichzeitig erblickt man das Spiegelbild der brennenden Kerze, da eine Glasscheibe eben auch reflektiert. Nun verschiebt man die hintere, nicht brennende Kerze so lange, bis auch sie zu brennen scheint, also das Bild der Flamme und die nicht brennende Kerze zur Deckung kommen. Wenn das Spiegelbild der Flamme direkt im Spiegel wäre, hier also in der Glasscheibe, dann könnten Sie diese Aufgabe gar nicht lösen. Doch es gelingt: Im gleichen Abstand hinter der

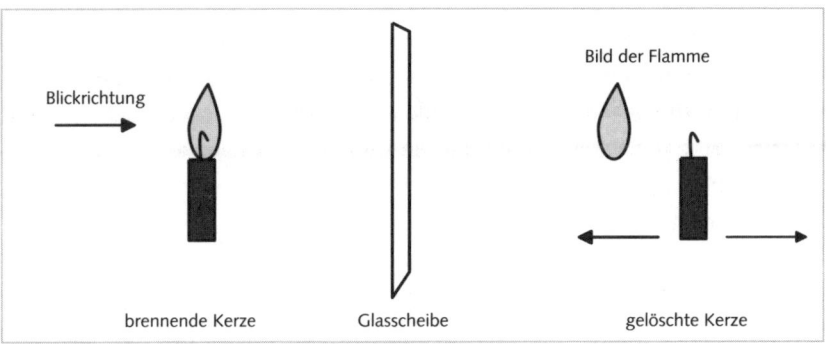

**Abb. 38** Wo entsteht das Bild beim ebenen Spiegel

Scheibe brennt auch die zweite Kerze, jedenfalls scheint es so. Dieses einfache Experiment verdeutlicht: Das Spiegelbild eines Gegenstandes befindet sich für unser Auge im genau gleichen Abstand hinter dem Spiegel wie der abzubildende Gegenstand vor ihm. Der Spiegel erzeugt scheinbare Bilder. Man sieht das Spiegelbild der Flamme nämlich genau dort, wo die am Glas reflektierten Lichtstrahlen herzukommen scheinen. Dieser Ort scheint genauso weit vom Spiegel entfernt wie der Gegenstand, liegt aber hinter der Glasscheibe bzw. dem Spiegel. Mit diesem Wissen gewappnet, können Sie sich an Bilder, die von mehreren Spiegeln erzeugt werden, heranwagen.

### Bilder im Winkelspiegel

Am einfachsten ist es, zunächst mit zwei Spiegeln anzufangen. Viele Kaleidoskope bestehen aus zwei Spiegeln, die einen Winkel von meist 60° miteinander bilden. Wer Spaß am Experimentieren hat, kann sich zwei kleine (Taschen-)Spiegel oder Spiegelkacheln nehmen und sie winklig zueinander stellen. Es ist sinnvoll, zur Unterscheidung die eine Spiegelkante blau und die andere rot zu bekleben. Um die Spiegelbilder zu beobachten, legt man einen Gegenstand zwischen die beiden Spiegel, z. B. wie in den Abbildungen ein Mäuschen aus Karton. Verändern Sie den Winkel zwischen den beiden Spiegeln durch Drehen an den Außenkanten und beobachten Sie die Anzahl der Spiegelbilder. Mit abnehmendem Winkel zwischen den beiden Spiegeln entstehen immer mehr Bilder in unserem Spiegelkabinett.

Jeder Spiegel wird mit dem dahinter erscheinenden Bild des Gegenstandes wieder in dem anderen, gegenüberliegenden Spiegel abgebildet. Es entste-

hen Bilder des Gegenstandes und wiederum Bilder der Bilder (Zweifach-Spiege-
lungen) und sogar dreifache Abbildungen. Dies geschieht, weil ein Spiegel nicht
zwischen einem reellen Gegenstand und einem virtuellen Spiegelbild, das ja in
gleicher Ortslage entsteht, unterscheiden kann. Ein Spiegelbild verhält sich also
beim Spiegeln genau so, als ob es ein echter Gegenstand wäre. Eine bemerkenswerte Eigenschaft.

Die Abbildungen 39 und 40 sollen dies verdeutlichen. Gezeigt sind
jeweils die entstehenden Spiegelbilder für einen Winkel von 70° und 60°. Zur
Unterscheidung wurden die beiden Spiegel wieder „blau" und „rot" genannt.
Wichtig ist, dass nur beim 60°-Spiegel die beiden Dreifachbilder aufeinander fallen. Jetzt kann man ahnen, was im Kaleidoskop mit den vielen bunten Schnipseln
geschieht und wie die Sternenmuster entstehen. Dabei werden bei mehrfacher
Spiegelung die Bilder allerdings lichtschwächer, weil die Spiegel auch immer einen Teil des Lichtes schlucken. Daran kann man Original und Spiegelbilder beim
Kaleidoskop unterscheiden.

Manche Kaleidoskope besitzen drei Spiegel, die als gleichseitiges Dreieck
aufgestellt sind. Man könnte annehmen, dass dabei einfach zwei weitere Gruppen
von sechsfachen Spiegelsternen entstehen. Aber man hat genaugenommen jetzt
drei Paare von Winkelspiegeln zu je 60°. Sie erzeugen infolgedessen noch viel

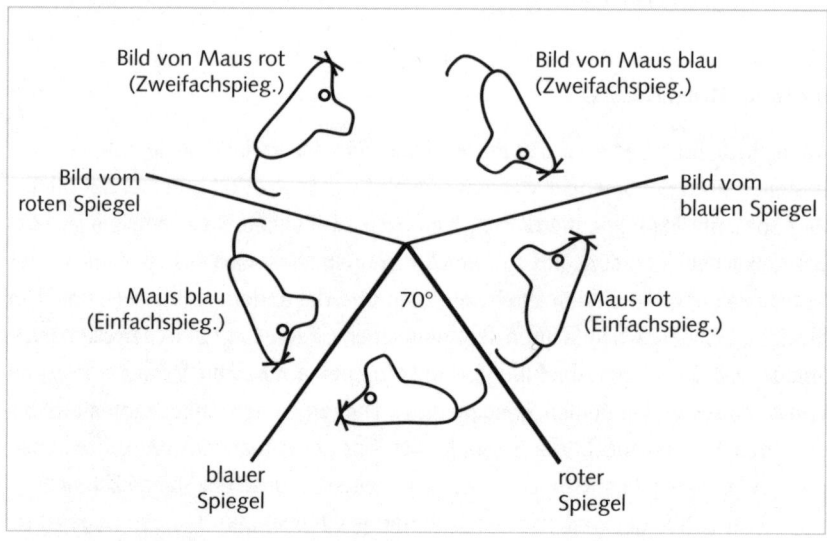

**Abb. 39** Bilder beim 70°-Spiegel

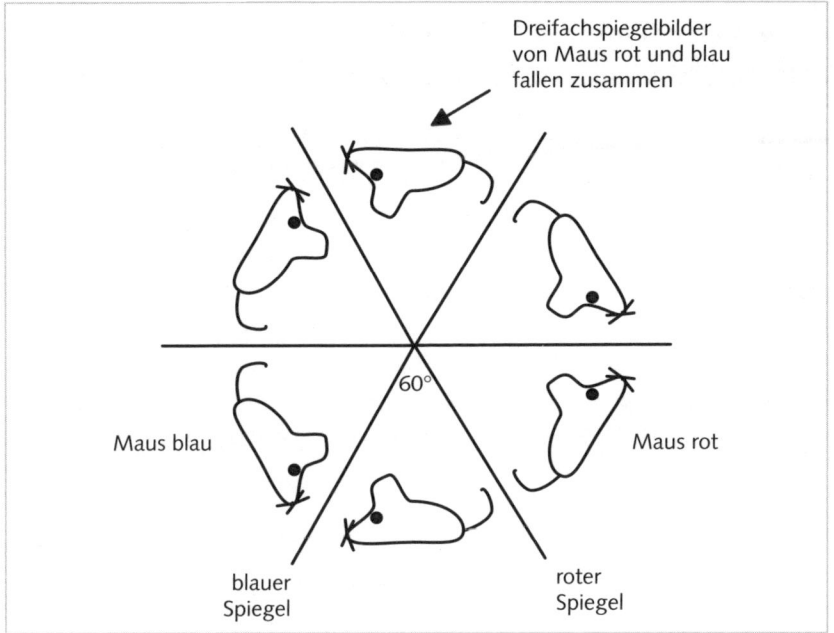

Dreifachspiegelbilder
von Maus rot und blau
fallen zusammen

60°

Maus blau

Maus rot

blauer
Spiegel

roter
Spiegel

**Abb. 40** Bilder beim 60°-Spiegel

mehr (Spiegel-)Bilder, eine ganze Ebene wird mit Sechsfach-Spiegelungen bedeckt. Das Blickfeld wird mit einem wahren Mosaik an gleichartigen Sternen ausgefüllt.

### Und solche Kaleidoskope gibt es auch noch...

Die Wunderwelt der Kaleidoskope hat aber noch mehr zu bieten. Durch veränderte Bauweisen lassen sich herrliche Ansichten und Bilder erzeugen. Statt bunter Schnipsel kann man ganze Arrangements in farbigem Glas bilden oder Dünnschnitte farbiger Mineralien als Kaleidoskopgegenstände benutzen. Oder man betrachtet eine unter Spannung stehende Plastikfolie durch ein Polarisationsfilter, eine in allen Regenbogenfarben schillernde Attraktion. Dabei werden die Farbgebungen durch Spannung, Dicke und Richtung der Folie bestimmt. Lässt man das Kaleidoskop an der den Augen abgewandten Seite offen oder setzt dort eine Sammellinse ein, so ist der zu spiegelnde Gegenstand die reale Umwelt. In jedem Fall erhält man interessante Mustergebungen.

## Luftspiegelung und Fata Morgana:
## optische Täuschungen besonderer Art

Wer kennt sie nicht, die abenteuerlichen Geschichten über durstende Wanderer in der Wüste, die einem „See" hinterherlaufen, oder die „nassen" Straßen bei heißem Sommerwetter. Auch verhinderten „gezackte Berge", die schon im 19. Jahrhundert von Polarforschern gesichtet wurden, lange Zeit die Erforschung der Arktis. Erst als die Mitternachtssonne für kurze Zeit unter den Horizont abtauchte, sahen spätere Expeditionen zu ihrem Erstaunen, wie sich die gezackten Bergspitzen von Crockerland in Nichts auflösten. Die dazugehörigen Naturphänomene heißen „Luftspiegelung" und „Fata Morgana". Doch wie entstehen diese seltsamen Erscheinungen, die keine Sinnestäuschungen darstellen, auch wenn dies of behauptet wird?

### Die „nasse" Straße

Betrachten wir zunächst die nass erscheinenden Straßen im Sommer, in denen sich sogar Gegenstände wie Autos, Radfahrer, Häuser oder Spaziergänger spiegeln. Sie ist die für Mitteleuropäer bekannteste Form der unteren Luftspiegelung, die fast ausschließlich bei intensiver Sonneneinstrahlung eintritt. Und das kennen wir alle: Kommt man als laufender oder fahrender Beobachter näher, so rückt die Erscheinung um einige Meter nach hinten, wenn die Straßenverhältnisse es zulassen. Wir könnten also theoretisch dem Wasser hinterherlaufen. Ganz entscheidend ist bei der Luftspiegelung also der Blickwinkel. Luftspiegelungen beobachtet man immer dann, wenn große Temperatur- und somit Dichteveränderungen in der Atmosphäre auftreten. In der Luft liegen Bedingungen vor, die dazu führen, dass Lichtstrahlen auf dem Weg vom Gegenstand zum Auge des Betrachters in ihrer Richtung verändert, also geknickt oder gekrümmt werden. Der Beobachter sieht ein verschobenes Bild bzw. einen Gegenstand am falschen Ort. Aber wie kommen diese Luftbedingungen zustande und wie geschieht die Änderung der Lichtrichtung? Was sieht man z. B. bei der nassen Straße? Wasser kann es ja nicht sein. Und wieso unterläuft unserem Auge dieser Irrtum?

### Die Richtung von Licht ändern

Ihnen ist sicherlich die Möglichkeit bekannt, die Ausbreitungsrichtung von Licht durch Brechung zu ändern. Dabei wird ein Lichtstrahl beim Übergang von einem

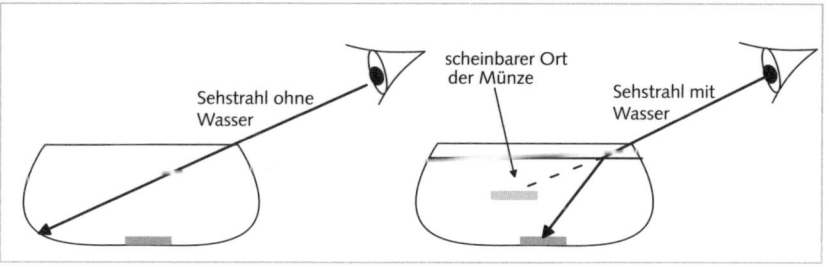

**Abb. 41** Angehobene Münzen durch Lichtbrechung
Links: Ohne Wasser wird die Münze nicht gesehen;
rechts: mit Wasser erscheint sie angehoben

Stoff wie z. B. Luft in einen anderen wie z. B. Wasser oder Glas abgeknickt. Wahrscheinlich haben Sie dieses Phänomen schon einmal an einem schräg ins Wasser gestellten Stab oder am eigenen Bein in flachem Wasser beobachtet. Oder Sie kennen den Versuch noch aus der Schule.

Auch ein Münztrick basiert auf diesem Effekt. Man legt eine Münze auf den Boden einer Tasse und hebt die Tasse so lange an, bis die Münze gerade nicht mehr zu sehen ist. Wenn Sie jetzt die Tasse mit Wasser füllen, können Sie die Münze wieder sehen (Abb. 41), denn durch die Brechung erscheint sie angehoben. Der Grund für dieses seltsame Verhalten des Lichts liegt in seiner unterschiedlichen Ausbreitungsgeschwindigkeit in den verschiedenen Stoffen, z. B. in Luft und Wasser. Die Lichtbrechung gibt daher im gewissen Sinne Auskunft über den Aufbau der Stoffe und ihre optische Dichte. Man nennt einen Stoff „optisch dichter", und dies stimmt oft sogar mit der physikalischen Dichte überein, wenn er einen Lichtstrahl abknickt, also den Winkel zum Einfallslot verkleinert. Wasser und Glas sind z. B. optisch dichter als Luft.

### Die Totalreflexion

Gelangt jetzt aber ein Lichtstrahl aus dem Wasser, dem optisch dichteren Stoff, in Luft, vergrößert sich der entstehende „Knickwinkel" (Abb. 42 a), sozusagen als Umkehrung des Lichtweges bei der Brechung. Vergrößert man den Winkel beim Versuch, so kommt man irgendwann zu dem Grenzfall, dass der gebrochene Strahl an der Wasseroberfläche entlangstreift (b); bei noch schrägerem Einfall kann das Licht das Wasser gar nicht mehr verlassen und wird reflektiert (c). Man spricht in diesem Fall von Totalreflexion an der Grenzschicht zwischen Wasser und Luft.

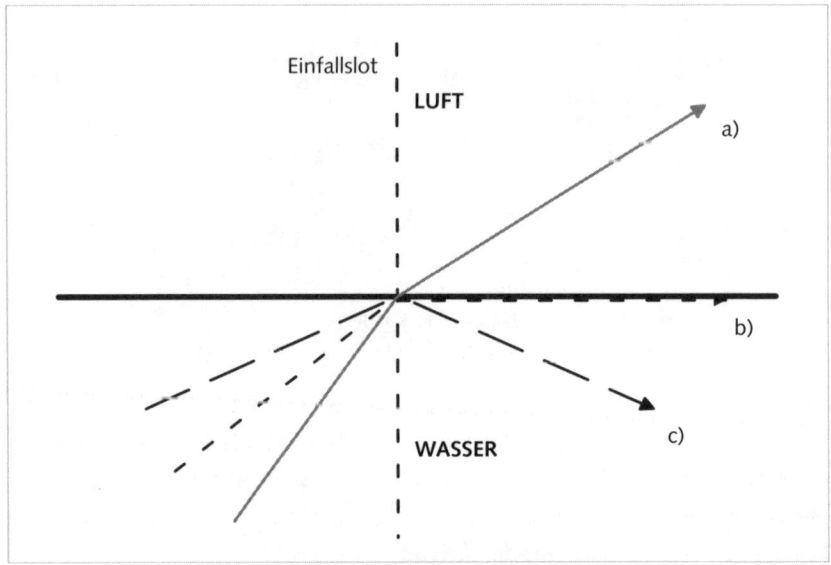

**Abb. 42** Totalreflexion beim Übergang Wasser–Luft

Schauen Sie bei Gelegenheit einmal in ein Aquarium von der Seite schräg nach oben. Wählen Sie dabei einen immer flacher werdenden Blickwinkel gegen die Wasseroberfläche. Irgendwann können Sie die über der Wasseroberfläche liegenden Gegenstände nicht mehr sehen, nur noch eine silbrig glänzende Fläche. Sie haben den Grenzwinkel für die Totalreflexion, der bei etwas mehr als 48° liegt, erreicht. Mit etwas Glück können Sie dabei Wasserpflanzen oder Fische als „Doppelpack" entdecken, die sich an der Grenzfläche von Wasser und Luft perfekt spiegeln.

Für die Totalreflexion gibt es unzählige technische Anwendungen. Sie wird unter anderem beim Strahlengang in Ferngläsern und anderen optischen Geräten ausgenutzt, um diese möglichst klein zu halten. Hier wirken in Umkehrprismen Glasflächen wie beste Spiegel. Ein besonderes Anwendungsfeld sind auch Lichtleiter. In den 70er-Jahren standen auf vielen Fernsehern Lampen mit einem üppigen „Haarschopf" aus dünnen Glasfasern, die, von unten mit Licht versorgt, geheimnisvoll funkelten. Mit einer haardünnen Glasfaser lassen sich Informationen mit Laserlicht mehrere Kilometer weit übermitteln, da das Licht den Leiter infolge der Totalreflexion nicht verlassen kann, auch wenn dieser gebogen wird. So sollen Daten in optischen Computern übertragen und gespeichert werden.

Auch minimalinvasive Operationsendoskope sind mit Lichtleitern zur Betrachtung des Operationsfeldes im Körper ausgestattet. Außerdem beruht das Funkeln von Edelsteinen und das Glänzen von Luftbläschen in Wasser auf Totalreflexion. Der Diamant hat den kleinsten Grenzwinkel, daher reflektiert er die meisten Lichtstrahlen vollständig und hat den schönsten Glanz.

### *Noch einmal: die „nasse" Straße*

Nach diesem Exkurs zurück zur Luftspiegelung „nasse" Straße. Wie müssen die Luftschichtungen beschaffen sein, damit eine Richtungsänderung des Lichtes stattfindet? Durch die intensive Sonneneinstrahlung hat sich unmittelbar über der Straße oder Wüstenebene eine dünne Schicht mit heißer Luft ausgebildet (Abb. 43). Es handelt sich dabei um einen Höhenbereich von ca. 20 cm. Eine Temperaturdifferenz von 40°, die sich durchaus erreichen lässt, verändert den Brechungsindex zwar nur minimal, etwa um den Faktor 0,00003, aber diese winzige Änderung ist für die Luftspiegelung verantwortlich. Darüber liegt eine Schicht kühlere Luft, die nicht nur physikalisch, sondern auch optisch dichter ist. Treffen nun Strahlen des Sonnenlichtes von der kühleren Schicht auf die aufgeheizte, dünne Luftschicht, so tritt ab einer bestimmten, schrägen Blickrichtung des Beobachters Totalreflexion am optisch dünneren Medium, der heißen Luft, ein.

Dieses Modell erklärt bereits eine Beobachtung, dass nämlich die scheinbar nasse Straße vor uns herwandert, denn mit unserem Näherkommen ändert sich der Sehwinkel. An der heißen Luftschicht findet dann nur noch normale Lichtbrechung statt. Die Zone der Totalreflexion ist weiter nach hinten zu flacheren Blickwinkeln gewandert. Das verdeutlicht auch, warum Luftspiegelungen bevorzugt (nach-)mittags entstehen, wenn die Sonne bereits schräg steht und zu-

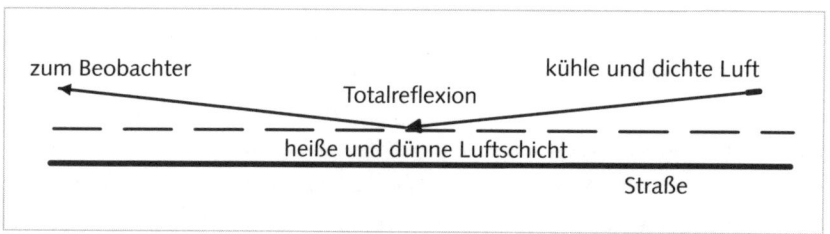

**Abb. 43** Luftspiegelung bei kalt-heißer Luftschichtung

dem die Fahrbahn durch die Einstrahlung schon sehr heiß geworden ist. Mit diesem Wissen lässt sich auch die Frage beantworten, ob ein Mann, der bei einer uns sichtbaren Luftspiegelung neben unserem Auto steht, die nasse Straße auch sieht? Ja, er sieht sie, aber ein Stück weiter hinten, wenn die Straße lang genug ist, denn er schaut von einem erhöhten Standort auf die Straße. Dies vergrößert seinen Blickwinkel. Bei windigem Wetter treten kaum Luftspiegelungen auf, da sich durch den Luftausgleich keine stabile kalt-heiße Luftschichtung ausbilden kann. Oder die entstehenden Luftspiegelungen sind nur von kurzer Dauer, ständig im Wandel begriffen.

Doch was sieht man bei einer sommerlichen Luftspiegelung eigentlich? Wo kommt das Wasser her und wieso spiegeln sich Gegenstände? Dazu muss man wissen, dass der Beobachter von der Umlenkung der Lichtstrahlen an der heißen Luftschicht gar nichts merkt, er sieht die Totalreflexion ja nicht. Also können Sie an der Stelle der Straße das, was in Wirklichkeit abgebildet wird, erblicken, nämlich den Himmel mitsamt gleißender Sonne. Es ergibt sich ein Bild, das einer glänzenden Wasseroberfläche täuschend ähnlich sieht. Außerdem interpretieren wir Spiegelbilder in der Natur zumeist als spiegelnde Wasserflächen. Dadurch wird der Sinneseindruck „Nässe" zusätzlich unterstützt. Wenn die Blickverhältnisse es zulassen, wird an der heißen Luftschicht auch noch ein Auto, ein Baum oder Mensch reflektiert. Das sind jedoch alles Gegenstände, die sich weiter hinten auf der Straße befinden, nämlich genau in dem Abstand zur spiegelnden Luftschicht, in dem wir uns selbst davor befinden. Ich habe das selbst oft auf schnurgeraden Straßen beobachtet.

Fährt man mit dem Auto auf solch einer Straße entlang, dann kann man, bei geeigneten Abständen, die Spiegelbilder weit vorausfahrender Fahrzeuge sehen. Beim Weiterfahren wandert die Spiegelzone vor einem her, bei gleicher Geschwindigkeit bleiben die Spiegelbilder erhalten oder es treten ganz neue Gegenstände in Erscheinung. Eine meiner interessantesten Erfahrungen war eine Luftspiegelung bei völlig bedecktem Himmel und moderaten Lufttemperaturen. Wie kam diese zustande? Ich kann es mir nur so erklären, dass an diesem Tag schon in den frühen Morgenstunden Sonnenschein herrschte, der die schwarze Asphaltdecke der Straße aufgeheizt hat. Später zogen Wolken auf, aber die heiße Luftschicht über der Straße blieb und bildete die Grundlage für die Luftspiegelung. Diese war jedoch bedingt durch den bedeckten Himmel nicht so brillant. Man konnte allerdings die gespiegelten, vorausfahrenden Autos viel besser als bei gleißender Sonne beobachten.

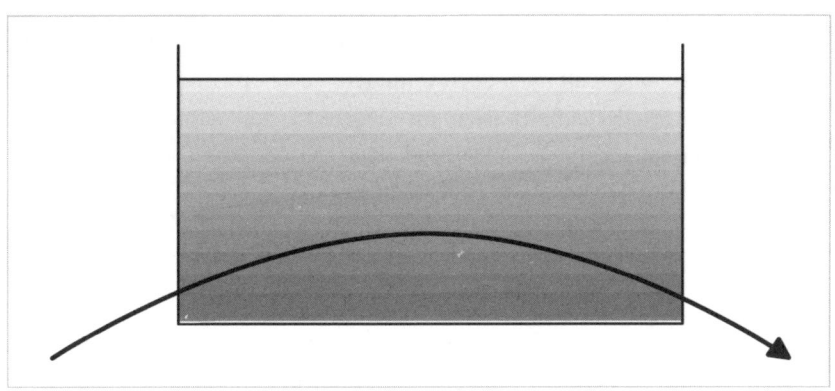

**Abb. 44** Kochsalzversuch mit schräg von unten einfallendem Lichtstrahl (Erklärung im Text)

## Das erweiterte Modell

Die Theorie der unteren Luftspiegelung ist natürlich komplexer als unser verein-fachtes kalt-heißes Schichtenmodell. Aber man kann mit ihm schon einen guten Eindruck von den Verhältnissen gewinnen. In Wirklichkeit bildet sich über der Straße eine, je nach Temperatur- und Windverhältnissen, komplizierte Luftschich-tung aus. Die Temperatur und die Dichte nimmt nach oben hin nicht abrupt ab, sondern weist ein mehr oder weniger ausgeprägtes Gefälle auf. Physiker sprechen in diesem Fall von einem Temperaturgradienten. Entsprechendes gilt natürlich auch für die optische Dichte und den Brechungsindex. Gelangt ein Lichtstrahl in eine solche Temperaturschichtung, wird er nicht an einer bestimmten Stelle totalreflektiert, sondern permanent aus seiner ursprünglichen Richtung abge-lenkt. Die Ablenkung des Lichts aus seiner ursprünglichen Richtung setzt also nicht unbedingt einen Übergang von einem Stoff in einen anderen voraus, son-dern erfolgt auch schon bei allmählichen stofflichen Änderungen. Der Lichtstrahl verläuft dann in einer gekrümmten Bahn. Dieses Verhalten kann in einem Expe-riment gezeigt werden, allerdings benötigt man etwas Fingerspitzengefühl und vor allen Dingen ... Zeit (Abb. 44).

Man füllt einen quaderförmigen Glastrog mit einer dicken Schicht Koch-salz und gießt vorsichtig warmes, mit Fluoreszin[9] eingefärbtes Wasser auf; einmal

---

[9] Fluoreszin ist ein Fabstoff, der benutzt wird, um den Verlauf von Licht bei optischen Versuchen z. B. in Wasser zu zeigen. Man kann auch dem Wasser etwas Milch beifügen.

leicht rühren. Nach ein bis zwei Tagen hat sich eine Schichtung aufgebaut, bei der sich der Salzgehalt nach oben verringert – eine optische Analogie zu den sommerlichen Straßenverhältnissen. Im Gegensatz zur sommerlichen Straße ist die Schichtung allerdings umgekehrt, denn die optische Dichte nimmt von unten nach oben allmählich ab. Fällt in diese Flüssigkeit von schräg unten ein Lichtstrahl, z. B. von einem Laserpointer, so wird er kontinuierlich durch die bodennahe Schicht gekrümmt und verlässt sie gegebenenfalls sogar abwärts gerichtet.

Der Lichtstrahl wird also nicht an einem Übergang totalreflektiert, sondern ändert in Gebieten unterschiedlicher optischer Dichte ständig seine Richtung, dabei wird er sogar nach unten abgelenkt. Der Versuch zeigt eine obere Luftspiegelung, wie sie z. B. im Winter bei Inversionswetterlagen gesehen werden kann. Stellt man in einem geringen Abstand einen kleinen Gegenstand, z. B. ein Spielzeug, hinter den Trog und variiert mit dem Auge Einfallswinkel und Blickhöhe, kann man die Spiegelung des Gegenstandes direkt beobachten, ohne auf gute Wetterbedingungen warten zu müssen. Bewegt man den Wasserspiegel ganz leicht, lassen sich in unserem Modellversuch die Luftfluktuationen in der Natur simulieren, die manchmal interessante Bildveränderungen hervorrufen.

Eine Ablenkung auf eine gekrümmte Bahn geschieht auch beim Eintritt von Licht in die Erdatmosphäre, die zum Boden hin immer dichter wird. Dadurch erblicken wir Sterne an leicht verschobenen Orten. Form und Höhe der Sonne über dem Horizont werden beim Sonnenuntergang verändert wahrgenommen, die Sonne wirkt abgeplattet. Der Effekt ist umso drastischer, je schräger das Licht auf die Atmosphäre trifft. Und noch einen Sachverhalt zeigt der Modellversuch ganz deutlich: Es kommt bei der Luftspiegelung nicht auf die absolute Temperatur an, sondern auf das Temperaturgefälle der Luftschicht. Daher sind Luftspiegelungen nicht nur im Sommer und vor allem in der Wüste möglich, sondern auch über dem Meer und an kalten Wintertagen, ja sogar in der Arktis.

Bei Sommerwetter kann man auf die Straße verzichten und sich eine Luftspiegelung in der Natur selbst erzeugen. Man benötigt nichts weiter als einen sonnigen, windstillen Tag und eine sonnenbeschienene Holzwand oder Mauer. Nun stellt man sich so an die Wand, dass man streifend an der Wand entlang Gegenstände weiter hinten in der Landschaft beobachtet, z. B. einen Baum, ein Fenster oder Ähnliches. Vielleicht muss man den Kopf leicht hin und her oder auf und ab bewegen, um optimale Sicht auf die Luftspiegelung zu erhalten.

## Die Fata Morgana

Die Abgrenzung einer Fata Morgana zur Luftspiegelung ist nicht leicht, denn sie ist ein kompliziertes und dazu seltenes Phänomen, vor allem in unseren Breiten. Während bei einer Luftspiegelung nur wirklich vorhandene Gegenstände gespiegelt werden und man diese in nur leicht veränderter Form beobachtet, erscheinen bei der Fata Morgana völlig ungewohnte, unwirkliche Objekte, die als Luftschlösser, Felsentürme und Ähnliches gedeutet werden. Somit ist „Wasser in der Wüste" auch keine Fata Morgana, sondern leider nur eine Luftspiegelung.

Bei der Bildung einer Fata Morgana spielen, mehr noch als bei der Luftspiegelung, thermische und damit optische Ungleichgewichte der Luft eine Rolle. Das Temperaturgefälle ist jedoch nicht einfach nur abnehmend oder zunehmend wie bei der Luftspiegelung, sondern durch einen mehrfachen Anstieg und Abfall der Temperatur geprägt. Das entstehende Bild von Mehrfachspiegelungen und -verzerrungen hängt entscheidend von der Inhomogenität der Luft ab, also von ihrer unterschiedlichen physikalischen Dichte und optischen Brechkraft. Dabei entstehen Luftspiegelungen nach oben und nach unten; es kann z. B. eine kalte Luftschicht zwischen zwei Warmluftschichten liegen, oder umgekehrt und in noch komplizierterer Abfolge. Man erhält dadurch Bilder, bei denen Gegenstände oder Teile von ihnen mehrfach gespiegelt und oft verzerrt werden. Die Bilder überlagern sich, türmen sich übereinander und wachsen manchmal zu einer gewaltigen Spiegelung, die weit entfernt in der Luft hängen kann. Aus einem einfachen Felsen kann da schnell ein ganzer Felsturm oder ein Luftschloss werden (Abb. 45). Aus einfachen Schiffen werden bizarre Flotten, aus Walrössern werden mächtige Seeungeheuer, zumal sich komplizierte Temperaturschichtungen in der Nähe von Küsten leichter aufbauen.

**Abb. 45** So könnte eine Fata Morgana aussehen, die aus einfachen Felsen entsteht

Eine der wenigen Stellen auf der Welt, wo man eine Fata Morgana mit einer gewissen Regelmäßigkeit sehen kann, ist, außer in den Polargebieten, die Straße von Messina in Italien. Schon oft wurde dort beobachtet, wie sich eine einfache Wolke in eine ganze Stadt verwandelt hat. Auch die Sage vom „Fliegenden Holländer", dem Schiff, das keinen Hafen erreichen kann, könnte als Hintergrund eine Fata Morgana haben. Zeigte sich doch das Schiff mit dem dem Teufel verbundenen Ostindienfahrer vorwiegend in den nebligen Gewässern des Kaps an der Spitze Südafrikas, wo besonders häufig Luftspiegelungen auftreten.

Benannt wurde die Fata Morgana sehr wahrscheinlich in Abwandlung des Begriffes „Fee Murgana", einer keltischen Begriffsbildung. Sind nicht auch Felsen, Höhlen und Schlösser passende Attribute einer Fee? So wurde dieser Fee die Ursache ungewohnter optischer Erscheinungen zugeschrieben.

Noch einige Überlegungen zu den Wüstengeschichten der getäuschten Wanderer, deren verheißungsvolle Ziele sich als Hirngespinste entpuppten. Bei einer Luftspiegelung ist eine echte Täuschung, z. B. das Bild einer Oase oder von Schiffen, nicht möglich, denn die gesehenen Objekte existieren wirklich. Und die Richtung, in der sich diese Objekte befinden, ist auch immer klar. Gefährlicher wird die Sachlage bei der Vortäuschung von Wasser. Hier unterscheiden sich Realität und Luftspiegelung erheblich. Im Arabischen heißen diese Luftspiegelungen „Bahr el Shaitan", übersetzt „Meer des Teufels". Ich selbst bin bei einer Reise nach Ostafrika schon Opfer einer solchen Luftspiegelung geworden. Wir fuhren mit dem Auto auf einer leichten Anhöhe und plötzlich erschien die darunter liegende Ebene als flacher, glitzernder See, ein faszinierender Anblick. Die Täuschung wurde beim Weiterfahren klar, denn die Konturen des Sees veränderten sich rasch. Außerdem wuchs keine Vegetation am Rand. Solche Szenarien erscheinen unwirklich, aber vielleicht war unsere Wahrnehmung noch nicht durch übergroßen Durst und Wassermangel herabgesetzt.

Falls Sie sich in solchen Situationen versichern wollen, dann betrachten Sie den See durch das Polarisationsfilter Ihrer Kamera. Wenn sich beim Drehen des Filters die Ansicht ändert, ist es ein echter See, denn das Polarisationsfilter reduziert die Reflexion. Ändert sich hingegen nichts, dann ist es eine Luftspiegelung oder Fata Morgana. Denn: Das Licht einer Fata Morgana wird durch Brechung gekrümmt, nicht aber durch Reflexion polarisiert.

Zuweilen lässt sich mit einer Fata Morgana auch eine „Quadratur der Sonne" erreichen, denn Luftspiegelungen verfremden das Bild unseres Zentralgestirns. Eigentlich wollte *Esko Kuusisto* am 19. Februar 1996 nur schneebedeckte

Bäume im Sonnenuntergang fotografieren. Bei –2 °C wanderte der Hydrologe auf den Berg Syöte im finnischen Lappland, baute seine Kamera auf und traute seinen Augen nicht. Die Sonne hatte ihre Form gewechselt, sie war nicht mehr kreisrund, sondern quadratisch. Es handelte sich hierbei um eine sehr stabile Inversionslage, das heißt, die Luft wird von unten nach oben wärmer, und dabei kann es zu Luftspiegelungen kommen. Auch im „Guinness Book of Weather Facts and Feats" ist nachzulesen, dass einheimische Inuit und Polarforscher zuweilen von quadratischen Sonnen berichtet haben. Im März 1978 war das Phänomen in Kanada bei –37 °C schon einmal im Foto dokumentiert worden. Die Bilder *Kuusistos* zeigen jedoch erstmals, wie sich – nach fünfminütiger Quadratur des Kreises – das Trugbild der Sonne phasenweise verschiebt.

Möglich wird ein solcher Effekt durch eine sandwichartige Luftschichtung. Die Temperatur der Luft nimmt dann erst in einer Höhe von einigen hundert Metern wieder ab. In diesem Zwischenbereich kommt es zu starken Änderungen der Luftdichte mit der Folge, dass Lichtstrahlen, wenn sie unter einem flachen Winkel eintreffen, von dieser Schicht reflektiert werden. Diese Totalreflexion wirkt, als hätte jemand einen Spiegel horizontal ins Firmament gehängt. Man sieht nicht nur das ganz reale Halbrund der untergehenden Sonne, sondern dazu noch ein Spiegelbild, das auf dem Kopf steht.

# Gelüftete Geheimnisse

## Die Lupe: Tor zur virtuellen Welt

Ist es nicht bemerkenswert, wie ein Tropfen die darunter liegenden feinen Blatt-
strukturen und Verästelungen vergrößern und so dem Betrachter in unnachahm-
licher Weise nahe bringen kann? Das verdeutlicht die uns bekannte Funktion
einer Lupe, nämlich, Gegenstände vergrößert darzustellen. Aber warum genügt es
nicht einfach, die Gegenstände näher an das Auge heranzubringen, um sie
größer und damit auch deutlicher zu sehen? Wir alle haben das schon einmal so
gemacht, es geht aber nur, wenn man beim Betrachten des Gegenstandes den so
genannten Nahpunkt unseres Auges nicht unterschreitet. Kommt das Objekt
noch näher, kann nämlich unsere Augenlinse nicht mehr scharf stellen. Wir sehen
dann zwar vergrößert, aber völlig unscharf.

Der Nahpunkt des Auges ist abhängig vom Lebensalter, da die Fähigkeit
der Augenlinse, sich zu krümmen, im Alter nachlässt. Kinder können ihre Augen
noch bis auf 8 cm an einen Gegenstand heranbringen, bei älteren Menschen beträgt der Abstand des Nahpunktes zum Auge oft schon 50 cm. Sie sind nicht mehr
in der Lage, einen Gegenstand in weniger als 50 cm Entfernung ohne Brille scharf
zu sehen.

Wenn man beim Lesen einen solchen Abstand einhalten muss, ermüdet
nicht nur der Arm, mit dem man das Buch in der passenden Entfernung hält, sondern die Buchstaben sind oft schon so klein, dass man sie nur noch raten kann.
Das Netzhautbild, das unser Auge davon entwirft, ist dementsprechend winzig.
Auch das Lesen wird bei einem derartig kleinen Sehwinkel anstrengend. Hier hilft
eine Lesebrille, sozusagen eine Lupe im Brillengestell, die den Sehwinkel vergrößert und die Schrift für uns heranholt.

### Was macht eigentlich eine Lupe?

Auch normalsichtige Menschen möchten ab und zu Dinge betrachten, die sie mit
bloßem Auge nicht deutlich erkennen, und die Welt des Mikrokosmos erforschen,
nicht nur zu wissenschaftlichen Zwecken. Das erste Hilfsmittel der Wahl ist dabei
die Lupe. Im Prinzip kann jede Sammellinse als Lupe genutzt werden. Jedoch
liefern nur Linsen mit Brennweiten, die erheblich kleiner sind als die deutliche

oder bequeme Sehweite[10] von etwa 25 cm, akzeptable Vergrößerungen. Das von der Linse entworfene Netzhautbild ist umso kleiner, je größer die Brennweite ist. Befindet sich der zu betrachtende Gegenstand etwa in der Brennebene der Lupe, dann verlassen die vom Gegenstand kommenden Lichtstrahlen die Lupe fast parallel. Wir können das Bild anschauen, ohne dass die Augenlinse angespannt werden muss, also wie in der deutlichen Sehweite. Für die Vergrößerung V einer Lupe erhalten wir dementsprechend: V = bequeme Sehweite/Brennweite der Lupe.

Daran wird deutlich, dass Lupen mit kleiner Brennweite für gute Vergrößerung sorgen. Für eine der häufig verwendeten sechsfach vergrößernden Lupen z.B. ist eine Brennweite von etwa 4 cm erforderlich. Will man noch höhere Vergrößerungswerte, dann ist die Brennweite entsprechend zu verkleinern. Dazu benötigt man allerdings eine Linse mit einem sehr kleinen Krümmungsradius. Je kleiner dieser Radius wird, umso schwieriger ist es, die Linse fehlerfrei herzustellen. Lupen mit 10facher Vergrößerung sind daher häufig zu finden, 100fache Vergrößerung stellt ein Meisterwerk dar, ein winziges geschliffenes Kügelchen. Durch Hintereinandersetzen von zwei Linsen in einem gewissen Abstand ist eine gute Vergrößerung besser zu erreichen. Ein solches Gerät nennen wir heute Mikroskop.

Auf einen Sachverhalt soll an dieser Stelle noch hingewiesen werden. Unter Lupen versteht man Linsen mit kleinem Durchmesser. Normalerweise werden sie direkt vor das Auge gehalten und lassen Feinheiten auf Gegenständen deutlicher erkennen. Lesegläser sind Linsen mit möglichst großen Durchmessern, die dicht über den zu lesenden Text gehalten werden. Beide zeichnen sich durch eine 4- bis 20fache Vergrößerung aus und haben kleine Brennweiten. Im täglichen Sprachgebrauch unterscheidet man die beiden jedoch nicht, vielfach werden sie einfach nur als „Vergrößerungsglas" bezeichnet.

### Die virtuelle Welt einer Lupe

Was hat jedoch eine Lupe mit einer „virtuellen Welt" zu tun, so wie das die Überschrift suggeriert? Lupenbilder sind etwas Besonderes. Versuchen Sie einmal, das

---

[10] Die deutliche Sehweite kann gemessen werden. Dazu braucht man nichts weiter als einen Stift und ein Lineal. Nun bewegt man den Stift, unmittelbar vor dem einen Auge beginnend, langsam vom Auge weg. Man misst dann die Entfernung, bei der man z.B. die Stiftspitze ohne Anstrengung deutlich sieht. Vielleicht muss man den Versuch ein paarmal wiederholen, um ein Gefühl für „unangestrengtes Sehen" zu bekommen. Den Versuch dann mit dem anderen Auge wiederholen.

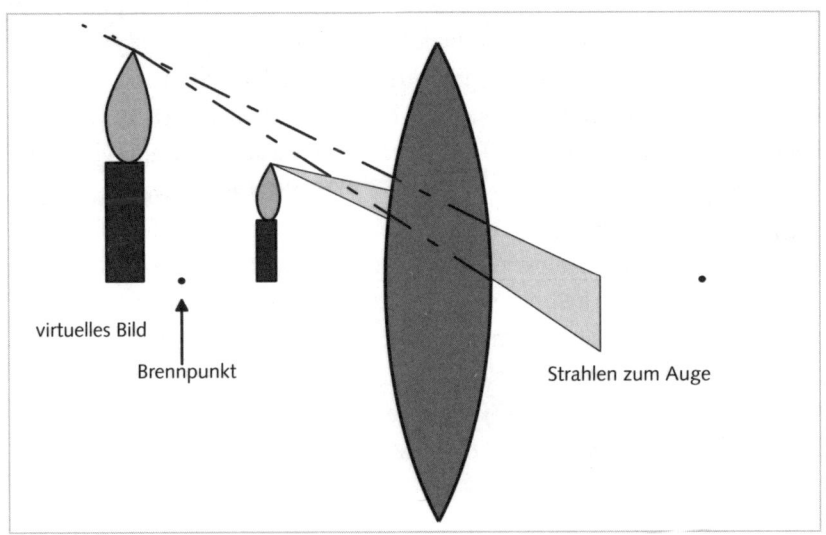

**Abb. 46** Entstehung des virtuellen Bildes einer Kerzenflamme

virtuelles Bild

Brennpunkt

Strahlen zum Auge

mit einer Lupe vergrößerte Bild einer Kerzenflamme mit einem Papier aufzu-
fangen. Sie werden hinter der Lupe auf Ihrem Papier kein Bild entdecken, und doch
sieht man beim Hindurchschauen die vergrößerte Flamme. Wie ist das möglich?

Dem Auge erscheint das Bild nur, es handelt sich um eine Art Täuschung
unseres Auges, die wir natürlich auch nicht auf einen Papierschirm bannen können. Man nennt derartige Bilder „virtuell" (scheinbar), im Gegensatz zu Bildern,
die durch wirklich vorhandene Lichtstrahlen auf einem Schirm zustande kommen
(reelle Bilder). Wie sich das Auge täuschen lässt und welche Leistung das Gehirn
bei der Verarbeitung der Lichteindrücke erbringt, kann die nächste Abbildung
erklären (Abb. 46). Lichtstrahlen, die vom Gegenstand ausgehen – hier: dem
Strahlungsbereich der Kerzenflamme –, laufen durch die Lupe und treffen auf unser Auge. Die Lupe schafft es jedoch nicht, diese Lichtstrahlen im Auge zu-
sammenzuführen, das heißt konvergent zu machen. Das Strahlenbündel läuft
auch noch hinter der Lupe in Richtung des Betrachters auseinander. Dies geschieht immer dann, wenn sich unser Objekt sehr dicht vor der Linse, nämlich
innerhalb der einfachen Brennweite, befindet.

Gegenstände können Sie nur dann sehen, wenn sie selbst Lichtstrahlen
aussenden, die in das Auge fallen. Oder die Lichtstrahlen fallen zunächst auf
einen Gegenstand und werden von dort in die Augen reflektiert. Unser Gehirn

kennt aus seiner alltäglichen Erfahrung mit Licht nur die geradlinige Lichtaus-
breitung, ein Abknicken oder Verändern der Richtung durch Brechung, wie in der
Lupe, ist ihm unbekannt. Es denkt sich daher die empfangenen Lichtstrahlen
geradlinig nach hinten verlängert, als kämen sie alle von einer sehr weit entfernt
liegenden Lichtquelle (gestrichelte Linien in Abb. 46). Die Lichtverarbeitung in
unserem Gehirn vermittelt den Eindruck, relativ weit hinter der Lupe ein vergrö-
ßertes Bild der Kerzenflamme zu sehen, das so genannte virtuelle Bild, das aus
der Gesamtheit aller Schnittpunkte entsteht. Dieses Bild kann natürlich weder auf
einem Schirm aufgefangen noch an dieser Stelle fotografiert werden, z. B. indem
man an den Ort des virtuellen Bildes eine Fotoplatte bringt. Es ist eine reine Geis-
tesleistung des Betrachters. Man kann es sehen und nur von dieser Sichtstelle aus
fotografieren. Ein interessanter Sachverhalt.

### Die Historie der Vergrößerungsgläser

Lupen sind, wie schon angedeutet, die Vorläufer der viel leistungsfähigeren
Mikroskope, sie sind sozusagen Mikroskope mit nur einer einzigen, winzigen Linse.
Ihr Siegeszug begann wahrscheinlich im 17. Jahrhundert, und bis ins 19. Jahrhundert hinein übertrafen sie mit ihrer Vergrößerung sogar die aus zwei Linsen
bestehenden Mikroskope. Etwa um 1590 stellten wahrscheinlich holländische
Brillenmacher Linsen mit sehr kurzen Brennweiten her. Es handelte sich meist um
kleine Glaskügelchen. Als „Vater" dieser einfachen, einlinsigen Mikroskope gilt
der niederländische Naturforscher *Antoni van Leeuwenhoek* (1632–1723). In seiner Freizeit, denn er war eigentlich Textilfabrikant, schliff der Autodidakt winzige,
nahezu kugelförmige und nur millimetergroße Linsen aus Glas oder Halbedel-
steinen. Von den etwa 400 Linsen, die *Leeuwenhoek* anfertigte, hatte die stärkste
eine Brennweite von weniger als 1 mm. Er konnte damit eine 270fache Vergrößerung erzielen. Wie viele Naturforscher seiner Zeit stellte er sich die Geräte, die
er benötigte, selbst her.

Mithilfe seiner Linsen tat sich vor *Leeuwenhoek* in Biologie und Medizin
eine Welt auf, die bis dahin gänzlich verschlossen war. So beobachtete er 1674
zum ersten Mal Kleinstlebewesen im Teichwasser, Bakterien und Schimmelpilze.
Niemand hatte zuvor geahnt, welche Fülle von Leben ein einziger Tropfen Wasser
barg. Er entdeckte auch die roten Blutkörperchen, erforschte das Kapillarsystem
des Blutes und bestätigte damit die Blutkreislauftheorie des italienischen Anato-
men *Marcello Malpighi*. Damit betrat er fast alle mit den damaligen Vergröße-

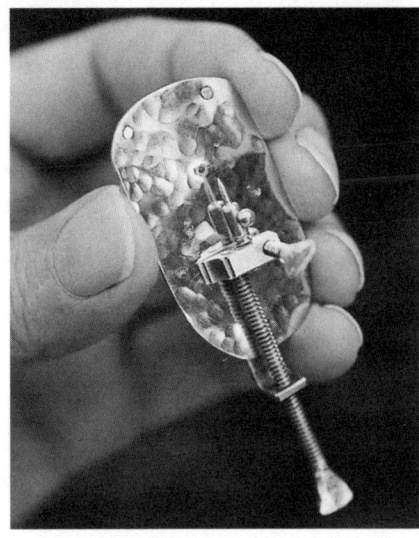

**Abb. 47** Leeuwenhoeks Mikroskop (Nachbau)

rungen möglichen Forschungs- und Entdeckungsgebiete. Er glaubte auch, die Atome sehen zu können, denn sein Mikroskop zeigte im Essig neben zahllosen Würmchen auch Teilchen von verschiedener Form und Farbe, einige waren zugespitzt. Doch leider hatte er nur Kristalle gesehen.

Von den über 400 Linsen sind nur zehn Exemplare erhalten geblieben, Abb. 47 zeigt einen Nachbau eines solchen Vergrößerungssystems, bei dem die Lupe zwischen zwei Metallblätter gefasst ist. Man kann sie in der Abbildung nur als kleines kreisrundes Loch erkennen. Der zu beobachtende Gegenstand wurde auf einem durch Schrauben verstellbaren Träger (Tragstachel genannt) vor der Linse befestigt. Man hält für die Beobachtung die Lupe dann direkt vor das Auge.

In diesem historischen Zusammenhang fällt mir noch eine Anekdote ein. Kaiser *Nero* sah sich die Gladiatorenspiele durch einen grünlichen Smaragd an, denn der Kaiser sah schlecht und benutzte den grünen Smaragd als Brille. Nur mit diesem Augenstein konnte er erkennen, was passierte. In früheren Zeiten wurden Lesesteine auch aus einem besonderen Edelstein gefertigt, nämlich dem Beryll. Diesem Stein verdankt unsere Brille ihren Namen. Sie kam erst im 12. Jahrhundert auf und ihre Gläser waren zunächst aus geschliffenem Bergkristall.

### Experimente mit selbst gebauten Lupen

Es ist erstaunlich, dass Lupen nicht nur aus Glas und hervorragend geschliffen sein müssen. Aus vielen anderen Materialien lassen sich brauchbare Lupen mit guter Vergrößerung herstellen, z.B. auch aus Wasser. Dazu schneidet man aus einem Stück Karton ein Loch mit einem Durchmesser von etwa 1 cm heraus und überklebt es mit durchsichtigem Cellophan oder Haushaltsfolie. Mit einem Streichholz oder Ähnlichem lässt man dann einen großen Wassertropfen vorsichtig darauf fallen. Da die Folie das Wasser nicht annimmt, bleibt der Tropfen kugelförmig liegen. Man kann die Buchstaben dieses Textes schon sehr gut vergrößern, wenn man die Folie vorsichtig auf die Buchseite legt. Auch ein einfacher Wassertropfen kann in seiner kugeligen Gestalt als Lupe wirken. Dazu wird das Ende eines Strohhalms in Wasser getaucht, das andere Ende des Halms mit dem Finger verschlossen und vorsichtig ein kugeliger Tropfen aus dem Wasser gezogen. Betrachten Sie eine Lampe oder Kerze, vielleicht gelingt Ihnen sogar ein Blick aus dem Fenster.

Ein Tropfen in der Drahtschleife einer Büroklammer kann ebenfalls als Lupenersatz benutzt werden. Leider muss man diese Wasserlupe sehr, sehr vorsichtig handhaben, Öltröpfchen haften in manchen Fällen etwas besser. Lupen mit respektabler Vergrößerung entstehen, wenn man in eine dünne Metallscheibe ein kleines Loch bohrt und mit einer Nadelspitze Wasser oder Öl aufbringt, eine winzige Linse, die sich recht gut handhaben lässt. Geschickte Experimentatoren ziehen Glas zu feinen Fäden und schmelzen die Enden dann zu kleinen Kügelchen. Auch diese Linsen kann man in ein kleines Blech fassen, sie sind den Lupen *Leeuwenhoeks* schon ähnlich. Eine konvexe Wasserlinse lässt sich auch herstellen, indem man ein rundes Weinglas quer hält und in die entstandene Rundung einen Tropfen Wasser füllt. Wenn man den Tropfen schön rund gestalten will, kann man das Glas vorher ganz leicht mit Öl ausreiben.

Eine recht gutes Vergrößerungsglas aus Wasser gewinnt man auch mit einem Joghurtbecher und durchsichtiger Haushaltsfolie. Es eignet sich besonders für Kinder zum Beobachten. Dazu legt man einige zu betrachtende Gegenstände auf den Boden des Bechers, bringt die Folie auf und spannt sie mit einem Gummiring leicht fest. Die Folie in der Mitte behutsam eindrücken. Es soll eine kleine Vertiefung entstehen, jedoch so wenig Falten wie möglich, da diese das Bild am Rand des Bechers stark verzerren. Nun vorsichtig Wasser in die Vertiefung gießen und in den Becher schauen. Die Wassermenge und die Vertiefung bestimmen die Brennweite der Linse. Es lassen sich also viele verschiedene Lupen damit herstellen. In Spielzeuggeschäften erhält man im Moment für einige Euro ein ganz ähnlich aufgebautes Lupensystem: eine Becherlupe aus Kunststoff. Dabei handelt es sich um ein Behältnis in der Größe eines Joghurtbechers, das mit zwei Lupen versehen ist. Das System ist darauf abgestimmt, dass man die zu vergrößernden Insekten oder Blätter auf den Becherboden legt und sie dann mit einer vierfachen Vergrößerung durch die beiden Kunststofflupen beobachtet. Die Qualität ist recht ordentlich, das Gerät lädt vor allem Kinder zum Erforschen der Natur ein.

Und: Denken Sie an die Lupenwirkung von Tropfen! Gießen Sie Ihre Pflanzen nicht bei Sonnenschein, sie könnten braune Brennflecken bekommen.

## Backen: Physik beim Kneten

Was hat Backen mit Physik zu tun? Auf den ersten Blick nicht viel, jedoch verbergen sich hinter der bekannten Küchenangelegenheit viele interessante Sachverhalte aus den unterschiedlichsten Gebieten der Physik. Denn was einen Teig zusammenhält, warum man ihn so lange und so sorgfältig kneten muss, warum er ruhen muss, was Hefe und Backpulver im Teig zu suchen haben und was passiert, wenn man das Backwerk schließlich in den Ofen schiebt, das alles hat eine Menge mit Physik zu tun. Dass aus den eher unscheinbaren Zutaten wie Mehl, Wasser, Butter, Eier, Zucker, Salz, Hefe oder Backpulver so unterschiedliche und vor allem köstliche Gebäcke entstehen, das verwundert beim näheren Hinschauen.

Schon seit Jahrtausenden werden Zubereitungen aus gemahlenen Früchten und Getreidesorten hergestellt und gebacken. Dabei wurden Eicheln, Bucheckern, aber auch wilde Getreide- und Grassorten wie Emmer und Dinkel zerrieben, mit Wasser vermischt und als flache Brotfladen auf heißen Steinen oder als Stockbrote über offenem Feuer gebacken. Diese ersten Brotsorten enthielten noch kein Treibmittel wie z. B. Sauerteig oder Hefe. Das Backergebnis war dementsprechend fest, sodass es nur in Stücke gebrochen verzehrt werden konnte. Weißbrote oder gar feine süße Kuchen konnten erst dank der Fortschritte in der Mühlentechnik und dem Wirken von Backtriebmitteln entstehen.

### Der einfache Teig

Der erste Teig bestand also nur aus Mehl und Wasser. Doch was hält ihn zusammen und wie entsteht daraus beim Backen das Brot? Mehl besteht zum größten Teil aus Stärkekörnchen und Eiweißstoffen wie Gluten, ein Klebereiweiß. Die Getreideteilchen haben je nach Zerkleinerungsgrad eine Größe von 2–40 Mikrometern (Millionstel Metern) Durchmesser. Während des Teigknetens dringt das Wasser aufgrund seiner Kapillarwirkung in die kleinen Spalten und Gänge zwischen den einzelnen Teilchen, es benetzt dabei die Stärke und die Eiweißstoffe. Genauso wie Wasser in einer engen Glasröhre, einer so genannten Kapillare, das Glas benetzt und hochsteigt. Der physikalische Grund für diesen Vorgang ist eine Molekularkraft, die aus den unterschiedlichen Oberflächenspannungen des Festkörpers und der Flüssigkeit Wasser resultiert. Diesen Effekt kann man auch beobachten, wenn man ein Stück Würfelzucker in eine Tasse Kaffee hält. Der Kaffee

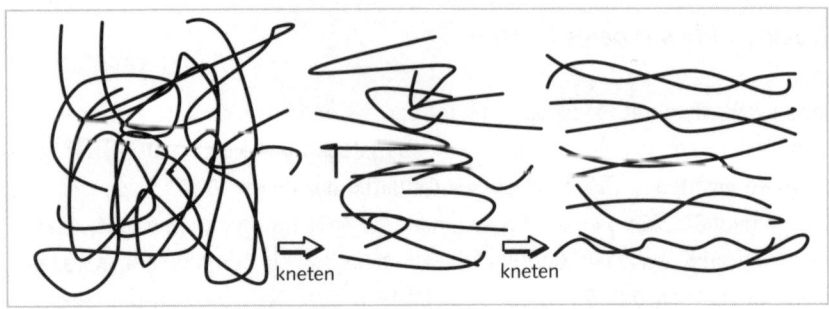

**Abb. 48** Entstehung des elastischen Glutennetzes

wird von den Kapillarkräften, die zwischen ihm und den Zuckerkristallen wirksam sind, hochgesaugt.

Außerdem wird der Teig durch das Kneten elastisch. Im Mehl liegen nämlich die Proteine als gefaltete, verknäuelte Gebilde vor. Erst die mechanische Behandlung des Knetens trennt die Proteine, wickelt sie ab und zieht sie auseinander (Abb. 48). Dieser Vorgang ist auch vom Vulkanisieren bei Gummi bekannt. Die gestreckten und nebeneinander gereihten Moleküle bewirken die hohe Elastizität des Materials. Beim Kneten wird das Gluten sozusagen einer Zwangsgymnastik unterzogen: Die Masse des durchgekneteten Brotteiges ist zwar zäh, aber elastisch, denn die Proteinfäden lassen sich dehnen wie Spiralfedern. Daher eignet sich gerade Weizenmehl so gut zum Brotbacken, denn das Gluten des Weizens ist nicht nur sehr quellfähig, es bildet auch ein stabiles elastisches Netz. Das Gluten des Roggens ist weitaus weniger quellfähig; Brote mit zu hohem Roggenanteil sind dementsprechend bröselig oder klumpig.

Lässt man den Teig noch einen Moment ruhen, dann quellen die Mehlteilchen weiter auf und verkleistern so den Teig noch besser. Steigt während des Backens die Temperatur, wird durch die ebenfalls steigende Wassertemperatur im Teig dieser Vorgang noch beschleunigt. Endlich verdampft das Wasser und der Teigkleister verfestigt sich. Es entsteht eine zusammenhängende harte Masse. Das Halt gebende Grundgerüst eines jeden Brotes ist fertig.

In früheren Jahren wurde dünnflüssiger Teig aus Mehl und Wasser zum Ankleben von Tapeten benutzt. Dabei treten die gleichen Effekte auf: Durch die Kapillarwirkung des Wassers quillt das Mehl und durch das Verdunsten erhält der Kleister Härte – leider ist die Haftung aber wesentlich geringer als bei modernen Kleistern.

## Die Bedeutung der Hefe

Wann genau der erste lockere Fladen aus Mehl und Wasser gebacken wurde, ist unbekannt. Wahrscheinlich geschah es vor rund 3000 Jahren im alten Ägypten. Ein Bäcker hatte Teig aus Mehl und Wasser stehen lassen, dieser hatte mit dem Gären begonnen und war sauer geworden. Aus Sparsamkeit wurde er trotzdem verbacken und überzeugte nicht nur durch seine lockere Krume und die vielen kleinen Poren, die sich durch den Gärprozess gebildet hatten, sondern auch durch seinen säuerlichen Geschmack.

Heute kennen wir diverse Treib- und Lockerungsmittel für Brote und Kuchen, wobei der klassische Sauerteig vor allem für Brote mit Roggenmehl benutzt wird. Den modernen Weizenbroten wird Hefe als Treibmittel und natürlich Salz als Würze zugesetzt. Hefen sind winzig kleine, nur unter dem Mikroskop zu erkennende einzellige Pilze mit großem Appetit auf zuckerähnliche Verbindungen. Aus deren Verdauung gewinnen sie ihre Energie. Dabei produzieren sie als Abfallprodukte Kohlendioxid und Alkohol. Dieser Prozess wird Gärung genannt.

Während man bei der Herstellung von alkoholischen Getränken die Hefe unter Sauerstoffabschluss arbeiten lässt und in erster Linie das Ausscheidungsprodukt Alkohol wünscht (das Kohlendioxid perlt aus), ist man beim Brotbacken am Kohlendioxidgas interessiert, das im Teiggerüst zurückgehalten wird. Man kann sich ein Bild von der Arbeit der winzigen Pilze machen. Verrühren Sie Hefe und Zucker in einer Flasche mit warmem Wasser. Nach kurzem Warten zeigt sich die Aktivität der Hefe, es steigen Bläschen nach oben. Mit dem entstehenden Gas kann man sogar einen Luftballon füllen, indem man ihn über die Flasche zieht, allerdings muss man für diesen Versuch etwas Geduld haben.

In früheren Zeiten gelangten die Hefepilze zufällig aus der Luft in den Teig. Durch Zufall entstand eine Teiggärung. Auch Sauerteig, wie er zum Aufgehen von Broten schon im alten Ägypten und auch heute noch benutzt wird, ist das Ergebnis eines solchen natürlichen Gärvorganges, der über mehrere Tage andauert. Das Ergebnis ist eine Mischung aus wilden Hefepilzen, die aus der Luft in den Sauerteig gelangen, und Milchsäurebakterien, die manchmal in Form von Sauermilch oder Joghurt zum Starten hinzugegeben werden. Heute wird Gärung und Brotbacken nicht mehr dem Zufall überlassen und die Hefepilze werden in verschiedenen Varianten, z. B. als Bier- oder Bäckerhefe, industriell in einem Nährmedium gezüchtet. Als Endprodukt für Gebäcke gewinnt man dabei getrocknete Hefezellen, die bekannte Trockenhefe. Oder die Hefe wird mit einer stärkehaltigen Substanz zu einer festen Form gepresst, die man dann als Frischhefewürfel in den Kühlregalen findet.

Ist es möglich, bei der Teigzubereitung ideale Lebensbedingungen für diese nützlichen Hefepilze zu schaffen? Die Stärkemoleküle im Teig sind für die Hefepilze zunächst noch unverdaulich, sie müssen erst zur Verdauung vorbereitet werden. Dies wird durch eine geringe Menge ebenfalls im Mehl enthaltener Enzyme ermöglicht, die von den Stärkemolekülen die begehrten Teile Maltose und Glucose abspalten. Allerdings ist diese Reaktion nur in einem wässrigen Milieu möglich. Dies erklärt, warum Mehl erst durch Wasser aktiviert wird und man durch Kneten für eine gute Durchfeuchtung des Teiges sorgen muss. Aus diesem Grund darf Mehl auch nicht feucht gelagert werden, die Enzyme würden es sonst schon vor dem Backen zersetzen.

Schafft man dann durch Wärme und lange Ruhezeiten noch gute Arbeitsbedingungen für die Hefe, wird diese sich durch Zellteilung vermehren, viel Kohlendioxid bilden und sich rege am Teigverarbeitungsprozess beteiligen. Es muss nur noch dafür gesorgt werden, dass das Gas im Teig stecken bleibt und ihn auf diese Weise anhebt, also leicht und locker macht. Dies bedeutet keine zusätzliche Arbeit, denn beim gründlichen Kneten hat sich bereits das Netz aus Gluten gebildet. Von ihm wird die beim Kneten in den Teig gelangte Luft, vor allem aber das Kohlendioxid der Hefepilze in winzigen Bläschen gehalten. Beim Backen bilden sich dann die elastischen, schwammartigen Poren des Brotes. Das Glutennetz wird also durch das Kohlendioxid wie Gummi gestreckt, manchmal reißt es sogar ein. Für einen gelungenen Gärvorgang muss der Teig weich sein, sonst kann das entstehende Kohlendioxid ihn nicht nach oben treiben. Bröseliger Teig erzeugt klumpiges Brot, das nicht richtig aufgeht.

Man kann den Gärvorgang der Hefepilze mit dem Mikrowellengerät unterstützen. Bereiten Sie den Teig bei moderaten 100 Watt 5 Minuten vor und lassen Sie ihn dann in Ruhe weiter gehen. Wie funktioniert das? Auch hier spielt die warme Umgebung für die Arbeit der Hefe eine Rolle. Das Geheimnis des Mikrowellenherdes liegt darin, dass die Wassermoleküle in den Speisen durch ihren Dipolcharakter die Energie der elektromagnetischen Wellen besonders gut absorbieren. Wird nämlich ein Lebensmittel mit Mikrowellen bestrahlt, dann beginnen jene Teilchen zu vibrieren, die eine elektrische Asymmetrie aufweisen, und das sind die Wassermoleküle. Ihre Schwingungen werden von benachbarten Molekülen aufgenommen, sodass alles zusammen in Bewegung gerät, also erwärmt wird. Dies geschieht jedoch nicht wie bei herkömmlichen Wärmequellen nur an der Oberfläche, sondern die Mikrowellen dringen, je nach Wellenlänge des Gerätes, etliche Zentimeter in das Gargut ein. Dadurch werden auch tiefere Strukturen sehr schnell erwärmt. Die Wärme muss nicht erst durch Wärmeleitung oder Konvektion von der Oberfläche ins Innere gelangen. Nach der Mikrowellen-behandlung findet die Hefe relativ schnell im gesamten Teig optimale Arbeitsbe-dingungen vor. Keinesfalls jedoch darf das Wasser im Hefeteig zu heiß werden, denn das würde die Hefepilze abtöten, deshalb die geringe Leistungsstufe der Mikrowelle.

Nach dem ersten Arbeitsvorgang der Hefepilze muss der Teig noch einmal tüchtig durchgeknetet werden. Dadurch verteilt man die neu entstandenen He-fepilze gleichmäßig im Teig. Außerdem werden allzu große Blasen abgebaut. Je besser man die entstandenen Gase im Teig verteilt, umso feinporiger wird das Brot und umso besser wird das Glutennetz von ihnen getragen. Man kann das Brot jetzt formen und den Hefepilzen getrost den Arbeitsplatz überlassen. Hierbei profitieren diese von den inzwischen freigesetzten Zuckermolekülen und gären das Brot bis zur Ofenreife. In vielen Backbüchern steht der Hinweis, man soll die Oberseite des Brotes mit einem scharfen Messer mehrmals einschneiden. Dies dient der Entlastung des stark gedehnten Glutennetzes, das unter Umständen beim weiteren Gären durch den Druck des Kohlendioxids einreißt.

Zusammenfassend lässt sich für die Teigbereitung sagen, dass nur durch eine ausreichende mechanische Behandlung der Ausgangsprodukte gute Brote entstehen können. Die beiden Hauptsätze des Brotbackens lauten dementspre-chend: 1.) kneten, kneten, kneten und 2.) sehr viel Zeit lassen. Allerdings kann man auch zu viel des Guten tun. Knetet man einen Teig nämlich zu lange, kann es passieren, dass die Eiweiße des Glutens überdehnt werden. Dem Teig fehlt dann Elastizität, das Brot wird eine einzige zusammengefallene Pampe. Die Ge-fahr, dass der Teig kollabiert, ist vor allem bei der maschinellen Zubereitung von Brot gegeben. Backpulver ist zum Brotbacken ungeeignet. Es hat nicht die nötige Triebkraft für einen porigen, elastischen Teig; die gebildeten Bläschen sind zu klein und das Brot wird krümelig. Die Einsatzgebiete für Backpulver liegen in an-deren Bereichen der Backkunst, vor allem bei leichten Rührteigen. Ich werde noch darauf zu sprechen kommen.

## Der Backvorgang

Was passiert dann beim Backen? Durch die Erwärmung im gut vorgeheizten Ofen dehnen sich Luft- und Kohlendioxidbläschen weiter aus, die Aktivität der Hefepilze nimmt zunächst noch einmal zu. Das Brot wird also noch einmal prächtig aufgehen. Aber bei 60 °C sterben die Hefepilze ab. Nun beginnt der eigentliche Backvorgang. Das Wasser verdunstet am Außenrand und durch eine Art Karamellisierung, die so genannte Maillard-Reaktion, bilden sich Aromastoffe. Die gewunschte dunkelbraune Brotkruste entsteht. Im Inneren des Brotes bildet sich Wasserdampf. Dieser breitet sich aus und sorgt für Feuchtigkeit im Brot. Stärke und Glutennetz verkleistern und bilden das schon bekannte Brotgerüst. Eine Backtemperatur von 200–250 °C ist optimal. Die Temperatur darf nicht zu hoch sein, sonst wird das Brotgerüst fest, bevor sich die porenbildenden Gase ausgedehnt haben. Wählt man dagegen die Temperatur zu niedrig, bleibt die Außenseite des Brotes feucht und das Innere matschig bzw. teigig. Salz soll das Glutennetz beim Backen stabilisieren. Möglicherweise macht die Beigabe von Salz das Gitter beim Backen noch tragfähiger, auch im Hinblick auf die feste Kristallstruktur von Salz. Ein versierter Holzofenbäcker hat mir den „Salztrick" bestätigt, es ist mindestens ein halber Teelöffel Salz auf 500 g Mehl erforderlich.

### Zu den Kuchenformen

In dunklen bzw. schwarzen Formen erhält der Kuchen, und natürlich auch Brot, eine schöne dunkle Kruste. Für feine Torten und Biskuitteige sind helle Metallformen besser geeignet, da sie den Teig, wie für diese Kuchen gewünscht, schön gleichmäßig hell ausbacken. Woran liegt das? Dunkle Oberflächen absorbieren thermische Strahlung besser als helle Oberflächen. Dies ist von schwarzen Autos im Sommer bekannt. Aus dem gleichen Grund erhitzen sich dunkle Kuchenformen auch schneller als helle, was zu einer länger andauernden Krustenbildung des Gebäcks führt. Bei einer Backtemperatur von etwa 200 °C liegt das Absorptionsmaximum für thermische Strahlung bei einer Wellenlänge von $\lambda = 30\,\mu m$, also genau im Bereich des Infraroten.[11] Besonders gut gebräunt und knusprig gelingt z. B. Gugelhupf in einer Form aus Jenaer Glas, denn Glas absorbiert die auftreffende thermische Strahlung noch besser als Metallformen. Auch gute Auflaufformen sind deshalb aus Glas gefertigt. Sie können sich auch aus Alufolie eine

---

[11]  Es gilt für das Absorptionsmaximum eines schwarzen Körpers (hier Kuchenform):
$k_B \times T_{Ofen} = h \times f$ mit
$k_B$ = Boltzmannkonstante, T = absolute Temperatur des Ofens in Kelvin
h = Heisenberg-Konstante, f = Frequenz der Strahlung = $c/\lambda$.

Form falten, aber achten Sie darauf, dass dabei die matte Seite des Materials nach außen kommt, denn diese absorbiert die Hitze besser und schneller als die glänzende Seite. So wird das Gebäck schneller gar und schön krustig. Beim Einfrieren sollte man es genau umgekehrt handhaben.

### Backen in luftiger Höhe

Auf einen weiteren, interessanten Sachverhalt im Zusammenhang mit Backen hat *Jearl Walker* hingewiesen. Er ging der Frage nach, warum und in welcher Form man ein Rezept für Kuchen oder Brot beim Backen in größeren Höhen (hier: 1200 m) abändern muss. Wegen des geringeren äußeren Luftdrucks ist nicht nur das verwendete Mehl trockener, sondern aus dem Brot wird während des Backvorganges auch eine größere Menge Wasser verdampfen. Dies muss man bei der Teigzubereitung berücksichtigen, wenn man nicht ein zu trockenes Ergebnis erhalten will: Man gleicht durch mehr Wasser aus. Immerhin benötigt man ab 2000 m über dem Meer ca. 20 % mehr Flüssigkeit. Außerdem werden die gebildeten Gasbläschen, egal ob durch Hefe oder Backpulver, beim niedrigeren Druck das Gebäck stärker aufgehen lassen. Es kann dabei sogar passieren, dass das Glutennetz so stark reißt und das ganze Brot oder der Kuchen zusammenfällt, bevor der Backvorgang das Brotgerüst stabilisiert hat. Um das zu verhindern, kann man einfach die Mehlmenge gegenüber dem Treibmittel erhöhen. Dadurch wird das Gebäck zwar härter und zäher, dies wird jedoch durch die bessere Treibkraft ausgeglichen. Oder man reduziert die Hefemenge, immerhin um 20 % bei 2000 m. Auch beim Backen ergeben sich Probleme. Da der Siedepunkt des Wassers niedriger ist, wird auch die Temperatur im Inneren des Gebäcks niedriger ausfallen. Dadurch verzögert sich die Gerinnung des Proteingerüstes und der Kuchen wird nicht ganz so braun. Erhöht man allerdings die Backtemperatur, werden Kuchen und auch Brote nicht mehr so zart.

### Das Besondere der süßen Kuchen

Eine Weiterentwicklung des einfachen Teiges aus Mehl und Wasser ist der Mürbeteig, der z. B. als feste Unterlage für Obstkuchen Verwendung findet. Er entsteht, indem man der Rezeptur, außer Zucker für den Geschmack, Fette in Form von Butter oder Margarine zusetzt, die die einzelnen Mehlkörnchen beim gründlichen Kneten voneinander trennen. Der Teig wird dadurch geschmeidiger, und durch das Fett entsteht nach dem Backen kein zusammenhängendes Grundgerüst. Der fertige Kuchen wirkt zunächst krümelig, Stabilität erhält er erst nach Erkalten der Butter. Man sollte Mürbeteigkuchen deshalb erst dann aus der Backform nehmen, wenn sie vollkommen abgekühlt sind; zu leicht bricht wegen der Bröckeligkeit des Bodens der ganze Kuchen. Eine elegante Fortführung des trennenden Effektes durch Butter bzw. Fett stellt der Blätterteig dar, bei dem hauchdünne Schichten Teigkleister durch Butterzwischenschichten getrennt werden. Blätterteig entsteht exponenziell, nämlich durch fortgesetztes Falten der einzelnen Teiglagen. Die bei seiner Entstehung eingeschlossenen Luftbläschen lassen das Gebäck beim Backen luftig aufgehen.

### Ein Neuling: das Backpulver

Rührkuchenteige, wie z. B. Sand- oder Königskuchen, werden aus Mehl, Wasser, Butter, Zucker und Eiern hergestellt. Zum Aufgehen wird Backpulver benutzt, eine Errungenschaft des 19. Jahrhunderts. Bei Backpulver handelt es sich um einen künstlich hergestellten Stoff, der unter Gasentwicklung den Teig auftreibt und dadurch locker und leicht verdaulich macht, jedoch hat Backpulver nicht die Treibkraft von Hefe. Auch fehlen ihm die Aromastoffe von Sauerteig bzw. Hefe. Dafür ist es robust und besonders einfach zu dosieren; auch Anfänger können praktisch nichts falsch machen. Backpulvermischungen bestehen im Wesentlichen aus Natron (Natriumhydrogencarbonat, $NaHCO_3$) und einer schwachen Säure in kristalliner Form, z. B. Weinstein. Als Trennmittel wird Stärke beigemischt, die dafür sorgt, dass Natron und Säure nicht schon vorzeitig ihre Aufgabe beginnen. Auch reines Natron, z. B. in Hirschhornsalz oder Pottasche, kann für die Kuchenlockerung benutzt werden. Es bildet sich jedoch beim Backen Soda, das dem Gebäck einen unangenehmen, bitteren Geschmack verleiht. Dies wird beim Backpulver durch die Säure verhindert.

Backpulver als Treibmittel für feine Kuchen arbeitet in zwei Phasen. Beim Teigmischen wirkt durch die Anwesenheit von Wasser die Säure auf das Natron ein. Dabei wird in kleinen Bläschen schon Kohlendioxid ($CO_2$) zur Teiglockerung freigesetzt. Diese Reaktion ist von Brausepulvern und Vitamintabletten bekannt. Bei starker Erhitzung während des Backvorganges spaltet das Natron dann selbst weiteres Kohlendioxid ab, wodurch der Teig beim Backen noch erheblich höher und lockerer wird. Man kann die zweiphasige Arbeit des Backpulvers in einem Versuch nachweisen. Dazu löst man ein Tütchen Backpulver in einem Glas kalten

Wassers. Die Mischung schäumt (1. Arbeitsgang). Wenn die Gasentwicklung nachgelassen hat, erwärmt man die Mischung und beobachtet eine weitere Blasenentwicklung (2. Arbeitsgang). Ein ins ausströmende Gas gehaltenes, brennendes Streichholz verlöscht sofort, ein Kohlendioxidnachweis. Durch die Zugabe von Natron oder Backpulver lässt sich abgestandenes Bier „auffrischen".

Das Grundgerüst eines Rührteiges wird nicht, wie beim Brot, vom Stärkekleister gebildet. Dafür ist die Wasser- oder Milchmenge im Teig oft nicht ausreichend, außerdem trennen Zucker und Butter die einzelnen Stärketeilchen. Erst das Ei erzeugt ein schwaches Gerüst, es gerinnt und hält die Masse zusammen. Manche Rührkuchenteige zergehen daher zwischen den Zähnen wie Sand und sind in ihrer Konsistenz krümeliger. Die Zubereitung eines Biskuitteiges, wie er für Torten und Rollen benutzt wird, führt dies thematisch weiter und leitet schließlich zu den Schaumgebäcken, Baisers und Soufflés über, Gebilde aus geronnenem Eiweiß und eingeschlossenen Luftbläschen, die beim Backen als Schaum stabilisiert werden.

Wenn Sie Ihren leckeren Apfelkuchen noch mithilfe eines kleinen Siebes mit Puderzucker überstreuen, dann werden Sie sich wahrscheinlich ärgern, dass immer ein Teil des Puderzuckers trotz sorgfältigster Arbeit neben dem Kuchen landet. Auch hierfür gibt es einfachen physikalischen Grund: Durch die Reibung beim Durchsieben laden sich die einzelnen Zuckerteilchen auf und stoßen sich, da sie die gleiche Ladung tragen, gegenseitig ab. Dies bewirkt die Ablenkung nach außen.

### Das Plätzchenparkett

Nun noch ein Blick über den physikalischen Tellerrand, der in die Mathematik führt. Es handelt sich dabei um das Problem, eine Fläche dicht mit Figuren zu belegen, das heißt aus einer vorhandenen Teigplatte möglichst optimal Plätzchen auszustechen. Dabei soll der Teigrest möglichst klein bleiben. Idealerweise entsteht gar kein Rest, denn dieser muss erneut ausgerollt werden, wobei die Teigqualität durch das zusätzlich notwendige Mehl beim Ausrollen leidet, abgesehen von der Arbeit, die man dabei hat. Mathematisch gesehen handelt es sich um die Parkettierung einer Fläche. Ornamente und andere flächendeckende periodische Muster sind schon seit Menschengedenken bekannt. Auch der holländische Grafiker *M. C. Escher* befasste sich mit flächendeckenden, teils skurrilen Tieren und Formen. Natürlich sind als Weihnachtsplätzchen Figuren wie Quadrate oder

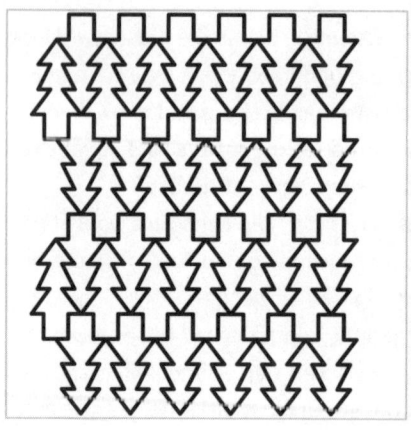

**Abb. 49** Parkettierung mit Weihnachtsbäumen und ... Durchführung: mein Sohn Adrian

Dreiecke weniger beliebt, lassen Sie sich daher zu einer Parkettierung mit Tannenbäumen inspirieren (Abb. 49).

Doch nun muss die Plätzchenpracht auch noch aufs Backblech, ein neues mathematisches Problem, wenn es möglichst platzsparend vorgenommen werden soll. Eine relativ einfache Aufgabe, wie es scheint, jedoch schwerer als gedacht, wie man durch Probieren mit einfachen Figuren feststellen kann. Derartige Probleme gehören in das Gebiet der kombinatorischen Geometrie, ein neueres Forschungsgebiet der Mathematik. Alle wichtigen Veröffentlichungen sind daher jünger als 30 Jahre. Auch zu unserem Backblechproblem gibt es nur einzelne Lösungsansätze, und dazu noch zu einem vereinfachten Teilproblem, nämlich möglichst viele gleiche, kreisförmige Plätzchen auf ein Kuchenblech zu bringen. Da bleibt uns also auch weiterhin nur unsere Erfahrung beim Belegen des Bleches, zumal man auch noch ein Auseinanderlaufen der kleinen Kunstwerke berücksichtigen muss.

## Stonehenge: Physik in historischen Steinkreisen

Geht es Ihnen auch so wie mir? Das steinzeitliche Stonehenge, aber auch andere heilige Plätze unserer Ahnen, üben auf mich eine große Faszination aus. Obwohl Stonehenge schon vor sehr langer Zeit mein persönliches Interesse geweckt hat, konnte ich mich erst nach längerem Zögern entschließen, seine physikalischen Aspekte zu bearbeiten. Vielleicht auch, weil das Thema sehr von mystischen Elementen überfrachtet ist.

Stonehenge bei Salisbury in Südengland ist keineswegs die größte solcher Steinsetzungen, jedoch wohl die monumentalste, komplizierteste und eigenartigste. Es gehört als bekannteste der vielen prähistorischen Steinkreise bzw. -anlagen in Westeuropa zu den Megalithbauten. Die Bedeutung dieses Wortes kommt aus dem Griechischen: „megas" für groß und „lithos" für Stein.

Diese treffende Bezeichnung hat sich im letzten Jahrhundert für derartige Monumente, aber auch für alle anderen stehenden Steine (keltisch: Menhire) aus der Jungsteinzeit unter Archäologen eingebürgert. Der Ausdruck „henge" entstammt dem keltischen Sprachgebrauch und bedeutet so viel wie „Erdkreis", was an die früheste Bauphase des Platzes erinnert. Es gibt übrigens auch ein deutsches Stonehenge, nämlich die Kreise von Kyhna (Sachsen). Es handelt sich dabei um vier ineinander liegende Ringe, knapp 7000 Jahre alt. Der Größte von ihnen hat einen Durchmesser von 120 m. Die Ringe wurden aus Eichenpalisaden gebildet, die längst vermodert sind, deren Standorte aber noch nachweisbar sind. Dies zeigt, dass derartige Ringe als kulturelles Element eine weite Verbreitung nicht nur in Großbritannien hatten, wo es ebenfalls noch weitere derartige Ringsysteme gibt.

Die megalithischen Steinmonumente gehören zu den dauerhaftesten und geheimnisvollsten Überresten unserer Vorfahren. Sie stehen wie eine Herausforderung von längst untergegangenen Völkern Jahrtausende überdauernd in der Landschaft. Wohl deshalb ziehen sie die Aufmerksamkeit und Neugier der Menschen auf sich, die gerade in Ermangelung fundierten wissenschaftlichen Materials zahllose Legenden schufen. Zu allen Zeiten haben sich Altertumsforscher und Archäologen bemüht, Genaueres über Alter, Beschaffenheit und Zweck bzw. kulturelle Bedeutung der Anlagen herauszufinden. Doch erst in den letzten Jahrzehnten konnten durch die Einbeziehung physikalischer Methoden Irrtümer berichtigt und Spekulationen über die Bedeutung von Stonehenge in nachvollziehbare Bahnen gelenkt werden. Das betrifft vor allem verbesserte Möglichkeiten zur Altersbestimmung und den neuen Forschungszweig der Archäo-Astronomie.

### Die Bauphasen von Stonehenge

Ein so komplexes Monument wie Stonehenge, das in verschiedenen Perioden erbaut wurde, weist natürlich Elemente unterschiedlicher Baustile auf. Die Erbauer begannen die Anlage in der Jungsteinzeit etwa um 3000 v. Chr. Dabei wurde in dieser ersten Bauphase zunächst ein kreisförmiger Platz mit einem Durchmesser von gut 100 m mit einem Graben umschlossen, den man auch heute noch, allerdings nicht mehr so ausgeprägt, sehen kann (Abb. 50). Am inneren Grabenring ist die überschüssige Erde zu einem fast 2 m hohen Wall aufgeschüttet. Entlang diesem Erdwall finden sich 56 Gruben von fast 1 m Tiefe in recht genauen Abständen voneinander ausgehoben, die Aubrey-Löcher, die nach ihrem Entdecker, dem Archäologen *John Aubrey*, benannt sind. Der Zweck dieser Löcher war bis vor einigen Jahren nicht genau bekannt. Scheinbar dienten sie Feuerbestattungen, wie man aus verbrannten Knochenfunden bzw. Scherben schließen kann.

Astronomen nehmen heute an, dass sich mit ihnen der Sonnen- bzw. Mondlauf verfolgen sowie Finsternisse voraussagen lassen. Die Löcher sind größtenteils nicht erhalten geblieben, konnten aber durch Aufnahmen des Geländemagnetismus nachgewiesen werden. An der Nordostseite des Kreises befand sich der Eingang, der von zwei aufrecht stehenden Steinen, in einigen Veröffentlichungen slaughter stone (Schlächterstein) genannt, gerahmt war. Außerdem wurde etwa 20 m außerhalb des Kreises der heel stone (Fersenstein) aufgerichtet, ein etwa 5 m langer und 2,5 m dicker Sandstein, der wohl ehemals gerade stand, heute aber geneigt ist. Er ist das einzige steinerne Relikt aus dieser ersten Bauphase und konnte zu Visierzwecken genutzt werden, da seine Höhe den Horizont überragt.

Die zweite Bauphase beginnt etwa um 2500 v. Chr. Sie ist ein Werk der Glockenbecherleute, einem keltischen Volksstamm, benannt nach seinen glockenförmigen Tongefäßen. Sie besiedelten über die Nordsee Großbritannien. Zuerst erweiterten die Bauleute den Eingang zu einer Art Prozessionsweg oder heiligen Allee, die über 2 km weit bis an den Fluss Avon führte. In der Mitte des von Wall und Graben eingeschlossenen Geländes errichteten sie einen doppelten Kreis aus 80 Doleritsteinen. Wegen ihres bläulichen Schimmers werden diese auch Blausteine genannt.

Die dritte Bauphase dauerte von 1700–1400 v. Chr. Manche Altertumsforscher teilen diese Phase nochmals in Abschnitte auf, denn die Bautätigkeiten wurden, wohl bedingt durch die außerordentliche Komplexität und Schwierigkeit der Maßnahme, während dieser Zeit mehrmals unterbrochen. Nach der weiter hinten beschriebenen Methode zur Altersbestimmung ist die innere Anlage wahr-

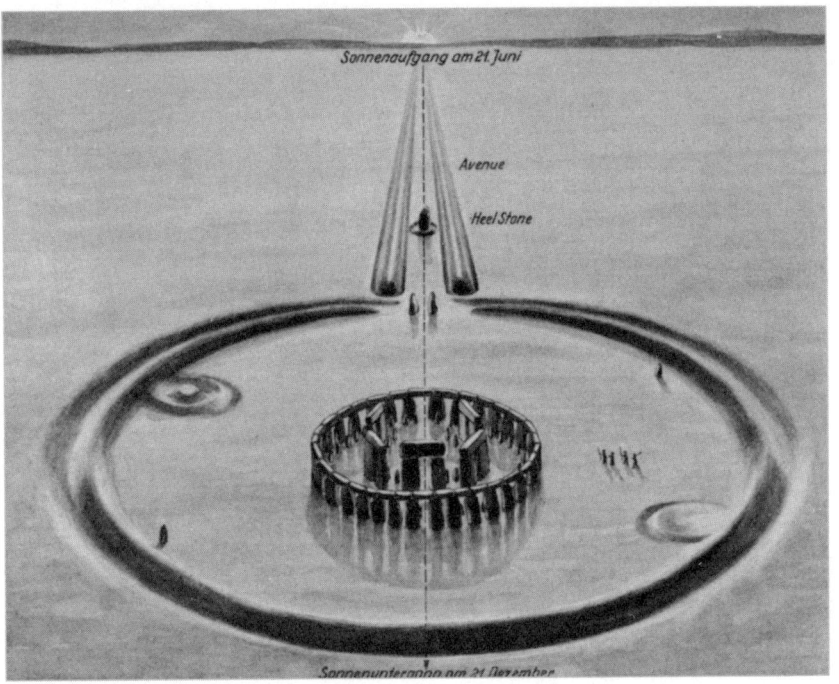

**Abb. 50** Frühere Ansicht von Stonehenge

scheinlich aber noch 500 Jahre älter, datiert also um das 2. Jahrtausend v. Chr. In dieser Bauphase entstanden die Hauptmerkmale des uns heute bekannten Stonehenge, nämlich die inneren vier Steinkreise.

Zunächst erhielt die Anlage einen monumentalen Steinkreis aus 30 mächtigen, grünlichen Sandsteinblöcken, den Sarsensteinen (Wortbildung aus dem Angelsächsischen für „heidnisch"). Immerhin wiegt einer dieser Blöcke im Durchschnitt 25 t. Die Steine zeigen zudem aufwändige Steinmetzarbeiten, denn sie sind auf der nach innen zeigenden Seite sorgfältig behauen und wurden auf der Oberseite mit halbkugeligen Zapfen versehen. Darauf wurden dann meterstarke, leicht geschwungene Decksteine (lintels) mit genau passenden Zapfenlöchern aufgelegt. Diese etwa 15 cm hohen Zapfen und die Löcher sind auch heute noch an den Sarsensteinen sowie heruntergefallenen Decksteinen zu erkennen. In dieser Bauphase entstand also das „Markenzeichen" von Stonehenge, nämlich die ringförmige Steinbalkenanlage, auch Architrav genannt, die von Säule zu Säule führt (Abb. 50) und eine beeindruckende Gesamthöhe von 5 m hat. In der Abbildung ist auch zu erkennen, dass die kleineren Blausteine aus der zweiten Bauphase in diesen inneren Kreis integriert wurden. Sie wurden jedoch so versetzt, dass sie jetzt eine Ellipse bilden. Heute stehen nur noch sechs von ihnen aufrecht, fünf sind schief und sieben umgestürzt. Der Rest fehlt.

In der Mitte dieser Steinbalkenanlage wurde ein steinernes Hufeisen aus fünf gigantischen Steinportalen, Trilithe genannt, aufgestellt. Dabei handelt es sich um je zwei senkrecht stehende Pfeiler mit 6 m Höhe und einem darüber liegenden Deckstein. Auf herabgestürzten bzw. umgefallenen Steinen wurden flache Eingravierungen entdeckt, die Axtschneiden oder Dolche darstellen. Das Zentrum der hufeisenförmigen Anordnung bildet ein hellgrüner, heute leider zerborstener Glimmersandstein, der als Altarstein bezeichnet wird.

Die Erbauer haben die Lage von Stonehenge nicht nur im Hinblick auf weite Sicht zum Horizont besonnen gewählt. Das Bauwerk liegt auf einer im Verhältnis mit nur wenig Erdboden bedeckten Kalkfelsenhochebene. Die Sandsteinblöcke wurden deshalb in Löcher gesetzt, die die Arbeiter in den darunter liegenden Felsen gehauen hatten. Dies ist ein Grund, warum ein Großteil der Steine heute noch steht.

Beim Baustil dieser dritten Phase, nämlich der Stützen-Balken-Konstruktion, spielen bereits physikalische Aspekte eine Rolle. Mit dieser prähistorischen Technik wurde das Grundproblem eines jeden Haus- oder Brückenbaus, nämlich den freien Abstand zwischen zwei Auflagen dauerhaft zu überspannen, gelöst. Die Anregung zu dieser Bauweise stammt vermutlich aus der Natur, denn umgestürzte Bäume bilden die einfachsten Brücken. Da Holz in wenigen Jahren verfaulte, wurden mit verbesserter Bautechnik Steinplatten benutzt. Auch Tempel und Grabplatten in Griechenland und Ägypten wurden so konstruiert. Dabei gehören Megalithbauten wie Stonehenge zu den ältesten bekannten Konstruktionen mit aufliegenden Steinplatten, die sogar mit Zapfen und Vertiefungen zur Fixierung versehen wurden. Wahrscheinlich haben die Erbauer hier Erfahrungen mit Holz verwertet.

Man ist erstaunt, dass diese Steinmonumente etwa vier Jahrtausende überdauert haben, denn Steine zur Überbrückung größerer Zwischenräume sind eigentlich keine gute Lösung. Schon durch das Eigengewicht des schweren Materials entstehen an der Unterseite des Steinbalkens große Zugspannungen, denen ein Stein nur in geringem Maß widerstehen kann, im Gegensatz zu Druckspannungen. In späteren Bauwerken wurden steinerne Stützen-Balken-Konstruktionen nur noch für Fenster und Türstöcke benutzt, wie man an vielen mittelalterlichen Burgen beobachten kann.

Und was ist aus Stonehenge geworden? Um Christi Geburt rissen die Römer, die in dieser Zeit nach Großbritannien vordrangen, eine Reihe aufrecht stehender Steine nieder, wahrscheinlich mit dem Ziel, den religiösen Vorstellungen und dem Wissen der Druiden als intellektueller Schicht der Kelten einen empfindlichen Schaden zuzufügen. Bis auf zwei weitere Abstürze von Decksteinen in späteren Jahrhunderten, die allerdings 1958 wieder in Stand gesetzt wurden, hat die Anlage auch heute noch das Aussehen nach den römischen Zerstörungen.

## Methoden der Altersbestimmung

Im Abschnitt über die Bauphasen wurden bereits Jahresangaben zur Entstehung der einzelnen Teile von Stonehenge genannt. Sie haben sich vielleicht zu Recht gefragt, wie diese Werte gewonnen wurden und wie genau sie sind.

Vor der Möglichkeit, vorgeschichtliche Funde mit der Radiocarbonmethode, einem kernphysikalischen Verfahren, zu datieren, war es für Altertumsforscher, Archäologen und Prähistoriker oft außerordentlich schwierig, Funde zeitlich richtig zuzuordnen. Auch die Megalithbauten waren hier keine Ausnahme. Das Alter vieler prähistorischer Kulturgüter wurde oft nur geschätzt oder auf sehr ungenaue Art erschlossen, indem man es vom bekannten Alter anderer Zivilisationen in Ägypten und Mesopotamien ableitete. Auch die genannten Steingravierungen der dritten Bauphase ermöglichten einen Vergleich, z. B. mit der mykenischen Kultur in Griechenland, die um 1500 v. Chr. ähnliche Dolche und Beile hervorgebracht hat. Einige Altertumsforscher erwogen sogar ein Einwandern griechischer Völker nach Großbritannien – ein Fehlschluss, wie sich später erwies, denn die Megalithbauten sind nicht nur älter, sondern bilden auch eine eigenständige Kultur stein- und bronzezeitlicher Völker. Erste genauere Altersangaben erhielten die Archäologen mit der Datierung der in den Aubrey-Löchern und anderen Ausgrabungsstellen gefundenen Scherben durch Vergleich mit anderen Keramiken, vor allem solchen vom europäischen Festland. Weitere zeitliche Hinweise ergaben sich auch aus den zahlreichen prähistorischen Grabhügeln, die im Umkreis von Stonehenge zu finden sind und die mit Sicherheit aus der gleichen Zeit stammen. Viele dieser Hügel sind ausgegraben worden und die zahlreichen Grabbeigaben lassen ebenfalls eine Datierung in die Bronzezeit, also die Zeit der dritten Bauphase zu.

Eine ganz andere zeitliche Einordnung wurde durch den britischen Astronomen *Sir Joseph Norman Lockyer*, und in Verbesserung der Methode durch *Richard J. Atkinson* vorgenommen. Sie stützten sich auf die Beobachtung, dass die Mittelachse von Stonehenge auf den Punkt am Horizont zeigt, an dem die Sonne zur Zeit der Sommersonnenwende aufgeht, ein erster Bezug zur astronomischen Bedeutung von Stonehenge. Da sich dieser Punkt aber im Laufe von vier Jahrtausenden um einen Winkel von 4° verschoben hat, lässt sich aus der Abweichung herleiten, wann das Bauwerk entstanden ist: etwa 1800 Jahre v. Chr. für die letzte Bauphase mit einer Unsicherheit von ca. 200 Jahren. Dieser Wert deckte sich recht gut mit den archäologisch gewonnenen Werten, wenngleich er etlichen Forschern als zu früh erschien.

Eine genaue Datierung für die Errichtung von Stonehenge konnte mit kernphysikalischen Analysen angegangen werden, als diese im letzten Jahrhundert in die archäologische Forschung Einzug hielten. Dabei ist die Radiokohlenstoff-Datierung zur wichtigsten Methode geworden, um Funde der Archäologie und der Anthropologie aus den letzten 50 000 Jahren mit sehr guter Genauigkeit zu datieren. Diese auch „Urzeit-Chronometer" genannte Methode wurde von dem Chemiker *Willard Libby* und seinen Mitarbeitern an der Universität Chicago in den 50er-Jahren des letzten Jahrhunderts entwickelt. Dafür erhielt *Libby* 1960 den Nobelpreis für Chemie.

Die Methode beruht darauf, dass ein bestimmtes radioaktives Kohlenstoffisotop, nämlich Kohlenstoff-14, auch Radiocarbon und im Folgenden kurz $^{14}C$ genannt, in die Molekülstruktur lebender Organismen eingebaut wird. Dabei versteht man unter Isotop eines chemischen Elementes Atomkerne mit gleicher Kernladungszahl (gleicher Protonenzahl), aber leicht unterschiedlicher Masse, die durch eine unterschiedliche Anzahl von neutralen Kernbauteilen, den Neutronen, bedingt ist. Dieser nur für die Kernphysiker bedeutende Unterschied macht sich im täglichen Leben nicht bemerkbar. Alle Isotope eines Elementes verhalten sich chemisch gleich, gehen also die gleichen Verbindungen ein und stehen daher im Periodensystem an gleicher Stelle. Es gibt in der Natur Elemente mit mehreren stabilen Isotopen, aber auch Elemente, die nur ein stabiles Isotop aufweisen, wie z. B. Gold. Vom Kohlenstoff sind sechs Isotope bekannt. Am häufigsten sind in der Natur die beiden stabilen Kohlenstoffisotope $^{12}C$ und $^{13}C$ vorhanden, in deren Kern man 6 Protonen und 6 bzw. 7 Neutronen findet. Weitaus seltener, nämlich im Verhältnis 1:1 Billion, kommt das radioaktive Isotop $^{14}C$ vor, dessen Kern 6 Protonen, aber 8 Neutronen enthält. Es lässt sich anhand seines radioaktiven Zerfalls nachweisen.

Die Geschwindigkeit, mit der eine Menge von radioaktiven Atomkernen zerfällt, wird durch ihre Halbwertszeit beschrieben. Diese beträgt für $^{14}C$ etwa

5700 Jahre. Das heißt, dass eine Probe, die ursprünglich 10 000 $^{14}$C-Kerne enthielt, nach 5700 Jahren nur noch 5000 enthält und nach weiteren 5700 Jahren nur noch 2500 Atomkerne. Die anderen haben sich in den genannten Zeitabschnitten unter Aussendung eines Teilchens in einen anderen Atomkern umgewandelt. Im Fall des $^{14}$C verwandelt sich das Mutterisotop in einem Zerfallsschritt in ein stabiles Endprodukt: Der Kohlenstoffkern gibt ein Elektron ab und geht dabei in einen Stickstoffkern, nämlich $^{14}$N über.[12] Nun ahnen Sie schon, wie die Methode prinzipiell funktioniert. Wenn man die ursprüngliche Menge an $^{14}$C-Kernen in einer Probe kennt, kann man leicht ihr Alter bestimmen, indem man errechnet, wie viele Halbwertszeiten verstrichen sein müssen, damit die verbliebene Radioaktivität des Radiocarbons den gemessenen Wert annimmt.

Die Existenz des Isotops $^{14}$C war den Kernphysikern schon in den 40er-Jahren bekannt. Es wurde für medizinische und biochemische Versuche im Laboratorium künstlich hergestellt. 1946 konnte *Libby* nachweisen, dass $^{14}$C auch in der Natur vorkommt. Es entsteht in den äußeren Schichten der Atmosphäre unter der Einwirkung der kosmischen Strahlung. Der Neutronenanteil dieser Strahlung wird fast vollständig in einer Höhe von 12 km über der Erde vom atmosphärischen Stickstoff eingefangen, es bilden sich zunächst radioaktive Stickstoffkerne ($^{15}$N), die sich aber sofort durch Abstrahlung eines Protons in $^{14}$C-Kerne verwandeln. Der in großen Höhen entstandene radioaktive Kohlenstoff verbindet sich, wie normaler Kohlenstoff auch, mit dem Sauerstoff der Luft zu Kohlendioxid und geht in dieser Form in den Kreislauf des organischen Lebens ein, sobald er die Erdoberfläche erreicht. Durch Photosynthese gelangt das radioaktive Molekül in die Biosphäre und mit der Nahrungskette schließlich auch in die Gewebe von Tieren und Menschen (Abb. 51).

Wenn der Neutronenstrom aus dem Weltall innerhalb der letzten 50 000 Jahre – während der Evolution des modernen Menschen – konstant geblieben ist, dann hat sich ein Gleichgewicht von Produktion und Zerfall des Radiocarbons auf unserem Planeten eingestellt. Dementsprechend hat sich eine konstante Radiocarbon-Konzentration in allen lebenden Pflanzen und Tieren angesammelt.

Solange ein Organismus lebt, hält er diese Gleichgewichtskonzentration an Radiocarbon aufrecht. Stirbt er aber, so wird kein weiteres Radiocarbon mehr ins Gewebe eingebaut, der Nachschub von frischem Kohlenstoff aus der Umwelt

---

[12] Genauer: Ein für die Stabilität überschüssiges Neutron im Kern des Radiocarbons wandelt sich unter Aussendung eines Elektrons in ein Proton um. Das $^{14}$C ist ein so genannter Betastrahler, dessen Radioaktivität mit kernphysikalischen und -chemischen Methoden quantitativ nachgewiesen werden kann.

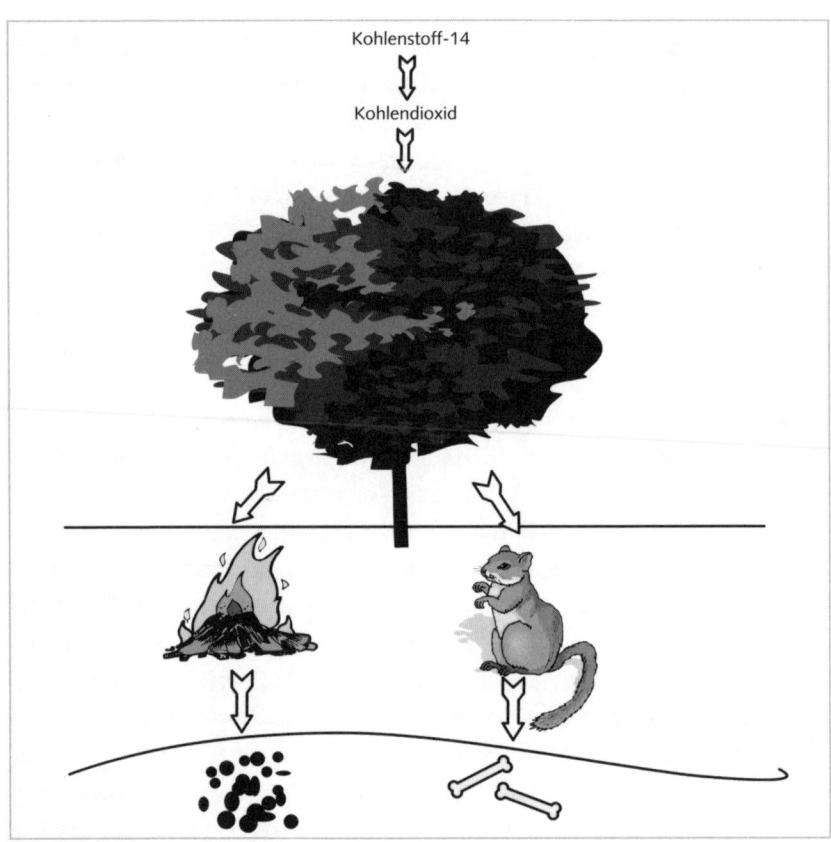

**Abb. 51** Der Einbau des Radiocarbons in den Kreislauf des organischen Lebens

endet. Nun kommt der radioaktive Zerfall allein zum Tragen und die Konzentration des $^{14}C$ nimmt nach den Regeln der Halbwertszeit ständig ab. Der Tod des Lebewesens startet die Uhr der Physiker. Dies ermöglicht die Altersbestimmung der Probe, denn sonst würden sich die Funde aus steinzeitlichen Gräbern nicht von denen heute lebender Organismen unterscheiden. Wenn im Körper eines jeden Lebewesens eine konstante, wenn auch geringe, Gleichgewichtskonzentration von $^{12}C$ zu $^{14}C$ vorliegt und diese bekannt ist, lässt sich das Alter organischer Überreste bestimmen.

Hier wird sofort der Nachteil der Methode deutlich: Nur organisches Material kann zur Altersbestimmung herangezogen werden. Geeignet sind also Pflanzenreste wie Papyrus, Getreidekörner oder Kleiderreste aus Gräbern, aber auch Knochen, Haut, Leder, Horn und z. B. auch das Turiner Grabtuch. Steine und anderes anorganisches Material sind für die Altersbestimmung ungeeignet, das heißt, das Alter einzelner Steingruppen und -kreise lässt sich in Stonehenge mit dieser Methode nicht direkt bestimmen. Archäologen behelfen sich hier, indem sie Proben untersuchen lassen, von denen man annimmt, dass sie in einem zeitlichen Zusammenhang mit dem betrachteten Bauwerk oder Objekt stehen. Dies sind vor allem Knochen- und Scherbenfunde in den Aubrey-Löchern sowie Gräber am Fuß einiger Steinsetzungen im Inneren des Kreises. Allerdings tritt hier die Problematik auf, dass, entsprechend dem religiösen Charakter der Anlage, menschliche Überreste in einem bereits existierenden Steinkreis als Ritual beigesetzt wurden. Der Zeitpunkt der eigentlichen Steinsetzung kann also nur grob daraus bestimmt werden.

Die Analyse der organischen Proben ist heute auf zweierlei Arten möglich, nämlich kernphysikalisch durch Nachweis des radioaktiven Zerfalls des Radiocarbons oder durch Massenspektroskopie. Bei der kernphysikalischen Methode werden die Proben in mehreren chemischen Schritten zu Benzol verwandelt oder sie werden verbrannt und das entstehende Kohlendioxid zu elementarem Kohlenstoff reduziert. Bei beiden Endprodukten wird die Radioaktivität, das heißt die Zahl der radioaktiven Zerfälle in einem Beobachtungszeitraum, mit einem hochempfindlichen Zählrohr oder besser mit einem Szintillationszähler gemessen. Ein Szintillationszähler weist dabei das Zerfallsprodukt anhand eines Lichtblitzes im empfindlichen Material nach. Hierzu wird im Allgemeinen Natriumjodid benutzt.

Die Zeitunsicherheit beträgt für neuere Proben ca. 50 Jahre, kann aber 200 Jahre und mehr für sehr alte Proben (5000–20 000 Jahre) ausmachen, da die schwache Radioaktivität des Radiocarbons sich dann kaum noch von der, obwohl größtenteils abgeschirmten, Untergrundstrahlung unterscheiden lässt. Dies stellt eine wesentliche Fehlerquelle bei alten Proben und gleichzeitig eine Grenze für die Altersbestimmung durch direkten Nachweis des Kohlenstoffzerfalls dar. Eine 30 000 Jahre alte Probe enthält z. B. nur noch 1 % ihres ursprünglichen Radiocarbons. Ein anderer Nachteil der kernphysikalischen Methode ist, dass für eine verlässliche Messung ziemlich viel Probenmaterial benötigt wird, das zudem unwiederbringlich zerstört ist – beides ernste Mängel, da von vielen Fundstücken mit hohem archäologischen Wert oft nur kleine Überreste vorhanden sind. Man denke dabei auch an das berühmte Turiner Grabtuch oder eine Stradivari-Geige. Benötigt werden aber oft fast 0,5–1 kg, je nach Alter der Probe.

In den 80er-Jahren ist daher an der Universität Oxford eine Variante der Radiokohlenstoff-Datierung entwickelt worden, die mit einem Teilchenbeschleuniger und Massenspektrometer (kurz AMS genannt für Accelerator Mass Spectrometry) arbeitet. Damit lassen sich alle in der Probe enthaltenen $^{14}$C-Kerne direkt nachweisen, man ist also nicht mehr auf den Zerfall der Kohlenstoffkerne angewiesen. Es genügt eine viel geringere Probemenge, die durchaus in der Größenordnung von Milligramm liegen kann. Mit verbesserter Technik konnten sogar Messgenauigkeit und maximales Alter verdoppelt werden. Das zeitliche Limit bildet hier nur die Halbwertszeit des Kohlenstoffisotops. Um weiter zurück zu datieren, benötigt man ein radioaktives Isotop mit einer wesentlich größeren Halbwertszeit. Außerdem muss es, wie Radiocarbon, durch die Höhenstrahlung produziert werden. Hier bietet sich $^{36}$Cl (Chlor) an mit einer Halbwertszeit von rund 300 000 Jahren.

Aber auch die Radiocarbonmethode musste in den ersten Jahren ihrer Erprobung „Kinderkrankheiten" überwinden. Eine Grundannahme, die bei der Auswertung der Daten eine wesentliche Rolle spielt, ist, wie bereits beschrieben, dass die Konzentration an radioaktivem Kohlenstoff in der Atmosphäre in den sensitiven Zeitspannen konstant geblieben ist. Doch ausgerechnet dieser Grundpfeiler erwies sich als unhaltbar. Man verglich nämlich die Ergebnisse von Radiokohlenstoff-Datierungen an Holzproben mit den Alterswerten, die sich durch die Jahresring-Datierung (Dendrochronologie) derselben Proben ergaben.[13] Dabei hat sich herausgestellt, dass das $^{14}$C/$^{12}$C-Verhältnis nicht immer völlig konstant geblieben ist, der Radiocarbongehalt der Luft muss z. B. um 1500 v. Chr. geringer gewesen sein als heute. Die Intensität der kosmischen Strahlung hat sich demnach

---

[13] Eine Erweiterung der dendrochronologischen Zeittafel ist auf raffinierte Weise möglich: Dazu werden die zum Teil zeitlich überlappenden Jahresringe von Hölzern oder Bäumen aneinander gelegt. Voraussetzung dieser zeitlichen Fortsetzung ist natürlich gleiche Baumart und Klima. Dabei wurden z. B. Eichenholzfunde aus Kiesbetten in großen süddeutschen Flüssen ausgewertet. Die älteste Eiche hat 8480 v. Chr. zu wachsen begonnen, denn erst in dieser Zeit war die Eiche aus dem Mittelmeergebiet in unsere wärmer gewordenen Gefilde vorgedrungen. Davor hatte die Kiefer die Wälder beherrscht. Erst vor ca. 3 Jahren gelang die Verknüpfung von Kiefern- und Eichenchronologie, sodass der Blick in die Vergangenheit jetzt beeindruckende 14 400 Jahre zurückreicht (Literatur im Anhang). Eine Kalibrierung für die Produktionsrate des Radiocarbons durch die kosmische Strahlung, die ja nicht immer gleich geblieben ist, kann auch mithilfe von alten Korallen durchgeführt werden. Dabei wird deren Alter mithilfe des Verhältnisses natürlicher Uranzerfallsprodukte bestimmt und gleichzeitig die Radiocarbonjahre des ehemals organischen Materials. Mit dieser Methode ist eine Datierung bis zu 60 000 Jahre in die Vergangenheit möglich. Interessanterweise ergab sich, dass vor ca. 20 000 Jahren etwa 50 % mehr Radiocarbon erzeugt wurde als heute, also ein beträchtlicher Anstieg der kosmischen Strahlung vorlag. Man nimmt an, dass diese Ergebnisse mit Fluktuationen des Erdmagnetfeldes einhergehen. Damit ermöglichen solche Kalibrierungen gleichzeitig Aussagen über das Verhalten des magnetischen Feldes der Erde.

verändert, evtl. durch Störungen im Magnetfeld der Sonne oder durch Schwankungen des Erdmagnetfeldes. Gemeint sind dabei nicht die 11-jährigen Sonnenzyklen, sondern größere Schwankungen in sehr viel längeren Zeiträumen. Der radioaktive Kohlenstoff wird daher von vielen Forschern auch als eine Art „Klima-Indikator" angesehen. Eine Eichung für die Radiocarbonschwankungen der letzten Jahrtausende konnte in den letzten Jahren auch mit Eisbohrkernen aus Arktis und Antarktis vorgenommen werden, deren Schichtungen ebenfalls die Klimageschichte unserer Erde wiedergeben. Diese Gegeneichung dauert noch an, viele Eiskerne sind noch nicht vollständig vermessen.

Auch die Halbwertszeit des Radiokohlenstoffs musste nach genaueren Messungen korrigiert werden. Mit Beginn der Entwicklung der Methode in den 50er-Jahren ging *Libby* von einem Wert von 5570 Jahren aus, bei einer Nachmessung im Jahre 1962 wurde dieser Wert jedoch auf 5730 Jahre (mit einer Unsicherheit von 30 Jahren) nach oben korrigiert. In der Kernphysik ist es messtechnisch sehr schwierig, sowohl sehr lange (Jahrtausende) als auch sehr kurze Halbwertszeiten (Milliardstel Sekunden) zuverlässig zu messen, zumal die betrachteten Atomkerne, künstlich hergestellt oder natürlich erzeugt wie beim $^{14}$C, oft nur in geringen Mengen vorhanden sind.

Als problematisch haben sich für die Methode auch Verunreinigungen in den Proben erwiesen, die z. B. durch Bakterien, Pilze, einsickerndes Grundwasser oder durch Einlagerung von älterem oder jüngerem Kohlenstoff entstehen können. Dies ist gerade bei Kleidungsstücken und dem Turiner Grabtuch immer wieder ein Angriffspunkt gewesen. Außerdem muss durch sachgemäßes Bergen der Funde eine Kontamination mit Fremdkohlenstoff vermieden werden. Dies kann bei vielen alten Stücken aus den Museen oft gar nicht mehr garantiert werden. Bei der Analyse ist also viel Fingerspitzengefühl und Erfahrung nötig, so einfach das Prinzip dieser Methode auch erscheint.

Dementsprechend mussten erste Datierungen korrigiert und sämtliche zeitlichen Einordnungen neu vorgenommen werden. Dabei stellte sich, wie vorne bereits angedeutet, heraus, dass die Megalithbauten erheblich älter sind als zuerst angenommen und vor allem älter als einige Bauten in Ägypten. Die Steine von Stonehenge standen bereits, als die mykenischen Griechen noch nicht einmal den Grundstein zu ihrer Kultur gelegt hatten. Die Ursprünge der megalithischen Steinkreise waren also nicht im Mittelmeerraum zu suchen, wie einige Forscher annahmen, sondern waren ein eigenständiges Bauwerk der ansässigen Völker und Stämme – eine gravierende Änderung im Weltbild der damaligen Altertumsforscher. Auch ein Forschungsprogramm in den 90er-Jahren, das noch einmal zahlreiche Proben untersuchte und datierte, konnte dies bestätigen.

### Zurück zu den Steinen

Nach diesem Exkurs in die Kernphysik nun zurück zu den Steinen selbst. Auch hier gibt es noch eine Menge physikalischer Sachverhalte zu entdecken, nämlich Größe, Herkunft, Transport und Aufbau der Steine. Wenn man die Größe von einigen Metern sowie das Gewicht von etlichen Tonnen der einzelnen Steine, selbst das der kleineren Blausteine, in Augenschein nimmt, dann wird schnell klar, dass Transport und Aufbau die damaligen Erbauer viel Zeit, Mühe und auch Können gekostet haben muss – ein Zeichen dafür, wie wichtig ihnen dieser Ort war. In Stonehenge wurden, den Bauphasen entsprechend, verschiedene Steinarten eingesetzt. Bei dem ältesten Stein der Anlage, dem aus der ersten Bauphase stammenden heel stone, handelt es sich um einen 5 m hohen, etwa 2,5 m dicken Sandstein, einem grobkörnigen Sedimentgestein, das durch Verfestigung von angesammeltem Quarzsand mit unterschiedlichen Bindemitteln entsteht. Die Bindemittel sowie andere Beimischungen bestimmen die Farbe. So ergeben Steine mit Eisenoxid die uns bekannte rotbraune Farbe, Kohlenstoff blaue und schwarze Töne und Glimmer grünliche. Sandsteine wurden schon immer als Baumaterial benutzt, da sie sich relativ leicht bearbeiten lassen.

Wie schwer mag dieser heel stone wohl sein? Man kann es durch eine einfache Messung annähernd bestimmen. Dazu braucht man nur einen kleineren, handlichen Sandstein in der Umgebung zu suchen. Dieser Stein wird gewogen und sein Volumen bestimmt, indem man einen Messbecher etwa halb mit Wasser füllt, den Stein langsam, möglichst ohne anhaftende Luftblasen, hineingibt und das zusätzliche Verdrängungsvolumen abliest. Jetzt kann man aus den beiden gewonnenen Werten die Dichte von Sandstein bestimmen. Es ergibt sich etwa ein Wert von $2,5 \, kg/dm^3$, das entspricht $2,5 \, t/m^3$, ein recht ordentlicher Wert. Nimmt man für den heel stone ein Volumen von $25-30 \, m^3$ an, je nachdem, ob man einen Zylinder oder Quader rechnet, dann erhält man immerhin ein Gewicht von $60-70 \, t$. Erstaunlich! Anschaulich leichter, ohne Umweg über die Dichte, ist der direkte Volumenvergleich des kleinen und großen Sandsteins[14].

---

[14] Der Vollständigkeit halber weise ich darauf hin, dass die Dichte der unterschiedlichsten Materialien in Tabellenbüchern der Physik oder Chemie nachgesehen werden kann. Daraus lässt sich, ohne Experiment, das Gewicht der Stonehengesteine berechnen.

Die viel kleineren Blausteine aus der zweiten Bauphase haben immerhin noch ein Gewicht von etwa 2 t. Ihr Material, nämlich das bläulich schimmernde Dolerit, ist ein spezielles Basalt, ein vulkanisches Gestein aus der Erdneuzeit. Für den gleichen Versuch muss man sich ein entsprechendes Stück Basalt, z. B. vom Kopfsteinpflaster, besorgen. Die Dichte (etwa $3 t/m^3$) ist größer als beim Sedimentstein, da Basalt ein aufgeschmolzenes Material darstellt. Durch mineralogische Untersuchungen wurde herausgefunden, dass die Blausteine aus den etwa 200 km entfernten Prescellybergen in Wales kommen. Wie konnten die Erbauer einen so weiten Weg für solch große und schwere Steine bewältigen?

Es gilt als gesichert, dass sie den größten Teil ihres Weges auf dem Wasser, also entlang der Küste und dann auf Flüssen, transportiert wurden. Der Fund eines Blausteinblockes ähnlicher Abmessungen wie in Stonehenge in einem relevanten Flussbett im Jahr 1988 bestätigte dies. Wahrscheinlich handelt es sich bei dem Findling um einen Floßunfall. Arbeitsgruppen konnten experimentell nachweisen, dass sich selbst Steine von 2 t Gewicht zu Wasser transportieren lassen, nämlich indem man sie quer über drei Paddelboote legt. Auch diesen Transport kann man nachempfinden: mit kleinen Booten oder Flößen aus Holzstöckchen oder Modelliermasse. Es lassen sich damit mühelos Steine tragen, die schwerer sind als die Boote oder Flöße selbst.

Wenden wir uns nun dem mächtigen inneren Steinkreis zu. Die Balkenanlage mit den Sarsensteinen, von denen jeder etwa 25 t wiegt, besteht aus grünlichem Quarzsandstein, auch Quarzit genannt, der aus einem etwa 30 km entfernten Steinbruch stammt. Auch die Trilithe, jeder etwa 50 t schwer, kommen aus dieser Gegend. Sie müssen über den Landweg herangebracht worden sein. Wie wurde das bewerkstelligt? Möglich ist hier ein Ziehen auf Eichenstämmen, die quer gelegt als Rollen für den Transport dienten. Denkbar ist auch, dass die schweren Steine auf einem Holzschlitten mit Seilen festgemacht wurden und dieser entweder im Winter über vereistes Gelände oder ebenfalls über die Baumrollen gezogen wurde. Für den Transport wurden relativ viele Arbeitskräfte benötigt, denn zusätzlich musste ständig der Weg geebnet und die schweren Eichenstämme wieder nach vorn gebracht werden. Abschätzungen zeigen, dass für den gesamten Bau des Sarsenkreises 1500 Leute über fünf Jahre lang gearbeitet haben. Dies verdeutlicht, mit welchem Aufwand und mit welcher unvorstellbaren Intensität hier gebaut wurde. Man ist erstaunt, dass es einem bronzezeitlichen Volk überhaupt möglich war, so viele Leute für die Arbeit an ihrem Steinkreis abzuordnen, das heißt z. B. auch aus den Überschüssen zu ernähren.

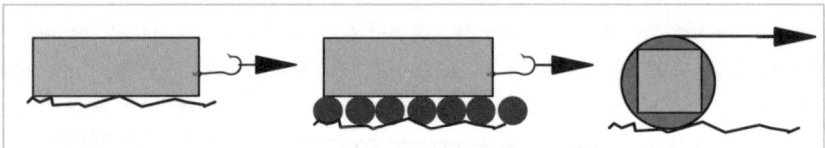

**Abb. 52** Versuch zum Steintransport
Links: ziehen auf unebenem Boden; Mitte: Ziehen auf Rollen (Baumstämmen), evtl. Schlitten, rechts: Bewegung als Vorstufe zum Rad (Querummantelung aus Holz)

Vor diesem gedanklichen Hintergrund ist es interessant, sich mit dem Transport der tonnenschweren Quader für die Pyramiden zu beschäftigen, denn diese Art könnte auch, gemessen am Entwicklungsstand der Bronzezeit, für den Transport der Stonehengesteine Bedeutung haben. Es ging dabei um eine Vorform des Rades, gleichzeitig eine Weiterentwicklung der Idee des Rollens. Die Steinblöcke wurden mit einem runden Holzrahmen umschlossen, der sich dann mit wesentlich weniger Kraftaufwand und Bedienungspersonal rollen ließ.

Auch wenn wir heute für diese Entwicklungsschritte keine Beweise finden können, ist es auf jeden Fall interessant, sich den unterschiedlichen Kraftaufwand für die einzelnen Arten des Steintransportes zu verdeutlichen und damit ein Gefühl für den immensen technologischen Fortschritt zu erhalten (Abb. 52):

a) Man benötigt einen quaderförmigen, nicht zu großen Steinblock und einen Federkraftmesser, zur Not kann auch eine einfache Feder benutzt werden oder man führt den Versuch halbqualitativ mit der Hand durch. Wer geschickt ist, schraubt in den Stein einen Ring, der als Einhängemöglichkeit für den Kraftmesser dient, es kann aber auch einfach ein Band parallel zur Zugrichtung um den Stein gelegt werden. Nun zieht man diesen Stein, quasi als Vorversuch, über fein verteilten Sand oder eine Zementplatte und misst den für die Bewegung notwendigen Kraftaufwand (nicht die Kraft zur Überwindung der Haftreibung am Anfang!).

b) Nun misst man die Transporterleichterung, indem der Steinquader über Rollen gezogen wird. Dazu kann man, sehr realistisch wegen der Unebenheiten von Baumstämmen, selbst gefertigte Rollen aus Modelliermasse benutzen; runde Kreide oder Bleistifte haben sich auch bewährt. Auch der Transport mit einem kleinen Holzschlitten kann simuliert werden.

c) Nun kommt der Versuchsteil, der die Anfänge des Rades nachvollzieht. Gute Experimentatoren ummanteln den Steinquader mit einem Sperrholzrad, wickeln einen dünnen Faden um das Rad und messen die Kraft, die zum Abwickeln des Fadens benötigt wird. Dadurch entgeht man dem Problem des Umgreifens beim Rollen, das mit dem Kraftmesser nicht simuliert werden kann. Mit dem Kraftmesser muss ein praxisnaher Anstellwinkel eingenommen werden. Einfacher ist allerdings eine Ummantelung aus einer Knetmasse wie Fimo, wobei man darauf achten muss, dass das Gewicht der Last sehr viel größer als das Gewicht des Rades sein soll. Noch einfacher wird es, wenn man die Steinlast in passende Papprollenstücke stecken kann. Oder man fertigt aus starker Pappe ein entsprechendes „Rad" um die Last.

Übrigens: Die Weiterentwicklung des Rades musste dann noch den, nicht gerade kleinen, gedanklichen und technologischen Schritt bewältigen, das Lastgut vom Rad zu trennen. Es ist allemal günstiger, nur das Rad zu rollen statt Rad und Last zusammen zu bewegen. Ein wichtiger Entwicklungsschritt in Richtung „Wagen".

Zur Aufrichtung der Monolithen wurden dann die uns bekannten einfachen und kraftsparenden Methoden wie Hebel und Seile angewendet, die mit Sicherheit bereits in der Jungsteinzeit benutzt wurden. Zuerst wurde eine Grube mit einer abgeschrägten Wand ausgehoben. Als Grabmaterial dienten wahrscheinlich Geweihe und Knochen. Der Steinquader wurde dann so platziert, dass er über die Grube hinausragte. Nun mussten viele Arbeiter mit langen Holzhebeln den Stein langsam aufrichten. Dabei wurden immer wieder Rundhölzer untergelegt, einerseits um den Stein abzustützen, andererseits um ein Widerlager für die Hebel zu schaffen. Mit zunehmenden Holzlagen geriet dabei der Stein mehr und mehr aufrecht, bis er in die Grube abrutschte. Mithilfe von Seilen konnte er dann aufgerichtet werden. Eine der gefährlichsten Arbeiten war das Auflegen eines Decksteins, der über eine Plattform aus Rundhölzern hochgehebelt und dann auf seine Trägersteine gedreht werden musste. Auch ein Transport über eine (Erd-)Rampe ist denkbar und möglich.

Obwohl in Forschungsarbeiten immer wieder der Beweis erbracht wurde, dass Transport und Aufstellen der schweren Steine auch mit Werkzeugen aus der Bronzezeit möglich war, halten sich trotzdem mystische Erzählungen hartnäckig, die Anlage sei von außerirdischen Mächten erbaut worden. Wie man sieht, brauchen wir diese dafür jedoch nicht zu bemühen. Oder haben viele Menschen mit diesem kollektiven Kraftakt einfach deshalb Probleme, weil sie deren Nützlichkeit nicht bewerten können? Aber haben Menschen nicht zu allen Zeiten ihre kulturellen und religiösen Vorstellungen in Monumentalbauten umgesetzt? Denken

Sie an die Pyramiden oder an die Peterskirche. Warum sind uns dann die Bauten der Steinzeitmenschen so fern?

### Der Beginn der Archäo-Astronomie

Schon seit längerer Zeit vermuten Altertumsforscher, dass bei Steinkreisen und megalithischen Bauwerken astronomische Aspekte eine Rolle spielen. Wie weiter vorne bereits geschildert, nutzte *Norman Lockyer* die aufgehende Mittsommer-sonne über dem Fersenstein zur Altersbestimmung. Er kam bei weiteren Unter-suchungen zu der Überzeugung, dass die Steine im Altertum so aufgestellt wor-den waren, dass Stand von Sonne, Mond und bestimmten Sternen für zeitliche Einordnungszwecke beobachtet werden konnten, also Merkmale für weiterge-hende astronomische Beobachtungen beinhalteten. Durch eine Reihe von Unge-nauigkeiten gaben seine Arbeiten jedoch Anlass zu wilden Spekulationen und Übertreibungen. Ich werde daher versuchen, im Folgenden interessante For-schungsergebnisse wiederzugeben, allerdings wegen der Fülle des vorliegenden Materials zum Thema ohne Anspruch auf Vollständigkeit.

Das Gebiet der Archäo-Astronomie ist noch relativ jung. Es beschäftigt sich auf wissenschaftlicher Basis mit archäologischen Ausgrabungen und Bau-denkmälern und deren astronomischer (Be-)Deutung. Einige Wissenschaftler nen-nen das Fachgebiet auch Astro-Archäologie, eine meiner Ansicht nach gleichbe-rechtigte Begriffsbildung. Erst in den 60er-Jahren nahm die Untersuchung der megalithischen Monumente und ihre Bedeutung für die Astronomie wirklich Gestalt an. Als einer der Mitbegründer gilt der amerikanische Astronom *Gerald Hawkins*, der 1963 mit seinen Buch „Stonehenge decoded" darauf hinwies, dass in den Lage- und Abstandsverhältnissen zwischen den Steinen Sonnen- und Mondvermessungen verschlüsselt seien. Diese könnten zur Voraussage von Son-nenauf- und -untergängen, der Bewegung des Mondes sowie von Sonnen- und Mondfinsternissen verwendet werden.

Seine Theorie geht dahin, dass die Betreuer der Stonehengekreise[15] durch Verschieben von Markierungssteinen eine Art Kalendarium zur Feststellung von Jahreszeiten, Aussaatterminen, gefürchteten Finsternissen und anderen religiö-

---

[15] Dies waren Priester, Druiden, Astronomen oder wie man sie auch immer bezeichnen will. Die Druiden als Vertreter der intellektuellen Klasse der Kelten haben die Anlage zwar nicht erbaut, da sie nachweislich erst später englischen Boden betraten, sie nutzten sie jedoch zu astronomischen Be-obachtungen und religiösen Handlungen.

sen Terminen hatten. Seine Arbeiten waren jedoch noch ungenau. Sie wurden von *Alexander Thom*, einem Professor aus Oxford, fortgesetzt und auf wissenschaftlicher Basis verbessert. Etliche Historiker und Astronomen beschäftigen sich auch heute noch mit diesem Thema. Erwähnenswert ist in diesem Zusammenhang noch ein Buch von *William Calvin*, das sich mit dem astronomischen Wissen steinzeitlicher Indianer beschäftigt und zu ähnlichen Schlussfolgerungen über Sonnen- und Mondbeobachtungen sowie der Vorhersage von Finsternissen kommt (Literaturhinweise im Anhang).

Welche gesicherten Schlussfolgerungen lassen sich also aus dem Aufbau der Steine ziehen? Wie schon beschrieben, könnte der Fersenstein im Zusammenhang mit der Mittsommersonne stehen, also eine Art Visierstein darstellen. Auch andere Anlagen, die untersucht wurden, sowie diverse einzeln stehende Steine weisen solche Ausrichtungen auf. Zusätzlich wurde bei Ausgrabungen 1979 ein Steinloch in der Nähe des Fersensteins entdeckt. Es kann sich also auch um den Überrest eines Megalithenpaares handeln, das die aufgehende Sonne einrahmte.

Problematisch ist, dass mit dieser Visiermethode kein einzelner Tag hervorgehoben werden kann, denn durch die nur geringe Veränderung des täglichen Sonnenstandes um die Sommersonnenwende scheint die Position des Sonnenaufgangs fast eine Woche praktisch still zu stehen. Die Festlegung des Mittsommers als Feiertag ist daher um etliche Tage ungenau. *Fred Hoyle*[16] stellte eine Methode zur genauen Festlegung des Mittsommertages vor, die mit Bedeckungen der Sonnenaufgänge durch Steine arbeitet, die auch in anderen Kulturen wie in Südamerika üblich war. Damit wird das genannte Problem umgangen, es gibt jedoch keinen Hinweis, dass die Erbauer von Stonehenge tatsächlich so gearbeitet haben und damit ihren Sonnenumlauf eichen konnten. Bekannt ist auch, dass der Visierstein wertvolle Hinweise auf bevorstehende Sonnenfinsternisse lieferte, nämlich dann, wenn der mittwinterliche Vollmond über diesem Stein aufgeht.

---

[16] *Sir Fred Hoyle*, britischer Astronom, Mitbegründer der astronomischen Sicht auf Stonehenge und Autor von zahlreichen Sciencefiction-Romanen wurde am 24. Juni 1915 geboren und starb am 20. August 2001 im Alter von 86 Jahren. Der Forscher der Cambridge University hatte in den 40er-Jahren den Begriff des „Big Bang" geprägt – und zwar, indem er die Idee des Urknalls als Beginn des Universums vor zwölf Milliarden Jahren ablehnte. Er glaubte vielmehr, dass der Kosmos keinen Anfang hatte und dass ständig neue Galaxien entstehen, während sich die anderen stetig voneinander entfernen. Auch wenn sich seine Steady-state-Theorie nicht durchsetzen konnte, fand *Hoyle* wegen seiner Arbeiten über Sterne, Galaxien, Gravitation und Atome weite Anerkennung.

Von *Hawkins* wurde immer wieder herausgestellt, dass auch andere Hauptrichtungen in den Steinkreisen und einige besondere Steinsetzungen am Wall mit Mond- und Sonnenständen sowie Planeten- und Sternkonstellationen übereinstimmen. Ob dies beabsichtigt war oder zufällig so genau eingehalten ist, vermag natürlich kein Wissenschaftler zu sagen. Einige Richtungen könnten auch Zufall sein, denn mit der Anzahl an möglichen Richtungen wächst auch die Wahrscheinlichkeit, etwas Passendes am Himmel zu finden. Einige Richtungen dienten wohl wirklich als weitere Beobachtungspunkte von Sonnen- und Mondumlauf, also zu Eich- bzw. Korrekturzwecken. Vielleicht mussten sie auch benutzt werden, wenn zur Zeit der Sonnenwenden schlechtes Wetter eine Beobachtung vereitelte.

Interessant erschien allen Forschern immer wieder der Zusammenhang der Steinsetzungen mit Mond- und Sonnenlauf, also eine Art Jahreslauf oder Kalenderfunktion. Vor allem der englische Mathematiker *Simon Cassidy* beschäftigte sich in den letzten Jahren erneut damit. Seine als Hobby betriebenen Fachgebiete sind (prä-)historische Mathematik, Astronomie und das (prä-)historische Kalenderwesen. Seine Meinung über Anzahl und Bedeutung einzelner Steingruppen und Steine weicht stark von den offiziellen Internetseiten ab. Er konnte z. B. nachweisen, dass es nur 29 aufrecht stehende Sarsensteine waren, der als 30. Stein bezeichnete ist nur halb so groß und war es wohl auch ursprünglich. Die Anzahl spiegelt damit die Länge eines Mondmonats wider. Der zentrale Bereich des Monuments enthält insgesamt 177 Steine, dies entspricht der Anzahl der Tage von sechs Mondmonaten (genauer Wert: 177,2 Tage) und bekräftigt Hinweise, dass dieser zentrale Bereich dazu gedacht war, den Jahreslauf in Mondmonaten zu zählen. Außerdem ergeben die 33 Decksteine oder Überleger des Kreises gerade die Anzahl der Mondmonate mit 29,5 Tagen, nach denen ein Extratag zur Kalenderberichtigung nötig war. Dies ist in unserem heutigen Kalender der Schalttag im Februar.

Augenscheinlich hatten bereits die Erbauer in der Bronzezeit die Erfahrung gemacht, dass der Erdumlauf um die Sonne, der Mondumlauf um die Erde und die Tagesperiode der Erde keine ganzzahligen Vielfachen voneinander sind. So kann ein Sonnenjahr weder genau in Mondmonatslängen, also dem Abstand von Neumond zu Neumond, noch in exakten Tagen ausgedrückt werden. Man kann ein Jahr nicht genau in Mondmonate einteilen, es bleibt ein Rest von mehreren Tagen. Dies lässt sich z. B. durch eine unterschiedliche Monatslänge, unabhängig von der Mondphase, beheben, wie in unserem heutigen Kalender üblich, oder man muss auf angehängte unvollständige Monate bzw. Tage ausweichen, ein Problem für alle Kalendermacher, die sich nach dem Mondlauf richten. Außerdem enthält weder das Jahr noch ein Mondmonat eine ganzzahlige Anzahl von Tagen. So beträgt z. B. der Mondmonat 29,5 Tage und 1/33 eines Tages.

Zur Bewältigung dieser Probleme, mit denen sich jeder Kalendermacher konfrontiert sieht, wenn er Sonnen- und Mondzeit in Übereinstimmung zu bringen versucht, wurden eine Vielzahl von Skalierungen und Kalenderkorrekturen im Laufe der Jahrtausende und von vielen Kulturen ersonnen. Auch die babylonischen und byzantinischen Kalendarien aus etwa dem gleichen Zeitraum wie Stonehenge zeigen Korrekturversuche, deren Genauigkeit in ähnlichen Größenordnungen liegt. Das Problem war also den damaligen Menschen bekannt.

Dass die Bestimmung des Jahreslaufs mithilfe der Steinkreise, einschließlich der darin enthaltenen Korrekturen, keineswegs so abwegig ist wie von manchen Geschichtsforschern behauptet wird, zeigt sich noch an anderer Stelle: nämlich durch den Fund eines keltischen Kalenders in Coligny/Frankreich aus dem 9. Jahrhundert v. Chr. Der Kalender wurde vor der römischen Eroberung Galliens erstellt und ist weitaus kunstvoller als der rudimentäre Julianische Kalender der Römer. Interessanterweise ist dieser Kalender, der aus mehreren Bronzefragmenten besteht, in keltischer Sprache verfasst, aber in römischen Schriftzeichen geschrieben[17]. Die Fragmente dieses Kalenders ergeben ein System von fünf Jahren mit zusammen 62 Monaten, wobei zwei Schaltmonate enthalten sind. Die Monatslängen wurden zwischen 29 und 30 Nächten (die Kelten bestimmten Zeiträume nach Nächten, nicht nach Tagen) so gewählt, dass während eines 25-jährigen Kalenderzyklus die Mitte des Monats immer auf den Tag des Vollmondes fiel. Der Kalender war sogar so genau, dass in 455 Jahren mit einer Abweichung von nur 1,5 Tagen die Position der Sonne und mit einer Abweichung von nur 0,8 Tagen die des Mondes festgestellt werden konnte. Außerdem sind mehrere religiöse und durch den Jahreslauf bedingte Festtage eingetragen. Die Genauigkeit dieses Kalenders ist also eine weitere Stütze für die

---

[17] Dazu bemerkt ein römischer Geschichtsschreiber, dass es den Druiden als keltischen Wissensträgern aus Angst vor Missbrauch oder religiösem Tabu nicht gestattet war, ihre beträchtliches Wissen in Medizin, Rechtskunde, Astronomie und Philosophie schriftlich niederzulegen. Dieses Verbot wurde erst mit beginnender Christianisierung aufgehoben und stellt für die heutige Keltenforschung ein Problem dar, da nur auf wenige Originaltexte zurückgegriffen werden kann. Die Kelten waren allerdings der Schrift nicht unkundig, denn in Alltagsgeschäften bedienten sie sich der römischen oder griechischen Buchstaben. Die Inselkelten entwickelten sogar eine eigene Ogam-Schrift, die auf Haselnussruten oder Steinen eingeritzt wurde und schon vor Christi Geburt entstand.

These, dass bereits zu Stonehengezeiten zumindest in der gebildeten Schicht der Bevölkerung ein astronomisches Wissen vorhanden war, das über das notwendige, z. B. für das Betreiben von Ackerbau, hinausging. Aber wozu diente ein solches Wissen?

Darüber kann man heute nur spekulieren. Ein Grundbedürfnis des menschlichen Lebens scheint zu sein, der Zukunft zuvorzukommen, sich für sie zu rüsten, sie zu planen, die Veränderungen in der Natur im Voraus zu kennen. Die Menschen früherer Kulturen haben für ihre Planungen eindeutig den Lauf des Mondes als erstes Hilfsmittel zum Verfolgen der Zeit genutzt, wie auch schon prähistorische Höhlenzeichnungen erkennen lassen. So war es nur ein kleiner Schritt zu der Überzeugung, wonach der Lauf der Himmelskörper den Jahreslauf beherrscht. Entsprechend der religiösen Überzeugung mussten diese Himmelskörper günstig gestimmt werden, wenn es dem Volk gut gehen und die Ernte reich werden sollte. Die Steinkreise könnten also ein Zeugnis der Verschmelzung von Zeitberechnung und religiösen Vorstellungen, also Beschwörung, Verehrung z. B. der Sonne sowie Opferhandlungen und rituellen Bestattungen sein. Vermittler spielten dabei die Wissensträger bzw. Betreuer der Anlage, die das Himmelsgewölbe beobachteten, die Bewegung der Gestirne deuteten und damit Vorgaben für anstehende religiöse Zeremonien machen konnten. Dies erfordert eine Gemeinschaft, die es ermöglicht, einige ihrer Mitglieder freizustellen, solchen Aufgaben der Kontrolle und Beobachtung über sehr lange Zeiträume nachzugehen, also eine lang anhaltende kulturelle Beständigkeit. Anmerken möchte ich an dieser Stelle noch, dass zu Beginn der Christianisierung oft Kirchen an diesen „heiligen Stellen" erbaut wurden, viele einzelne Steinsetzungen wie z. B. die Menhire in christliche Symbole umgewandelt wurden und die Verehrung von Steinen nicht weiter geduldet wurde; ein Hinweis auf die große religiöse Bedeutung der megalithischen Bauten für die damalige Bevölkerung.

### Die Vorhersage von Finsternissen

Bereits *Hawkins* wies in seinem Buch darauf hin, dass die Steinkreisanlage wahrscheinlich auch zur Vorhersage von Sonnen- und Mondfinsternissen gedient hat. Aus vielen historischen Aufzeichnungen ist bekannt, dass diese außerordentlichen Himmelserscheinungen die Menschen schon immer und in allen Kulturen zu Gefühlen der Furcht und zu Beschwörungshandlungen, z. B. Opfer aller Art, animiert haben. Es ist gut vorstellbar, dass ein Volk, das über Mond- und Sonnenlauf sehr gut Bescheid wusste, auch fähig war, solche Ereignisse vorauszusehen. Die Menschen dieser Zeit begriffen ihr Schicksal als abhängig vom Lauf der Gestirne am Himmel, die von ihnen als Gottheiten verehrt wurden. Ihnen war also wichtig, einschneidende Veränderungen am Himmel voraussagen zu können und darauf vorbereitet zu sein. Gerade in den religiösen Vorstellungen der bronzezeitlichen Völker und auch der Kelten spielten Finsternisse als Tod und Wiedergeburt der Gottheiten in einem immerwährenden Kreislauf eine große Rolle. Man darf das gesellschaftliche Prestige der Leute nicht vergessen, die fähig waren, aus dem Lauf der Gestirne Finsternisse vorherzusagen. Dies beweisen auch andere Legenden der Historie – man denke nur an die Mondfinsternis, die Kolumbus den Indianern voraussagte.

Die Möglichkeit, Finsternisse mithilfe der Aubrey-Löcher, also Stonehenge I, vorherzusagen, wird ausführlich von *Hoyle* in seinem Buch behandelt. Ein fortgeschrittener Ansatz unter Einbeziehung der inneren Steinsetzungen aus der dritten Bauphase erscheint mir jedoch interessanter. Der Heidelberger Astronom *Klaus Meisenheimer* hat unter der Überschrift „Das Stonehenge-Spiel" einen Artikel veröffentlicht, der sich mit diesen ungewöhnlichen Himmelserscheinungen auseinander setzt (siehe Literaturhinweis). Ob die Menschen Stonehenge in dieser Art oder ähnlich genutzt haben, ist natürlich nicht bekannt, möglich wäre es. Doch zum besseren Verständnis der Finsternisproblematik zunächst ein Exkurs über die Bedingungen, die zu Finsternissen führen.

### Exkurs: die Bedingungen für Finsternisse

Auf den ersten Blick scheint alles ganz einfach zu sein. Finsternisse entstehen, wenn Sonne, Erde und Mond sich für uns als Beobachter auf der Erde auf einer geraden Linie befinden. Dabei wirft einmal der Mond seinen Schatten auf die Erde (Sonnenfinsternis) und einmal die Erde ihren Schatten auf den Mond (Mondfinsternis). Diese Ereignisse vorherzusagen ist jedoch nicht so einfach, denn bekanntermaßen sind Finsternisse seltene Ereignisse. Würden die Bahnen der drei Himmelskörper stets in einer Ebene liegen, so könnten wir Finsternisse jeden Monat beobachten, und zwar die Mondfinsternis bei jedem Vollmond, die Sonnenfinsternis bei jedem Neumond. Dem ist aber nicht so, weil die Bahn des Mondes um 5° gegen die Ekliptik, das ist die Ebene, die die Erde um die Sonne bei ihrem Umlauf bildet, geneigt ist (Abb. 53; die Neigung ist zur Veranschaulichung stark übertrieben).

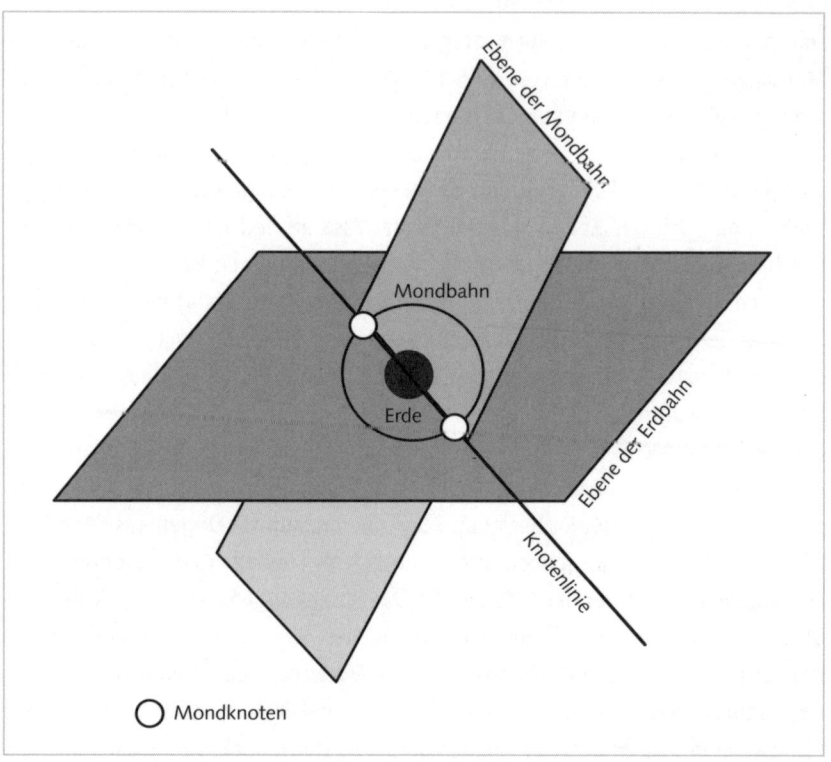

**Abb. 53** Lage der Mondbahn und Mondknoten
(In Wirklichkeit beträgt der Winkelabstand der Ebenen nur 5°)

Die Mondbahn liegt schief, das heißt die meiste Zeit hält sich der Mond etwas oberhalb oder etwas unterhalb der Erdbahnebene auf. Für das Entstehen von Finsternissen ist die Knotenlinie wichtig, die Schnittgerade der beiden Bahnebenen. Die beiden Punkte, an denen die Mondbahn die Erdbahnebene schneidet, werden Mondknoten genannt. Während seines Umlaufs steht der Mond genau zweimal auf solch einem Knotenpunkt – nur dann kann es zu Finsternissen kommen. Das ist der Fall, wenn in diesem Augenblick gerade Neumond bzw. Vollmond herrscht, das heißt die Knotenlinie die gleiche Richtung wie die Verbindung Erde-Sonne hat. Diese Richtung wird nur zweimal während des Jahreslaufes eingenommen, wodurch es mit einem Abstand von etwa einem halben Jahr zwei finsterniskräftige Zeiten gibt. In Wirklichkeit ist die Sache noch komplizierter, denn die Bewegung des Mondes ist keine geschlossene Ellipse. Im Dreikörperproblem Sonne-Erde-Mond bildet sich für seine Umlaufbahn nämlich eine Rosettenbahn, wodurch die Knotenlinie nicht raumfest ist. Dadurch verschieben sich die beiden finsternisträchtigen Zeiten in jedem Jahr um etwa 20 Tage.

Astronomen definieren bezogen auf die Knotenpunkte den so genannten drakonitischen Monat, die Zeitspanne zwischen dem Durchlaufen ein und desselben Mondknotens. Bei den Assyrern hießen die Mondknoten auch „Drachenpunkte". Der Name entstand aus einer Legende, die über das Verschlingen, also Gefressenwerden, durch Drachen am Himmel im Falle einer Finsternis handelt. Der Drachenmonat dauert knapp 27,2 Tage, im Gegensatz zum Mondmonat, der auch synodischer Monat genannt wird und 29,53 Tage dauert. Dieser leicht unterschiedliche Rhythmus der verschiedenen Mondmonate gab den Menschen der Frühzeit die Möglichkeit, Finsternisse vorauszusagen, lange bevor sie wussten, dass sich die Erde um die Sonne bewegt. Schon in der babylonischen Zeit waren die Perioden, in denen sich Finsternisse wiederholen, gut bekannt. Nach 18 Jahren und 11 Tagen, das sind 223 synodische und genau 224 drakonitische Monate als kleinstes gemeinsames Vielfaches der beiden unterschiedlichen Monatsspannen, wiederholt sich der Reigen der Sonnen- und Mondfinsternisse. Er wird Saros-Zyklus genannt.

Und noch eine, dann aber fast immer erfüllte, Bedingung für das Auftreten von Finsternissen gibt es, über die sich die meisten Menschen kaum Gedanken machen. Die Abstände bzw. die Größen der drei Himmelskörper passen für die Finsternisschauspiele perfekt zueinander. Wäre der Mond z. B. wesentlich kleiner oder sehr viel weiter weg, so könnte es keine totale Sonnenfinsternis, und schon gar nicht die wundervollen Koronaerscheinungen geben. Wäre der Mond sehr viel größer oder uns viel näher, dann könnte der Erdschatten ihn nicht vollständig bedecken. Ein grandioser Zufall, dass wir im Sonnensystem einen so guten Zuschauerplatz erwischt haben.

### Finsternisse in Stonehenge

Einzelne Kreise der Stonehengeanlage dienen bei der Voraussage von Finsternissen als Laufbahnen für Sonne, Mond und Mondknoten. Die äußeren, aus der ersten Bauphase stammenden Aubrey-Löcher symbolisieren die Sonnenbahn, wobei einzelne Löcher markiert sind. Der Doppelring aus 29 bzw. 30 Blausteinen, die in der dritten Bauphase in den inneren Kreis umgesetzt wurden, steht für die Bahn des Mondes. Einige Steine auf dieser Mondbahn sind ebenfalls markiert. Zur Vorhersage von Finsternissen benötigt man nichts weiter als vier Markierkugeln, und zwar eine für die Sonne, eine für den Mond und je eine für die beiden Mondknoten, die eine wesentliche Rolle für das Eintreten einer Finsternis spielen. Welche mystische Bedeutung diesen Mondknoten zukam, ob sie eine unbekannte Gottheit waren, wie von *Hoyle* spekuliert wurde, ist nicht bekannt.

Pro Tag wird nun die Mondkugel im Uhrzeigersinn eine Position vorgerückt, und zwar zuerst im inneren Kreis. Nach 29 Schritten wechselt sie auf den äußeren Kreis. Vollmond ist jeweils bei Stein 30 erreicht. Durch diese beiden Umläufe ist die Länge des synodischen Monats von 29,5 Tagen gewährleistet. Erreicht der Mond auf seiner Laufbahn einen markierten Stein, rückt die Sonne einen Schritt vor, allerdings gegen den Uhrzeiger. So durchläuft sie ihren Kreis etwa innerhalb eines Jahres, nämlich in 364 Tagen. Bei der Ankunft auf einem besonders gekennzeichneten Aubreyloch ist Sommersonnenwende, eine Korrektur oder Eichung des Umlaufs ist möglich. Die Mondknoten benutzen für ihren Lauf ebenfalls die Sonnenbahn, und zwar im Uhrzeigersinn. Die beiden Kugeln stehen sich stets gegenüber, wie in der Realität die beiden Mondknoten. Sie rücken jeweils ein Loch vor, wenn die Sonne auf einem markierten Loch ankommt. Ein Knotenumlauf entspricht dann 18,67 Jahren, also gerade dem Saros-Zyklus, eine interessante Parallele.

Die Bedingung für Finsternisse ist, dass Vollmond (für eine Mondfinsternis) bzw. Neumond (für Sonnenfinsternis) herrscht und außerdem ein Mondknoten auf die Sonne zeigt, also die Sonne ins Loch oder Nachloch eines Mondknotens gelangt, sich also zwei der Kugeln begegnen. Die Ungenauigkeit „Nachbar" als ausreichende Bedingung wurde schon von *Hoyle* erarbeitet. Sie hat unter anderem mit der endlichen Ausdehnung der Objekte zu tun. Die Vorhersage kann bei einer bekannten Sonnen-Mond-Konstellation, also z. B. die Sommersonnenwende, beginnen. Allerdings ist dies ein schwieriger Start, da man die Lage der nicht sichtbaren Mondknoten nicht kennt oder aus bestimmten Mondständen während seines Laufs entnehmen muss. Dazu dienten wahrscheinlich weitere Visierrichtungen, in die auch die Trilithe und der Sarsenkreis einbezogen wurden. Einfacher ist der Start mit einer bekannten oder eingetretenen Finsternis. So war im Artikel von *Klaus Meisenheimer* eine Mondfinsternis die Grundlage zur Vorhersage der Sonnenfinsternis vom 11. August 1999. Dass allerdings diese Sonnenfinsternis in Stonehenge fast eine totale sein würde, vermochte das Modell nicht vorherzusagen.

Haben die Menschen von Stonehenge diese astronomischen Bedingungen schon gewusst und woher kannten sie sie? Darüber kann man nur spekulieren und muss sich dazu eine eigene Meinung bilden, wobei ich mich den meisten Autoren anschließe. Sicher hatten die bronzezeitlichen Erbauer und Betreiber von Stonehenge nicht so viel astronomisches Wissen wie wir, die wir heute in der Lage sind, sozusagen von einem außenstehenden Standort aus die astronomischen Gegebenheiten zu erklären und zu verstehen. Aber ihr Wissen über die Vorgänge am Himmel und dem davon abhängigen Leben auf der Erde ergab für sie ein geschlossenes Weltbild. Es entwickelte sich durch Jahrhunderte der Beobachtung des Sonnen- und Mondlaufs, durch Aufstellen von Hypothesen, erneute Beobachtung und Verbesserung des Modells im Laufe der Zeit, wobei man getrost in Jahrtausenden denken kann. Dabei musste natürlich das vorhandene Wissen an nachfolgende Generationen weitergegeben werden. Aber zeigt nicht gerade die Geschichte der Physik, dass große Leistungen immer auf dem gesammelten Wissen der Vorfahren basiert? Man denke nur an die Gesetze zur Planetenbewegung, die *Johannes Kepler* ohne die umfangreiche Vorarbeit von *Tycho Brahe* nicht hätte ableiten können.

# Literatur und Internetadressen

## Umfassende Lehrbücher der Physik

*Gerthsen, Christian:* Gerthsen Physik; Springer Verlag, Berlin 2001
*Bergmann, Ludwig; Schäfer, Clemens:* Lehrbuch der Experimentalphysik (in 8 Bänden);
    Walter de Gruyter, Berlin

## Zu den Saugknöpfen

*Bachmann, H. R.:* Wiederholung von Otto von Guerickes Halbkugelversuch; Physikalische
    Blätter 1/1964:27
*Bachmann, Klaus:* Der lange Kampf um das Nichts; Geo 2/1999:67
*Bürger, Wolfgang:* Unter Unterdruck; Bild der Wissenschaft 5/1995:112
*Cerutti, Herbert:* Spaziergänger im Wasserfall; Natur und Kosmos 7/2001:49 ff.
*Fraunberger, F.:* Vom horror vacui zur Luftpumpkunst I; Physikalische Blätter 12/1970:536
*Gerlach, Walter:* Das Vakuum in Geistesgeschichte, Naturwissenschaft und Technik;
    Physikalische Blätter 3/1967:97
*Grimvall, Göran:* Questionable Physic Tricks for Children; The Physics Teacher 9/1987:178
    (dazu im Internet: www.physik.uni-augsburg.de/~ferdi/fragen/frage40.html)
*Hunger, Edgar:* Von Demokrit bis Heisenberg, Quellentexte; Friedrich Vieweg & Sohn,
    Braunschweig 1963, Teil II:26
*Oxlade, Chris:* Mein großes Buch der Zauberei; Unipart Verlag, Stuttgart 1994:46
*Wittmann, Josef:* Trickkiste 1; Bayerischer Schulbuchverlag, München 1983:50
Härchen mit geballter Ladung; Geo 10/2000:198 (Artikel zu den Gecko-Füßen)
**Magdeburger Halbkugeln:**
www.physik.tu-muenchen.de:81/~kressier/Versuche/ver1350.html (Versuch)
www.deutsches-museum-bonn.de/ausstellungen/meisterwerke/halbkugeln/default.html
www.museen-in-bayern.de/Muenchen-Deutsches.htm (Ausstellungsstücke der M. H.)
www.sendung-mit-der-maus.de/sndg/gscm_pua.html
    (Versuch zu den M. H. aus der Sendung mit der Maus)
www.hasnerpl.asn-graz.ac.at/physik/event2000/ursulinen/magdeburger-hk.htm
    (herunterladbares interaktives Spiel)
**Otto von Guericke:**
www.histech.rwth-aachen.de/www/leute/fickers/guericke.html
**Versuche Luftdruck:**
www.kfunigraz.ac.at/expwww/physicbox/fhv/fhv_home.htm
**Skycat:**
www.airship.com

## Zu den Luftballons

*Bublath, Joachim:* Das neue Knoff-hoff-Buch; Wilhelm Heyne Verlag, München 1993:162,
    sowie: Das Knoff-Hoff-Buch; G+G Urban Verlag, München 1988:82
*Oxlade, Chris:* Mein großes Buch der Zauberei; Unipart Verlag, Stuttgart 1993:94
*Walker, Jearl:* Experiment des Monats; Spektrum der Wissenschaft 3/1990
*Wittmann, Josef:* Trickkiste 1; Bayerischer Schulbuchverlag, München 1983:93
**Valier und Raketenauto:**
www.driveandtravel.de/oldtimer/g_006.htm

www.rak2.opel.de/
www.motor-classic.de/motor/magazin/raketenauto/erfinder_raketenauto.html
home.t-online.de/home/spacesense/projekte.htm (Nachbau Raketenauto)

## Zum Tauchen

*Holzapfel, Rudolf:* Richtig tauchen; BLV Verlagsgesellschaft, München 1993
*Jones, David:* Zittergas und schräges Wasser; Verlag Harry Deutsch, Frankfurt 1985:240
*Oertl, Marianne:* Was Tiere wirklich sehen; PM-Magazin 6/1999:93
*Scheiba, Bernd:* Schwimmen Laufen Fliegen; Urania Verlag, Leipzig 1990:42 ff.
*Stegers, Wolfgang:* Spezialtaucher, Schwerarbeiter unter Wasser; PM-Magazin 12/2000:104
*Walker, Jearl:* Der fliegende Zirkus der Physik; Oldenbourg Verlag, München 1977,
    Nr. 3.7, 3.9, 4.2, 4.10, 4.11, 5.1
*Wisnewski, Gerhard:* Raumanzüge; PM-Magazin 11/1999:53
**Nautilus:**
www.nvr.navy.mil/nvrships/details/SSN571.htm
www.ussnautilus.org/
www.fieltrip.com/ct/34493558.htm
www.nautilus571.com/nautilus_museum.htm
**Tauchboote, Piccard und Marianengraben:**
www.pbs.org/wgbh/nova/abyss/frontier/deepsea.html
www.mare.de/hefte/mare_10/10_mariangr.html
**Cousteau:**
www.nationalgeographic.de/php/entdecken/wettbewerb2/forscher.htm
www.cousteau.org/
**Tauchphysik:**
home.t-online.de/home/markus_ewald/physik.htm
www.divecult.de/lungenautomaten.htm
www.m-ww.de/krankheiten/tauchkrankheiten/tauchen5.html
www.bjoern.purespace.de/tauchen/tauchphysik.htm
Das Todesloch von Hemmoor; Stern 36/1999:172
Giftiger Sauerstoff; Focus 34/2000:126
152 m tief mit einem Atemzug; PM-Magazin 8/2001:48

## Zum Eis

*Bertsch, Andreas:* In Trockenheit und Kälte: Anpassung an extreme Lebensbedingungen; Otto Maier
    Verlag, Ravensburg 1977:33 ff.
*Cerutti, Herbert:* Mit der Kälte leben; Natur und Kosmos 1/2000
*Greschick, Stefan:* Der geheimnisvollste Stoff im Universum: Eis; PM Magazin 12/1999:42
    (dazu Internetseite Kristallstruktur: www.cs.cmu.edu/people/dst/ATG/ice.htm)
*Hammersley, Andy:* Wasserstoffatome im Eiskristall; Frankfurter Allgemeine Zeitung vom 8.12.93
*Hardy, Anne:* Bizarre Muster im Reich des Eises; Frankfurter Allgemeine Zeitung vom 10.3.93
*Jargocki, Christophe:* Warum man auf sehr kaltem Eis...; Fischer Logo 1989:45, 99, 130 ff.
*Jung-Hüttl, Angelika:* Eis-Zeit; Bild der Wissenschaft 1/1999:86
*Krantz, William; Glason, Kevin; Caine, Nelson:* Frostmusterböden;
    Spektrum der Wissenschaft 2/1989:62
    (dazu im Internet: www.kah-bonn.de/1/16/san/projekte/oekumene/boeden.html)
*Labudde, Peter:* Alltagsphysik; Ferdinand Dümmler Verlag, Bonn 1986:42
*Langbein, Dieter:* Stehende Eiszapfen; Spektrum der Wissenschaft 1/1998:23
*Laskowski; Pohlit:* Biophysik Band 1; dtv Wissenschaftliche Reihe 1974:175 ff.
*Leibfritz, Marcus:* Die letzten Rätsel des Wassers; PM-Magazin 7/2001:86

*Libbrecht, Kenneth:* Eiskaltes Design; Focus 7/2000:172
    www.its.caltech.edu/%7Eatomic/snowcrystals
    (dazu: Denkschrift der deutschen physikalischen Gesellschaft über die Oberfläche von Eis:
    www.dpg-physik.de/denkschrift/uebersicht.php4?ID=171)
*Luck, Werner:* Über die Ursachen der anomalen Wassereigenschaften; Physikalische Blätter
    8/1966:347 ff.
*Odenwald, Michael:* Abschied vom Eis; Focus 21/2000:190
*Sesin, Claus-Peter:* Das große Tauen; Die Woche vom 17.3.2000
*Steiner, Harald:* Stets hat das Eis Probleme mit überschüssiger Wärme; Frankfurter Allgemeine
    Zeitung vom 6.1.79
*Trefil, James:* Physik in der Berghütte; Rowohlt Taschenbuch Verlag, Reinbek 1994:137 ff.
*Walker, Jearl:* Experiment des Monats: Eiszapfen; Spektrum der Wissenschaft 7/1988:130
*Walker, Jearl:* Der fliegende Zirkus der Physik; Oldenbourg Verlag, München 1977
*Wettlaufer, John:* Melting below Zero; Schmelzen unter dem Gefrierpunkt; Scientific American
    2/2000 bzw. Spektrum der Wissenschaft 4/2000
*Zhu, Yingxi; Granick, Steve:* Physical Review Letters 87 (2001), 0961041–0961044
**Rund ums Wasser:**
www.dc2.uni-bielefeld.de/dc2/wasser/experim.htm

## Zur Oberflächenspannung
*Bloomfield, Louis:* Die Saubermacher Seifen und Co; Spektrum der Wissenschaft 3/2001:116
*Ewe, Thorwald:* Ehrenrettung für die Pommes; Bild der Wissenschaft 8/2001:20
*Malms, Jochen:* Die erstaunlichsten Insekten der Welt: Wasserläufer; PM-Magazin 5/2001:90
*Pohl, Richard:* Einführung in die Physik Band 1; Springer Verlag, Berlin1969:120, 124
**Oberflächenspannung:**
www.berkler.de/Studium/Experimente/experimente.html
www.kfunigraz.ac.at/expwww/physicbox/fhv/fhv_home.htm
www.uni-essen.de/chemiedidaktik/S+WM/Wirkung/PhaeOsp.htm
**Jagdspinne:**
www.geo.de/themen/geoskope/00/03/acht_beine.html
Geo 3/2000:184
Auf den Spuren der Wege; Geo 4/2001:91 f.

## Zu den Tropfen
*Hübner, Roland:* Tanzende Tropfen; Bild der Wissenschaft 5/1989
*Pohl, Richard:* Einführung in die Physik Band 1; Springer Verlag, Berlin 1969:124
*Shi, X. D.; Brenner, Michael P.:* A Cascade Structure in a Drop Falling from a Faucet; Science 265
    (1994):219–222 (Internet: www.college-de-france.fr/chaires/chaire2/pascale.htm;
    physicsweb.org/article/world/14/5/8)
*Stewart, Ian:* Die Zahlen der Natur; Spektrum Akademischer Verlag, Heidelberg 1998:156
*Tuckermann, Rudolf:* Schwebende Tröpfchen; Physik in unserer Zeit 2/2001:69
*Walker, Jearl:* Der fliegende Zirkus der Physik; R. Oldenbourg Verlag, München 1977, Nr. 4.121
**Regentropfen:**
www.ems.psu.edu/~fraser/Bad/BadRain.html
www.physik.uni-augsburg.de/~ferdi/fragen/frage18.html

## Zu den Ölfilmen
*Kikoin, Isaak:* Physik, Experimentieren als Spielerei; Kleines Spektrum der Wissenschaften, Heidel-
    berg 1991:47
*Walker, Jearl:* Der fliegende Zirkus der Physik; R. Oldenbourg Verlag, München 1977, Nr. 4.111
Regen beruhigt; Bild der Wissenschaft 3/2001:23

Schwebender Öltropfen:
www.kfunigraz.ac.at/expwww/physicbox/fhv/fhv_home.htm
Waschmittel:
Polymere; Bild der Wissenschaft 6/2001:10

## Zu den Seifenblasen
*Arzt, Volker:* Kosmos Band IV; vgs Verlagsgesellschaft Köln 1989:44 f.
*Burnie, David:* Faszinierende Forschung „Licht"; Gerstenberg Verlag, Hildesheim1993:39
*Ewe, Thorwald*: Ein Wunderstoff... und was aus ihm wurde; Bild der Wissenschaft 6/1999:49
*Jones, David:* Zittergas und Schräges Wasser; Verlag Harry Deutsch, Thun 1995:154
*Knapp, Wolfram:* Das magische Sechseck; Bild der Wissenschaft 11/1997:68
*Karcher, Herrmann:* Die Geometrie von Minimalflächen; Spektrum der Wissenschaft 10/1990:96
*Ripota, Peter:* Das Nichts, das uns betört; PM-Magazin 5/1999:76
*Schuyt, Michael:* Seifenblasen; DuMont Verlag, Köln 1988
*Walker, Jearl:* Experiment des Monats; Spektrum der Wissenschaft 3/1990:128
**Bilder einer interaktiven Ausstellung:**
www.b.shuttle.de/b/labyrinth/archiv/seife1/seiten/seife.htm
**Seifenblasen und Rezepte:**
cc.uni-paderborn.de/studienarbeiten/aulig/seifenblasen.html#unten
www.x-world.de/x-worldcenter/pages/science/experim/04-99/04-99ex3.htm
www.bubbles.org/

## Zur Schusterkugel
*Burnie, David:* Faszinierende Forschung Licht; Gerstenberg Verlag, Hildesheim 1993:15
*Liebers, Klaus:* Optische Geräte; Volk und Wissen Verlag, Berlin 1995
*Weltner, Klaus:* Zum Messen großer und kleiner Abstände; Mathematik lehren 3/1989:4

## Zu den Katzenaugen
*Straaß, Veronika:* Serie Bionik (7): Mit Haken und Ösen; Natur und Kosmos 9/2000:44
*Stuhlinger, Ernst:* Bisherige Ergebnisse der Mondlandungen II; Physikalische Blätter 5/1970:200 ff.
*Walker, Jearl:* Der fliegende Zirkus der Physik; R. Oldenbourg Verlag, München 1977, Nr. 5.30, 5.27
*Walker, Jearl:* Experiment des Monats; Spektrum der Wissenschaft 6/1986:152
*Walker, Jearl:* Ein Knick in der Optik; Fischer Taschenbuch Verlag, Frankfurt 1992:105
**Sehvorgang:**
dtv-Atlas zur Physiologie; Deutscher Taschenbuchverlag, Stuttgart 1979:303
**Retrofolien:**
*Ewe, Thorwald*: Die Macht des Unsichtbaren; Bild der Wissenschaft 2/1998:16
**Eckenspiegel:**
www.kopfball-online.de/experimente/exp991107_b.html
**Mondlandungen und Laserreflektor:**
sunearth.gsfc.nasa.gov
nssdc.gsfc.nasa.gov/image/spacecraft/apollo_laser_reflector
www.lpi.usra.edu/pub/expmoon/Apollo11/A11_Experiments_LRRR.html

## Zu den Kaleidoskopen
*Gey, Siegried:* Das Kaleidoskop; Mathematik lehren 5/1984:48
*Kluge, Richard:* Spielzeuge als Zugang zur Physik; Diesterweg Verlag, Frankfurt 1973:63 ff.
*Walker, Jearl:* Experiment des Monats; Spektrum der Wissenschaft 2/1986:134
*Walker, Jearl:* Ein Knick in der Optik; Fischer Taschenbuch Verlag, Frankfurt 1992:87

**Experimentierkasten für Spiegelbilder und Kaleidoskop:**
www.spielzeug-kraul.de/Products/p/e_sraeume.html
**Physik mit Spielzeugen:**
www.e20.physik.tu-muenchen.de/~cucke/toylink.htm
**Kaleidoskope zum Kaufen, auch Bausätze:**
www.deutschlands-spezialitaeten.de/GeschenkeKaleidoszn_und_Octaskope.html
www.uni-frankfurt.de/fb13/didaktik/HyPhysOff/Versuche/OpVersuche/Kaleidoskop.html
www.blackforesttoys.com/itm00882.htm

## Zu den Luftspiegelungen
*Vollmer, Michael:* Gespiegelt in besonderen Düften; Physikalische Blätter 54/1998:903
*Walker, Jearl:* Ein Knick in der Optik; Fischer Taschenbuch Verlag, Frankfurt 1992:98
Die Quadratur der Sonne; Geo 8/1996:126

## Zu den Lupen
*Hahn, Hermann:* Physikalische Freihandversuche, III. Teil: Licht; Verlag von Otto Salle, Berlin
    1912:201 (eine sehr alte Fundgrube für interessante Versuche)
*Recknagel, Alfred:* Physik: Optik; Physica-Verlag, Würzburg 1968:84 ff.
**Leeuwenhoek-Mikroskope, selbstgebaut:**
www.mindspring.com/~alshinn/
**Leeuwenhoeks Leben:**
www.ucmp.berkeley.edu/history/leeuwenhoek.html

## Zum Backen
*Bürger, Wolfgang:* Plätzchen und Parkette; Bild der Wissenschaft 12/1995:106
*Penrose, Roger:* Computerdenken; Spektrum der Wissenschaft Verlag, Heidelberg 1991:130
*Stewart, Jan:* Wie viele kreisförmige Kekse passen auf ein Kuchenblech?
    Spektrum der Wissenschaft 3/1999:112
*This-Benckhard, Hervé:* Rätsel der Kochkunst, naturwissenschaftlich erklärt; Springer Verlag,
    Berlin, Heidelberg 1996
*Walker, Jearl:* Der fliegende Zirkus der Physik; R. Oldenbourg Verlag, München 1977,
    Nr. 3.2, 3.71, 3.75, 6.12
**Parkettierungsprobleme:**
www.toppoint.de/~freitag/penrose/f-d-penrose.html
www.mathekiste.de/bildertess/parkettierung.htm
www.mathekiste.purespace.de/mk/bildertess/parkettierung.htm
www.mathematik.uni-stuttgart.de/uebersicht/
**Grafiken zu Parkettierungsproblemen:**
*M. C. Escher:* Graphik und Zeichnungen; Verlag Moos und Partner 1971, besonders die Nr. 12,
    22 etc. (Es gibt auch eine Escher-CD-ROM, mit der man Parkettierungen entwerfen kann.)

## Zu Stonehenge
Offizielle Stonehenge-Site: www.eng-h.gov.uk/stoneh/
Stonehenge-Site mit Links und Fotogalerie: www.amherst.edu/~ermace/sth/sth.html
*Ahrens, Claus:* Stonehenge im Lichte der modernen Forschung; Kosmos 1957:338
*Calvin, William:* Wie der Schamane den Mond stahl – auf der Suche nach dem Wissen der Steinzeit;
    Carl Hanser Verlag, München 1996 (Artikel zum Buch: Sonne, Mond und Indianer;
    Bild der Wissenschaft 3/2001:50)
*Geise, Gernot:* Die Megalithanlage von Stonehenge; EFODON, München 1994

*Geyh, Mebus A.:* Einführung in die Methoden der physikalischen und chemischen Altersbestimmung; Darmstadt 1980

*Glyn, Daniel:* Megalithische Monumente; Spektrum der Wissenschaft 9/1980:79

*Goudsmit, Samuel:* Die Zeit; Time-Life International/Nederland 1969

*Gove, Harry F.:* From Hiroshima to the Iceman; Institute of Physics Publishing, Bristol 1999

*Hedges, Robert:* Radiokohlenstoff Datierung m. Beschleuniger-Massenspektrometrie; Spektrum der Wissenschaft 3/1986:110

*Herm, Gerhard:* Die Kelten; Econ Verlag Düsseldorf 1991:146 ff., 225

*Hoyle, Fred:* On Stonehenge; W. H. Freeman & Company, San Francisco 1977

*Kippenhahn, Rudolf:* Schwarze Sonne, roter Mond; Deutsche Verlagsanstalt, Stuttgart 1999

*Lima; Kunz:* Sternstunde der Steinzeit; Focus 50/2000:196
   (dazu im Internet: www.culture.fr/culture/arcnat/lascaux/de)

*Lorch, Walter:* Datierung vorgeschichtlicher Funde durch die Radiocarbonmethode; Kosmos 1951:316

*Meisenheimer, Klaus:* Das Stonehenge-Spiel; Focus 31/1999:96, sowie Max-Planck-Institut für Astronomie in Heidelberg: www.mpia-hd.mpg.de

*Schumann, Walter:* Mineralien, Gesteine; BLV Naturführer, München 1997

*Seelhoff, Ingwer:* Berge im Eisgrab; Bild der Wissenschaft 5/2000:19

*Spurk, Marco:* Bäume als Zeitzeugen (Dendrochronologie); Spektrum der Wissenschaft 4/2001:86

*Staufer, Bernhard:* Das Isotopenthermometer im ewigen Eis; Physik in unserer Zeit 3/2001:106 ff.

*Tiedemann, Anker:* Am Anfang war ein Schatten; Illustrierte Wissenschaft 9/1999:20

Tonnenschwere Quader für die Pyramiden; Illustrierte Wissenschaft 10/1999:12

„Astronomical Time Keeping" der Münchner Universität: www.maa.mhn.de/Scholar/times.htm

**Simon Cassidy:**
www.serendipity.magnet.ch/hermetic/cal_stud/cassidy/
www.serendipity.magnet.ch/hermetic/cal_stud/cassidy/ston02.htm

**Kalenderstudium:**
circle.etri.re.kr/research/install/guide-time/cal_stud.htm

**Übersichtsseiten und Lehrgang zur Radiocarbonmethode:**
www.educeth.ethz.ch/physik/leitprog/radio/additum.html
www.archaeologie-online.de/links/85/93/319/index.php
www.wort-und-wissen.de/sij/sij51-3m.html

**Dendrochronologie:**
www.gzg.fn.bw.schule.de/gzghbg/Naturwis/dendrochronologie.htm

Die Universitätsbibliotheken führen Zeitschriften-Magazine der letzten 10, teilweise sogar 20 Jahrgänge für interessierte Leser.

Alle Internetadressen wurden mit größter Sorgfalt ausgewählt und dokumentiert. Bedingt durch den schnellen Wandel des Mediums kann trotzdem nicht garantiert werden, dass alle Adressen anwählbar sind. Bitte bedenken Sie das bei Ihrer Suche.

# *Bildnachweis*

Abb. 2: Zeitgenössische Darstellung
Abb. 3: Mit freundlicher Genehmigung aus Physikalische Blätter 1/1964
Abb. 17: Das Foto wurde mir freundlicherweise von Dr. Rindermann zur Verfügung gestellt.
Abb. 19: Foto Dr. Rindermann
Abb. 22: Foto Dr. Rindermann
Abb. 24: Foto Dr. Rindermann
Abb. 47: Mit freundlicher Erlaubnis von Alan Shinn
Abb. 49: Eigenes Foto

# Register